건축시공기술사
AI로 합격하기

예문사

PREFACE

머리말

건축시공기술사 시험은 풍부한 현장 경험을 가진 이들도 좌절하는 까다로운 관문입니다. 단순히 지식을 아는 것만으로는 넘기 어려운, 철저한 전략이 필요한 시험이기 때문입니다. 채점관이 답안지를 판가름하는 시간은 고작 5초 남짓합니다. 이 짧은 순간에 채점관의 시선을 사로잡고 '합격'이라는 판정을 이끌어 낼 '차별화된 아이템'이 없다면, 아무리 많은 지식을 담아도 빛을 보기 어렵습니다.

이를 위해 많은 수험생들이 논문, 학술지, 기술지침서를 찾아 헤맵니다. 하지만 안타깝게도 이들 대부분은 핵심을 잡지 못한 채 시간과 노력만 낭비하게 되고, 결국 지친 나머지 도전을 포기하게 됩니다.

하지만 지금 이 책을 읽는 당신은 다릅니다. 이 책은 '생성형 AI'를 최고의 학습 파트너로 삼아, 출제 예상 문제별 '핵심 키워드'와 '차별화 아이템'을 제시합니다. 정보의 바다에서 헤매지 않고 합격으로 가는 최단 경로를 안내할 것입니다.

> **5단계 합격 로드맵**
>
> 1. Basic Concept : 낯선 개념을 비유와 스토리텔링으로 직관적으로 이해하는 단계
> 2. 핵심 Keyword : 생성형 AI를 활용한 차별화된 키워드 및 아이템을 추출하는 단계
> 3. 실전연습 : 선별된 키워드와 아이템으로 답안 작성력을 배양하는 단계
> 4. One Point Lesson : 완성된 답안에 합격의 결정타를 더하는 실전 노하우 단계
> 5. 핵심그림 & 다이어그램 : 논리를 시각화하여 채점관에게 강렬한 인상을 남기는 단계

각 단계는 가능한 쉽게 이해할 수 있도록 구성했습니다. 여기서의 '쉽다'는 것은 '가볍다'는 뜻이 아닙니다. 오히려 핵심을 꿰뚫은 자만이 어려운 개념을 쉽고, 명료하게 설명할 수 있습니다.

필자는 2022년 건축시공기술사, 2023년 건설안전기술사, 2024년 토목시공기술사를 취득하며 기술사 그랜드슬램을 이루었습니다. 이 놀라운 성과 뒤에는 기존의 틀을 깬 'AI 활용법'이 있었습니다. 이제 이 확실한 전략을 여러분과 나누고자 합니다. 이 책은 어떻게 해야 5초 만에 채점관의 마음을 사로잡는지에 대한 해답을 제시할 것입니다. 제가 여러분의 기술사 도전을 함께 하겠습니다.

저자 **전 병 수**

INFORMATION

출제기준

직무분야	건설	중직무분야	건축	자격종목	건축시공기술사	적용기간	2023.1.1~2026.12.31

• 직무내용 : 건축시공분야에 관한 고도의 전문지식과 실무경험에 입각한 계획, 연구, 설계, 분석, 시험, 운영, 시공, 평가 또는 이에 관한 지도, 건설사업관리 등의 기술업무를 수행하는 직무이다.

검정방법	단답형/주관식 논문형	시험시간	400분(1교시당 100분)

필기과목명	주요항목	세부항목
건축시공, 공정관리 및 적산에 관한 사항	1. 건설공사관리 (건설시공관리/건설지원)	1. 건축공사(공종별) 계획수립
		2. 건설공정관리 • Tact화 공정관리, EVMS, 공기단축기법(MCX, Cost Slope), 자원관리 등 • 공정표의 종류와 특징/사용법 : PDM, LOB, 공정관리 프로그램 • 공정계획 등
		3. 건설품질관리 : 현장품질관리, T.Q.M, 품질관리의 7가지 도구, 품질시험, 품질 비용 등
		4. 건설환경관리 • 친환경 건축물, 에너지 절감방안 및 대책 등 • 실내 공기질 개선 방안, V.O.C, Bake Out 등
		5. 건설원가관리 • 건설 VE, L.C.C, MBO(Management By Objective)기법 등 • 원가 계획, 적산, 견적, 실행예산 등 • 원가통제, 원가회계 등
		6. 건설안전관리 : 안전사고의 예방대책, 유해위험방지 계획 및 안전관리계획, 안전 관리비 등
		7. 건설공무 : 현장 개설, 실행예산, 설계도서 검토, 인허가 업무, 발주처 업무, 민원 관리, 건설행정 일반 등
		8. 유지관리 : 유지관리 기본계획, 시설물 점검, 보수보강, 시설물 정보관리, 내구연한 평가 등
		9. CM의 업무 : CM 제도의 단계별 업무내용, 필요성, 현황, 발전방안 등
		10. 기타 건설공사관리 등에 관한 사항
	2. 가설공사(비계시공 등)	1. 비계시공 • 비계의 역할 및 종류 • 비계설치 기준 및 방법 등

필기과목명	주요항목	세부항목
		2. 가설공사계획 및 시공 : 가설공사의 일반사항, 가설 공사항목, 안전, 양중계획, 건축물 보양, 가설기자재, 가설장비 등
	3. 토공사/기초공사	1. 토공사/흙막이공사 ① 지반조사의 종류와 방법 : 토질시험, 표준관입시험, 토질 주상도, 재하시험의 종류/특징 등 ② 지반개량공법의 종류와 방법 : 압밀공법, 치환 공법, 탈수공법, 동치환공법, 진공다짐공법, Sand Pile 공법, 약액주입공법, 동다짐공법 등 ③ 토공사의 종류 및 공법 : Open cut, Island cut, Earth anchor, H-pile, Sheet pile 등 ④ 흙막이 안정성 확보대책 • 차수 및 배수공법, 침하 및 붕괴방지대책 등 • 근접시공 시 주의사항, 지하 수위에 따른 검토사항 등 ⑤ 토공사의 신공법, 계측관리 등
		2. 지정 및 기초공사 ① 지정(직접지정, 말뚝지정) ② 기초공사의 종류 및 공법 : Mat 기초, 독립기초, 복합기초, Pile 기초 등 ③ 기성 Con'c Pile 공법 • 박기공법의 종류(타격, 진동, 압입, Pre-boring 공법 등) • 이음공법의 종류(용접, 장부식, 충전식, 볼트식 이음 등) • 지지력 판정법, 시공 시 유의사항(두부파손 등) ④ 현장타설 Con'c Pile 공법 • 공법의 종류 : 굴착공법(Earth Drill, RCD, Benoto), Prepacked Con'c Pile 공법(CIP, PIP, MIP), 관입공법 등 ⑤ 무소음/무진동공법, 부동침하, 부력방지대책 등 ⑥ 시험 및 검사, 기초공사의 신공법 등
	4. 철근콘크리트(철근공사/콘크리트공사/거푸집공사)/PC 공사	1. 철근콘크리트공사(철근콘크리트의 일반적인 성질, 구조 및 특징) ① 철근공사 • 철근의 가공, 이음, 정착, 조립, 피복두께 등 • 철근선조립공법, 용접철망 등 • 철근공사의 문제점 및 개선방안 등 ② 콘크리트공사 • 콘크리트 재료(시멘트, 골재, 혼화재료 등의 종류 및 특성 등)

필기과목명	주요항목	세부항목
		• 콘크리트 배합설계(설계기준 강도, 물시멘트비, 슬럼프값, 굵은골재최대치수, 잔골재율 등) • 콘크리트 시공(콘크리트 타설방법 및 공법별 특성, 콘크리트 이어치기 종류 및 원칙, 기능, 콘크리트 압송공법, 콘크리트 다짐, 양생 등) • 콘크리트의 품질관리시험(압축강도, 공기량시험, 비파괴시험 등) • 콘크리트 구조물의 균열(열화 포함) 원인과 대책, 보수보강공법 등 • 콘크리트 종류별 특징(한중, 서중, Mass, 경량, 고강도, 섬유보강, 진공배수, 노출, 수중, 유동화, 수밀, 스마트, 팽창콘크리트, 특수/고성능 콘크리트 등) • 부위별 시공/시험 및 검사 등 • 콘크리트 균열/보수, 보강 등 ③ 거푸집공사 • 거푸집의 종류 및 특성[일반 Form, 대형 Form(Gang form, Climbing form, Table form, Sliding form, Waffle Form, ACS form, Half slab 등)] • 대형 System 거푸집공법의 종류 및 특징 • 거푸집 및 동바리 존치기간/해체, 콘크리트 head와 측압 등 • 동바리(받침기둥) 바꾸어 세우기
		2. PC 공사 ① PC 공법의 종류 및 특성 • Half PC 공법, ALL PC 공법 등 • Double Tee Slab, Multi Tee Slab PC 공법 등 ② PC 공사의 현장시공과 유의사항 등
	5. 철골공사(강구조물시공)/ 철골철근콘크리트공사	1. 철골공사(강구조물 시공) ① 철골공사 공장제작/현장 시공 Flow : 철골공작도, 철골세우기공사, 주각부 시공법 등 ② 철골 부재 접합공법의 종류 : bolt, rivet, 고장력 bolt, 용접 등 ③ 철골 용접부 검사방법, 결함과 방지대책 등 ④ 철골공사의 도장(표면처리, 내화도장, 내화 피복 등) ⑤ 합성철골보의 종류 ⑥ 철골부속공사(Deck plate, CFT 공법, 철골계단 등) 2. 철골철근콘크리트공사 : 기둥의 부등축소(Column shortening), 콘크리트 채움 강관(C.F.T) 등

필기과목명	주요항목	세부항목
		3. 경량철골공사
	6. 마감공사(방수/조적/미장/도장/타일/목/석/단열/지붕/커튼월/창호공사 등)	1. 방수공사 및 방습공사(시멘트 액체, 도막, 복합, 시트, 침투성, 옥상 녹화, 방습, 실링공사 등의 공법의 특성, 부위별 방수, 요구 성능 등)
		2. 조적공사(벽돌, 블록, ALC 블록, 유리블록 등의 백화현상, 균열의 원인 등)
		3. 미장공사(시멘트모르타르, 바닥강화재, 셀프 레벨링, 제치장, 백화현상 등의 공법별 특성, 하자유형 등)
		4. 도장공사(수성·유성 페인트, 은분페인트, 에나멜 도장, 본타일, 방균 페인트공사 등의 도료의 종류별 특성, 하자유형 등)
		5. 타일공사(외벽/내벽타일, 시공법의 종류별 특성, 하자 요인 등)
		6. 목공사(방부처리, 목조뼈대, 지붕틀, 창문틀, 계단 및 난간, 목조천장, 주방가구공사 등)
		7. 석공사(화강석, 대리석, 인조석공사 등의 가공·결함의 원인 및 대책, 시공법의 특성 등)
		8. 단열 및 방·내화공사(단열, 결로, 내화충진, 내화피복공사 등의 종류, 특징 등)
		9. 커튼월공사(커튼월의 종류, 공법의 종류 및 특성, Fastener의 종류, 누수 및 결로, 층간변위, 시험, 실링 등)
		10. 창호공사(철재 Door, 목재 Door, 강화유리 Door, 셔터, 알루미늄 창호, PVC 창호, 하드웨어 등의 특징, 하자요인 등)
		11. 유리공사(복층유리, 강화/배강도유리, 열선반사/흡수 유리, Low-E, 접합유리/망입 유리, 방화유리 등의 유리요구성능, SSG 공법, DPG 공법 등의 유리선정기준 및 열파손방지, 하자요인 등)
		12. 지붕공사(금속재 잇기, 기와, 아스팔트싱글 공사 등의 특징 등)
		13. 수장 및 기타공사(온돌, 바닥, 벽, 천장, Dry wall, 이중바닥재, 도배, 실내소음, 스페이스 프레임, X-차폐공사, 금속공사, 화장실, 주차장 등의 종류별 특성 및 요구 성능, 공법 종류 등)
	7. 입찰, 계약제도	1. 공사발주방식 및 계약제도의 종류 및 특성 • Turn Key, BTL, BTO, 성능 발주, 민자사업, PF 사업 등 • 물가 변동, 실적공사비, 입찰제도, 새로운 법규에 의한 입찰/계약 제도 등

INFORMATION

필기과목명	주요항목	세부항목
	8. 기타 일반사항	1. 공사관리체계의 정보화 : EC화, IBS, CIC, 건설 CALS, PMIS, 웹기반공사관리시스템, BIM 등
		2. 건설산업의 환경변화에 따른 대응방안[로봇(Robot)시공, 복합화공법, 신기술 적용 및 대책, 관련 법규 사항, 시사성 issue 등)
		3. 리모델링공사(내구연한분석, 보수·보강공법, 시공상 문제점 및 대책 등)
		4. 초고층공사(양중계획, 코아선행공법, 수직도관리, Out rigger system, 구조형태, 굴뚝효과방지, 대피공간 등의 시공상 문제점 및 대책 등)
		5. 해체 및 재활용공사(해체, 해체폐기물의 처리 및 재활용 등의 공법 종류 등)
	9. 건축시공 법규 및 신기술 적용	1. 건축시공 관련 법규 및 표준 적용
		2. 건축시공 신기술 적용

CONTENTS

차례

SECTION 01 [계약제도]
물가변동에 의한 계약금액의 조정절차와 내용 — 1

SECTION 02 [계약제도]
공동도급의 문제점 및 대책 — 5

SECTION 03 [토공사]
Slurry Wall 공법에서 Guide Wall의 역할과 안정액 관리방법 — 9

SECTION 04 [토공사]
흙막이 공사 IPS 공법의 시공순서 및 시공 시 주의사항 — 13

SECTION 05 [토공사]
Earth Anchor 공법의 시공순서와 붕괴원인 및 대책 — 17

SECTION 06 [토공사]
도심 지하터파기 공사 시 주위 지반이 침하하는 주요원인과 방지대책 — 21

SECTION 07 [토공사]
흙막이 공사의 SPS(Strut as Permanent System) Up-up 공법의 시공순서 및 시공 시 유의사항 — 25

SECTION 08 [토공사]
Soil Nailing 공법의 장단점과 시공방법 및 시공 시 유의사항 — 29

SECTION 09 [토공사]
Top Down 공법의 시공순서와 시공 시 유의사항 — 33

SECTION 10 [기초공사]
부마찰력의 원인과 대책 — 37

SECTION 11 [기초공사]
기초의 부동침하 원인과 대책 — 41

CONTENTS

SECTION 12 [기초공사]
지하수 수압에 의한 지하구조물의 부상방지 대책 — 45

SECTION 13 [기초공사]
기성콘크리트 말뚝의 지지력 판단방법 종류 및 유의사항 — 49

SECTION 14 [철근거푸집공사]
피복두께가 과다하게 시공된 경우의 문제점 및 해결방안 — 53

SECTION 15 [철근거푸집공사]
콘크리트 타설 시 거푸집의 처짐과 침하에 따른 조치사항 — 57

SECTION 16 [철근거푸집공사]
철근 이음방법의 종류 및 시공 시 유의사항 — 61

SECTION 17 [철근거푸집공사]
거푸집에 작용하는 각종 하중으로 인한 사고유형 및 대책 — 65

SECTION 18 [일반콘크리트]
콘크리트 압축강도시험의 횟수, 시험채취법, 합격판정기준 — 69

SECTION 19 [일반콘크리트]
콘크리트 탄산화 Mechanism 및 방지대책 — 73

SECTION 20 [일반콘크리트]
콘크리트 타설 시 현장에서 준비할 사항 및 콘크리트 타설계획 — 77

SECTION 21 [일반콘크리트]
콘크리트 표면에 발생하는 결함의 종류와 원인 및 방지대책 — 81

SECTION 22 [일반콘크리트]
콘크리트 압송타설 시 품질 저하 원인 및 방지대책 — 85

SECTION 23 [일반콘크리트]
　　　　소성수축균열과 건조수축균열의 원인과 대책　　　　　　　　　　　89

SECTION 24 [특수콘크리트]
　　　　서중콘크리트 타설 시 유의사항 및 양생관리　　　　　　　　　　93

SECTION 25 [특수콘크리트]
　　　　매스 콘크리트 타설 시 균열발생 원인과 온도균열 저감대책　　　97

SECTION 26 [특수콘크리트]
　　　　건축물의 내진, 면진, 제진구조의 특징 및 시공 시 유의사항　　101

SECTION 27 [특수콘크리트]
　　　　제치장콘크리트 시공 시 품질관리사항　　　　　　　　　　　　105

SECTION 28 [PC]
　　　　Half PC 바닥판공법의 채용 시 유의사항　　　　　　　　　　　109

SECTION 29 [PC]
　　　　PC판의 접합공법 및 시공 시 유의사항　　　　　　　　　　　　113

SECTION 30 [C/W]
　　　　Curtain Wall의 시험방법　　　　　　　　　　　　　　　　　　117

SECTION 31 [철골공사]
　　　　고장력볼트의 조임방법과 시공 시 유의사항　　　　　　　　　　121

SECTION 32 [철골공사]
　　　　용접결함 및 품질관리　　　　　　　　　　　　　　　　　　　　125

SECTION 33 [철골공사]
　　　　철골 내화피복공법　　　　　　　　　　　　　　　　　　　　　129

CONTENTS

SECTION 34 [철골공사]
철골공사 단계별 시공 시 유의사항 — 133

SECTION 35 [초고층공사]
Column Shortening — 137

SECTION 36 [철골공사]
철골부재의 제작 시 검사계획과 현장반입 시 검사항목 — 141

SECTION 37 [마감공사]
ALC Block의 시공순서 및 시공 시 유의사항 — 145

SECTION 38 [마감공사]
타일 붙임공법의 종류별 특징과 박리, 탈락 방지대책 — 149

SECTION 39 [마감공사]
방수공법 선정 시 고려사항 — 153

SECTION 40 [마감공사]
실링재의 요구성능 및 시공 시 유의사항 — 157

SECTION 41 [기타 공사]
공동주택의 실내공기 오염물질 및 관리방안 — 161

SECTION 42 [기타 공사]
공동주택에서 발생하는 층간소음의 원인 및 대책 — 165

SECTION 43 [기타 공사]
초고층건물 유리의 열파손현상 원인과 방지대책 — 169

SECTION 44 [기타 공사]
건축물 해체공법의 종류와 해체 시 고려사항 — 173

SECTION 45 [기타 공사]
　　　　　타워크레인의 기종 선정 시 고려사항 및 운영관리 방안　　　　　　　177

SECTION 46 [공사관리]
　　　　　자원배당의 순서 및 방법　　　　　　　　　　　　　　　　　　　181

SECTION 47 [공사관리]
　　　　　VE의 추진절차 및 효과　　　　　　　　　　　　　　　　　　　　185

SECTION 48 [공사관리]
　　　　　공정간섭(공정마찰)이 공사에 미치는 영향과 해소방안　　　　　　189

SECTION 49 [공사관리]
　　　　　린 건설(Lean Construction)　　　　　　　　　　　　　　　　　　193

SECTION 50 [공사관리]
　　　　　EVMS의 개념과 평가방법 및 활성화 방안　　　　　　　　　　　　197

SECTION

01

[계약제도]
물가변동에 의한 계약금액의 조정절차와 내용

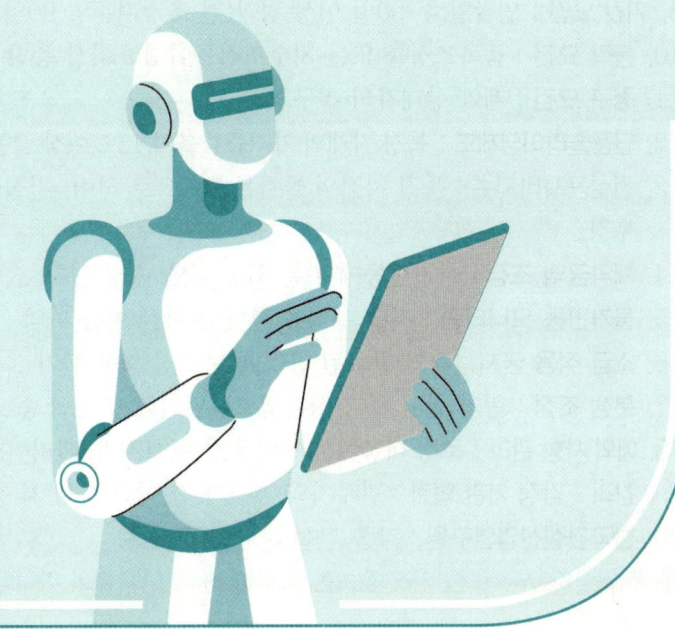

AI가 알려주는 Basic Concept & 핵심 Keyword

Basic Concept

1. 물가변동, 설계변경 등에 의해 계약금액을 조정해야 할 경우가 있다. 이때에는 정해진 절차에 의해 조정사유가 맞는지, 계약금액을 얼마나 변경할지를 결정한다. 특히 전쟁 등으로 인해서 원자재 수급이 불안하고, 자재비가 급상승한 경우 수급인이 입찰한 금액으로 공사를 하기 어렵다.
2. 이런 상황은 수급인에게 큰 부담을 줄 수 있으므로, 과도한 물가변동에 의한 계약금액 조정을 할 수 있도록 법으로 규정하고 있다. 바로 「국가를 당사자로 하는 계약에 관한 법률」이며, 법률 이름에서도 알 수 있듯이 주로, 국가에서 발주한 공공공사에 적용된다. 여기서 '주로'라고 표현한 것은 「건설산업기본법」 제22조제5항에 의해 민간공사도 종종 이루어지기 때문이다.
3. 반면, 설계변경에 의한 계약금액 조정은 민간공사에서도 많이 이루어진다. 입찰 시 참조한 도면에 자재 규격 오기가 있었거나, 지질주상도상에 풍화토였는데 연암이 나와 발파가 필요한 경우 등 많은 사례가 있다. 만약 계약금액 조정 과정에서 상호 이견이 있다면, '분쟁의 해결' 절차에 따라 처리해야 하므로 Extra로 '분쟁해결절차'를 적어줄 수 있다.

생성형 AI의 핵심 Keyword Top 20

1. 물가연동조항 : 계약서에 명시된 물가 상승·하락 시 금액 조정을 규정한 조항
2. 건설산업기본법 : 경제상황의 변동에 따른 계약금액의 변경을 상당한 이유 없이 인정하지 않으면 무효
3. 국가계약법 : 제64조 물가변동으로 인한 계약금액의 조정
4. 조정 신청서 : 발주자에게 제출하는 공식 조정 요청 문서
5. 품목조정률 : 계약금액을 구성하는 모든 품목 또는 비목을 대상으로 물가변동을 조사하여 산정한 조정률
6. 지수조정률 : 계약금액을 구성하는 모든 비목을 유형별로 정리, 비목군별로 변동률을 조사 및 산정한 조정률
7. 목적 : 계약 당사자 간 공정한 위험 분담, 공사 지속 가능성 확보, 법적 분쟁 예방
8. 계약금액 조정 요인 : 물가변동, 설계변경, 기타 계약 내용의 변경
9. 기간 요건 : 입찰일 후 90일 이상 경과(전 조정기준일 90일 경과)
10. 등락 요건 : 품목조정률 또는 지수조정률이 3% 이상 증감
11. 청구 요건 : 계약 상대자의 청구
12. 단품슬라이딩제도 : 특정 자재의 가격증감률이 15% 이상 급등 시 해당 자재에 대한 공사비 증액
13. 건설공사비지수 : 특정 시점의 물가를 100으로 하여, 건설공사에 투입되는 자원의 물가변동 추정
14. 계약금액 조정 : 물가변동에 따른 최종 금액 수정 절차
15. 물가변동 모니터링 : 지수 추적을 통한 실시간 변동 파악
16. 소급 적용 금지 : 과거 완료된 공정에는 조정 적용 불가
17. 분쟁 조정 : 협의 실패 시 건설분쟁조정위원회 또는 소송 진행
18. 예외 사항 관리 : 조정 대상에서 제외될 항목(설계비, 관리비), 단기 계약 특례(6개월 미만 공기)
19. 감리·감정 기관 협력 : 발주자와 계약자 간 이견 발생 시 중립적 기관을 통한 변동률 재검토
20. 한국건설산업연구원 : 각종 건설 관련 지수 산정

 추출된 Keyword 중 거짓 정보는 과감히 버리고, 차별화 아이템을 선별하여 답안에 적용하자.

고득점 합격을 위한 실전연습 & One Point Lesson

 03 초안작성

1. 개요	4. 계약금액의 조정 절차
2. 계약금액 조정 요인	5. 물가변동 조정 시 유의사항
3. 물가변동에 의한 계약금액의 조정 요건	6. 분쟁 시 해결방안

 04 How to Write

1. 개요
1) 입찰일 이후 계약금액을 구성하는 각종 품목·비목의 가격이 상승·하락된 경우 계약금액 조정
2) 계약 당사자 일방의 불공평한 부담을 경감시켜 원활한 계약이행의 도모를 목적으로 함

2. 계약금액 조정 요인
1) 물가변동
2) 설계변경
3) 기타 계약 내용의 변경

3. 물가변동에 의한 계약금액의 조정 요건
1) 기간 요건 : 입찰일 후 90일 이상 경과(전 조정기준일 90일 경과)
2) 등락 요건 : 품목조정률 또는 지수조정률이 3% 이상 증감
3) 청구 요건 : 계약 상대자의 청구(절대 요건 충족 시)

4. 계약금액의 조정 절차
1) 물가변동 발생
2) 물가변동 적용대가 산출
3) 비목군 분류 및 계수 산출
4) 비목별 물가변동 지수 산출
5) 물가변동 조정률 산출
6) 조정금액 산출 및 통보

5. 물가변동(Escalation) 조정 시 유의사항
1) 계약금액 조정 신청서 접수 후 30일 이내에 조정
2) 계약금액 조정 후 조정기준일로부터 90일 이내에는 재조정 불가
3) 동일한 계약 건 품목조정률과 지수조정률을 동시에 적용 불가
4) 조정기준일 전에 이행 완료할 부분은 물가변동 적용대가에서 제외
5) 천재지변 등의 불가항력의 사유로 지연된 때는 물가변동 적용대가 적용
6) 예정가격이 100억 원 이상의 공사는 특별 사유가 없는 한 지수조정률 적용
7) 선금을 지급받은 경우 공제금액 별도 산출

6. 분쟁 시 해결방안

 05 합격자의 One Point Lesson

1. 계약금액의 조정절차는 '핵심그림 & 다이어그램'에 잘 설명되어 있다. 그러나 만약 너무 복잡해서 기억이 나지 않을 때는 큰 틀에서 작성하는 방법도 있다.
2. 계약금액을 변경해야 할 사유가 발생하면 누군가는 문제를 제기할 것이고, 서로 검토해서 합당하면 계약을 변경할 것이다. 이를 플로우차트로 만들면 ① 물가변동 발생 → ② 수급인의 조정 요청 → ③ 계약금액 조정 요건 검토 → ④ 조정금액 산출 → ⑤ 변경계약 순이다. 여기에 각 항목별로 살을 붙여 나가면 충분히 작성이 가능하다.
3. 기술사 시험은 아무리 공부해도 잘 모르는 문제를 선택해야 하는 순간이 있다. 이때에는 포기하지 말고, 큰 틀에서 흐름을 잡고 기술사의 언어로 작성하려고 노력하자.

답안을 입체화하는 핵심그림 & 다이어그램

물가변동 의한 계약금액 조정제도

구분	기간 요건	등락 요건
총액 조정	계약체결일 이후 90일 경과	• 품목조정률 3% 이상 • 지수조정률 3% 이상 (조정기준일은 입찰일)
단품 조정	계약체결일 이후 90일 경과	특정 자재의 가격증감률이 15% 이상 *순공사원가의 1% 이상인 자재

물가변동 시 계약금액 조정 요건

구분	종류	내용
절대 요건	기간 요건	• 계약체결일 후 90일 이상 경과 후 다음 조정 가능 • 전(前) 조정기준일로부터 90일 이상 경과 후 다음 조정 가능
	등락 요건	품목조정률 또는 지수조정률이 3% 이상 증감
선택	청구 요건	절대 요건이 충족되면 계약 상대자의 청구에 의해 조정

품목조정률과 지수조정률의 비교

구분	품목조정률	지수조정률
적용 대상	거래실례가격 또는 원가계산에 의한 예정가격을 기준으로 체결한 계약	원가계산에 의한 예정가격을 기준으로 체결한 계약
특징	• 당해 비목에 대한 조정 사유를 사실대로 반영 • 계산이 복잡	• 조정률 산출 용이 • 당해 비목에 대한 조정 사유 미반응
용도	• 단기적 소규모 공사 • 단순 공종 공사	• 장기적 대규모 공사 • 복합 공종 공사

분쟁해결절차

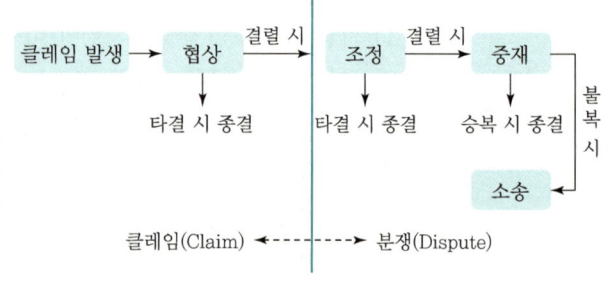

계약금액 조정절차

[지수조정률에 의한 조정]

- **물가변동 기본 요인**
  - 기본 요건(90일, ±3% 이상) 동시 충족 여부
  - 조정기준일(계약체결일) ±3% 적정 여부
  - 2회 이상 동시 요청 시 순차적용 검토
- **물가변동 적용대가 산출**
  - 예정·실행공정률 적정 여부
  - 기성대가 제외 여부
  - 적용대가 2가지 산출 적정 여부(지수용, 조정금액용)
- **비목군 분류 및 계수 산출**
  - 산출내역서상 비목별 분류
  - 비목군별 금액 및 계수 확인
- **비목별 물가변동 지수 산출**
  - 비목별 적용지수 확인
    - 노임, 환율, 생산자지수, 제경비율
    - 계약일, 조정기준일
- **물가변동 조정률 산출**
  - 지수변동률, 조정계수 확인
  - 지수조정률 산출
  - 조정률 3% 이상 유무 검토
- **조정금액 산출 및 통보**
  - 선급 제외 여부
  - 검토결과 통보

국가를 당사자로 하는 계약에 관한 법률

제19조(물가변동 등에 따른 계약금액 조정) 각 중앙관서의 장 또는 계약담당공무원은 공사계약·제조계약·용역계약 또는 그 밖에 국고의 부담이 되는 계약을 체결한 다음 물가변동, 설계변경, 그 밖에 계약내용의 변경(천재지변, 전쟁 등 불가항력적 사유에 따른 경우를 포함한다)으로 인하여 계약금액을 조정(調整)할 필요가 있을 때에는 대통령령으로 정하는 바에 따라 그 계약금액을 조정한다.

국가를 당사자로 하는 계약에 관한 법률 시행령

제64조(물가변동으로 인한 계약금액의 조정) ① 각 중앙관서의 장 또는 계약담당공무원은 법 제19조의 규정에 의하여 국고의 부담이 되는 계약을 체결한 날부터 90일 이상 경과하고 동시에 다음 각 호의 어느 하나에 해당되는 때에는 기획재정부령이 정하는 바에 의하여 계약금액을 조정한다. 이 경우 조정기준일(조정사유가 발생한 날을 말한다. 이하 이 조에서 같다)부터 90일 이내에는 이를 다시 조정하지 못한다.

SECTION

02

[계약제도]
공동도급의 문제점 및 대책

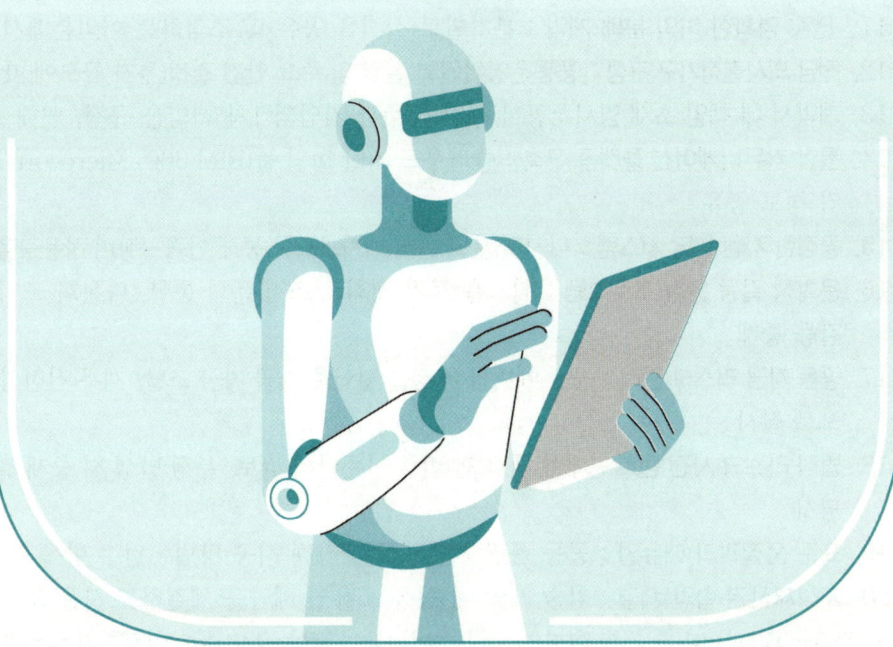

AI가 알려주는 Basic Concept & 핵심 Keyword

Basic Concept

1. 도급계약방식은 공사실시방식에 따라 일식도급, 분할도급, 공동도급으로 나뉜다. 이 중 공동도급은 다시 공동이행방식, 분담이행방식, 주계약자형 이행방식으로 나뉜다.
2. 공동도급의 장점은 2개 이상의 시공사가 모인다는 점이고, 단점 또한 2개 이상의 시공사가 모인다는 점이다. 한 개의 회사 내에서도 부서 간, 조직 간 이기주의와 정보독점 및 불공정 등이 발생하여 문제가 된다. 하물며 서로 다른 인력, 자원, 업무처리시스템을 가진 2개의 시공사가 일시적으로 합쳐진다는 것은 충돌이 발생할 수밖에 없다.
3. '지역의무공동도급'의 경우는 이러한 가능성이 더욱 크다. 특정지역 공사 입찰에 참여하기 위해서는 해당지역의 업체와 의무적으로 공동도급을 맺어야 하는 규정인데, 두 회사 간의 시공능력 차이가 클수록 업무처리방식이나 품질관리수준에서 큰 갭이 발생할 수 있다. 공사가 끝난 후 각자의 시공사로 돌아간 상황에서는 하자처리 주체 결정 및 비용분담 이견으로 법적 리스크도 발생할 수 있다.
4. 따라서 '핵심 Keyword'를 통해 기본개념을 익히고, 답안 작성 방법을 살펴보자.

생성형 AI의 핵심 Keyword Top 20

1. 문제점 이익 분배 갈등 : 참여 기업 간 이익 배분 기준이 불명확 → 분쟁 발생 가능성 높음
2. 의사결정 지연 : 각 시공사의 유관부서 합의 필요로 신속한 결정 어려움 → 공사 일정 차질 유발
3. 책임 소재 불분명 : 하자 발생 시 특정 시공사의 과실도 공동 책임 주장 우려
4. 관리 방식 차이 : 각 사의 업무 프로세스와 문화가 달라 협업 효율성 저하
5. 의사소통 장애 : 계층적 보고 체계로 인한 정보 왜곡 및 지연 발생
6. 자원 할당 불공정 : 특정 기업이 더 많은 인력·장비 투입 → 보상 불균형
7. 문화적 충돌 : 지역별·기업별 문화 차이로 팀워크 약화
8. 재정적 취약성 전가 : 한 기업의 자금 부족이 전체 공사의 자금난 초래
9. 법적 분쟁 리스크 : 계약서 미비로 인한 권리·의무 해석 차이, 소송 증가
10. 시공관리 수준 불일치 : 참여사별 시공 기준 차이로 균일한 품질 달성이 어려움
11. 대책 명확한 이익 분배 계약 : 분기별로 실적을 공유 및 조정하는 이익분배시스템 도입
12. 전담 의사결정기구 구성 : 공동운영위원회 설립 및 주요 안건 결정(투자 규모에 따라 의결권 부여)
13. 계약서 내 책임 소재 명시 : 공사 구간별 주관 기업의 1차 책임을 규정, 연대 보증 제도 도입
14. 통합 커뮤니케이션 플랫폼 구축 : 클라우드 기반 협업 툴(BIM 360, Microsoft Teams)로 실시간 정보 공유
15. 공정한 자원 할당 시스템 : 디지털 자원 관리 대시보드를 통해 인력·장비 사용량을 투명하게 공개
16. 문화적 갈등 완화 프로그램 : 워크숍 정기 개최로 조직 문화 통합, 다문화 조정관을 배치하여 갈등 중재
17. 공동 자금 리스크 관리 : 공동 예비금 계정을 설립해 긴급 자금 조달, 재무 건전성 평가를 주기적으로 실시
18. 법적 리스크 사전 검토 : 계약 체결 전 법률 자문단의 검토, 분쟁 발생 시 중재 절차를 계약서에 명시
19. 표준 품질관리 매뉴얼 : 공동 품질 기준서를 제작해 시공 방법·검수 항목 통일
20. 지식재산권 협약 체결 : 기술 개발 시 공동 소유권 계약을 체결하고 사용 조건 규정

 추출된 Keyword 중 거짓 정보는 과감히 버리고, 차별화 아이템을 선별하여 답안에 적용하자.

고득점 합격을 위한 실전연습 & One Point Lesson

03 초안작성

1. 개요
2. 공동도급 분류방식
3. 공동도급의 목적
4. 공동도급의 문제점
5. 대책

04 How to Write

1. 개요 : 1개의 project를 2개 이상의 건설회사가 공동으로 도급을 받아 연대 책임하에 공사를 진행

2. 공동도급 분류방식
   1) 공동이행방식
   2) 분담이행방식
   3) 주계약자형 이행방식

3. 공동도급의 목적
   1) 위험 분산
   2) 기업의 융자력 증대
   3) 시공기술의 확충
   4) 시공의 확실성 보장
   5) 기업의 신용 증대

4. 공동도급의 문제점
   1) 하자처리 주체 및 책임소재 불명확 : 처리 지연 및 법적 분쟁 리스크
   2) 자원할당 및 이익 배분의 갈등 : 인력장비 투입 대비 보상 불균형
   3) 업무 처리 방식 및 지휘계통의 혼란 : 중요 의사결정의 지연 → 공정 차질
   4) 지역업체와의 공동도급 의무화 : 기술 및 관리 능력 부재 → 전체 시공능력 저하
   5) Paper Joint 우려 : 서류상으로만 공사 참여, 실질적으로 1개 회사가 전체 진행
   6) 조직 상호 간 갈등 : 공동도급사 간 임금·복지·문화적 충돌

5. 대책
   1) 공사 착수 전 시공범위 및 책임소재 문서화
      ① 책임범위 : 공사구간별 주관 기업 지정 → 하자 발생 시 해당기업 처리
      ② 연대보증제도 도입 : 원인자부담 불명확·공동도급사 부도 → 적용
   2) 명확한 이익 분배 조건 명시 : 계약서에 이익배분비율 및 배분조건을 수치화하여 명기
   3) 사무업무의 표준화 및 통합 업무 플랫폼 구축
      ① 클라우드 기반 협업 툴 사용으로 실시간 정보 공유(BIM 360, Microsoft Teams)
      ② 표준화된 건설정보 분류체계 사용(ISO 9000 인증 획득)
   4) CM제도의 도입 및 건설업의 EC화 : 원활한 Project의 수행 도모
   5) 표준 품질관리 매뉴얼 제작 : 공동 품질 기준서를 제작해 시공 방법·검수 항목 통일
   6) 공동개발 및 기술교류 촉진 : 기술 개발 시 공동 소유권 계약을 체결하고 사용 조건 규정
   7) Paper Joint의 법적 제재 강화
   8) 구성원 상호 간 존중 및 공평성 유지 : 정기 간담회, 팀 빌딩 워크숍, 갈등 완화 프로그램

05 합격자의 One Point Lesson

1. 문제점과 대책을 묻는 문제는 가장 작성하기 쉬운 문제이면서도, Layout 구성이 어려운 문제이기도 하다. 문제점의 항목 순으로 대책을 작성했을 때에는 통일성과 일관성 측면에서는 유리하지만, 동일 내용이 반복되어 채점관의 입장에서는 지루해지기 쉽다. 예를 들어 책임소재 불명확에 대한 대책을 책임소재 명확화로만 쓰면 감점이 된다.
2. 그래서 대책은 구체적으로 작성한다. '업무처리방식 혼란'의 대책은 '업무처리방식 개선'이 아니라, 구체적으로 클라우드 기반 협업 툴 사용, 표준화된 분류체계 사용, 통일된 표준 품질관리 매뉴얼 도입 등으로 작성하는 것이다.

답안을 입체화하는 핵심그림 & 다이어그램

공동도급의 분류

분류	공동이행방식	분담이행방식	주계약자형 이행방식
정의	• 시공사들이 일정 비율로 노무, 자금 등을 제공 • 새로운 건설 조직을 구성	• 시공사들이 목적물을 분할(공구별, 공종별) 시공하는 방식 • 연속 반복되는 공사에 적용	• 시공사와의 원활한 의사소통을 위해 주계약자를 선정 • 책임과 혜택을 부여
특징	• 기업의 융자력 증대 • Risk 분산 • 시공기술의 확충 • 조직 상호 간의 갈등 • 하자책임 관계 명확	• 선의의 경쟁 유도 • 시공기술의 확충 • 시공책임 한계 명확 • 공기단축 효과 • 품질관리에 애로 • 조직 간 관리체계 상충	• 전체 공사의 계획, 관리 및 조정 • 공사수행 효율성 증대 • 건설업체의 균형적 발전 도모 • 업체 간 상호협력에 기여 • 추가 실적 인정받음 • 대형업체에 유리

지역업체와의 공동도급 의무화

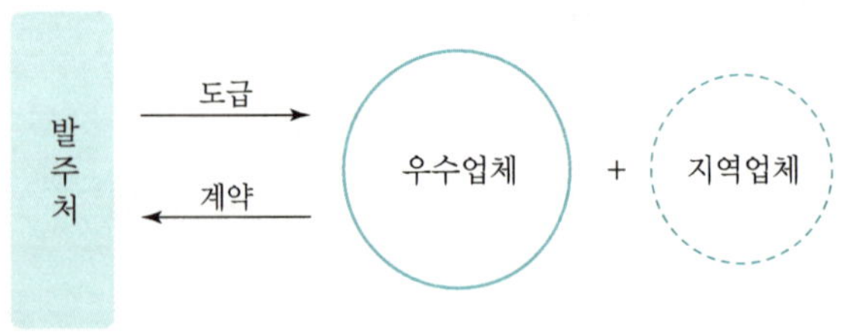

하자처리의 불명확

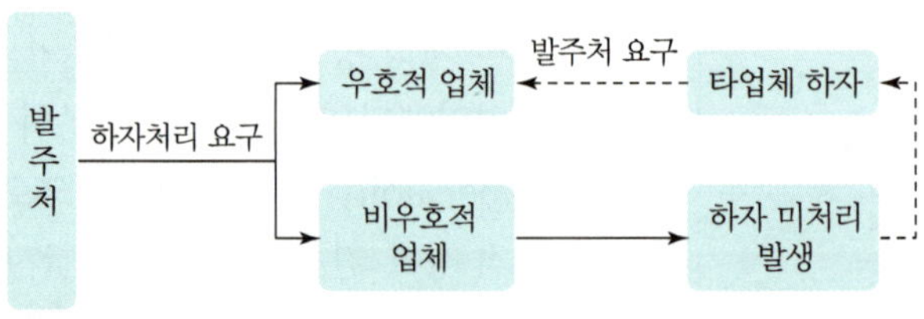

Paper joint

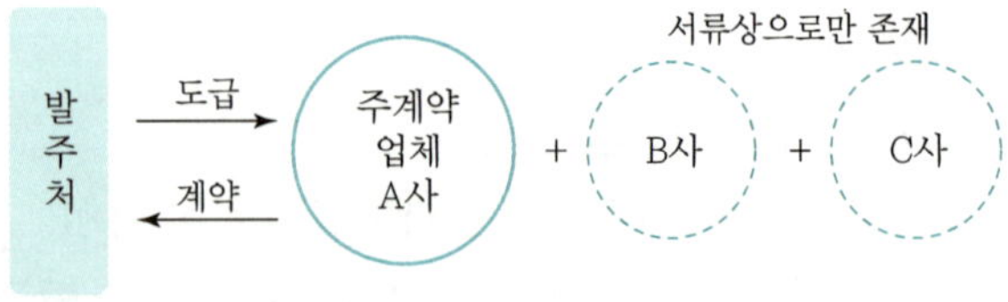

CM제도 도입

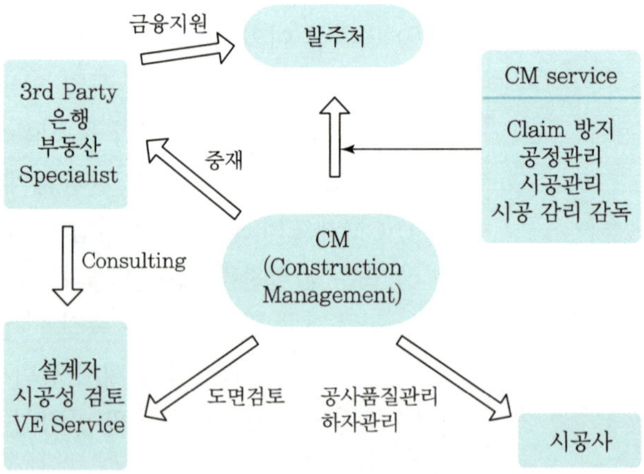

하자책임 문서화

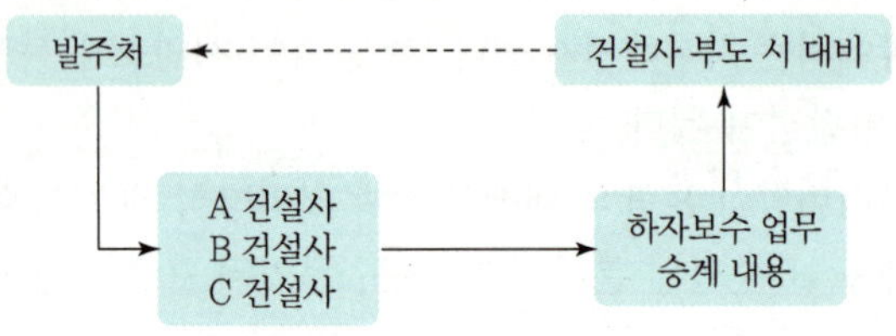

표준 품질관리 기준 수립

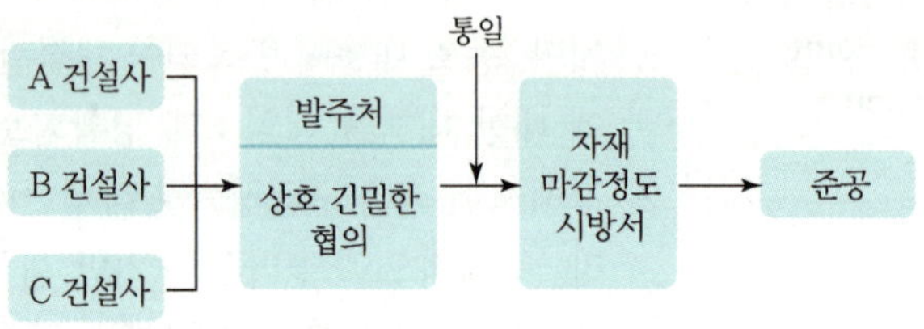

SECTION 03

[토공사]
Slurry Wall 공법에서 Guide Wall의 역할과 안정액 관리방법

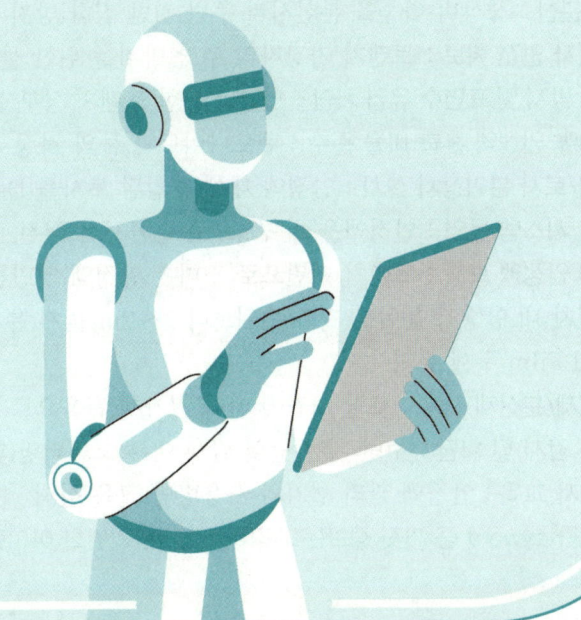

AI가 알려주는 Basic Concept & 핵심 Keyword

Basic Concept

1. 슬러리월공법은 Top Down 공법 적용 시에 많이 사용되며, 깊고 좁은 벽체를 굴착하는 데 매우 효율적인 공법이다. 깊고 좁은 벽체를 굴착하는 것이 어려운 이유는 굴착 중 토압이나 피압수 등에 의해서 공벽이 붕괴되기 때문이며, 이러한 이유로 슬러리월공법을 적용한다.
2. 슬러리월공법에서 '슬러리(Slurry)'는 벤토나이트로 만든 안정액이다. 즉, 안정액을 이용하여 공벽의 붕괴를 막고 굴착을 하는 공법이기 때문에 답안 작성 시 '안정액' 관련 내용이 핵심 키워드가 된다. 안정액 관리항목은 비중, 점성, 사분율, pH 농도 등이 있으며, 아주 쉽게 이해해 보자.
   ① 비중 : 물보다 무거운 안정액이 공벽 안을 먼저 차지함 → 지하수 유입 불가, 토압을 지지. 단, 물보다 무거우면서 콘크리트보다 가벼워야 함(비중 과다 → 타설 시 콘크리트로 치환 불가)
   ② 점성 : 점도가 있어야 안정액 순환 시 토사와 슬라임을 같이 밖으로 끌고 나옴. 단, 점도는 적정 범위 내에 있어야 함(점도 과다 → 순환펌프의 과부하 발생)
   ③ 사분율 : 안정액 내에 모래 과다 → 안정액 기능 저하
   ④ pH 농도 : 안정액 내 점토의 분산, 응집에 영향(안정액 성능 최적 조건 → 약알칼리 상태)
   ⑤ Mud Film 두께 : 너무 얇으면 공벽보호 기능 부족

생성형 AI의 핵심 Keyword Top 20

1. Guide Wall 굴착 장비 유도 : 클램셸, 굴착기에게 정확한 트렌치 위치와 방향 유도
2. 수직성 유지 : 트렌치의 수직 정확성 확보를 통해 벽체 균일성 향상
3. 깊이 기준 제공 : 굴착 깊이 측정을 위한 참조 포인트 역할
4. 트렌치 상부 안정화 : 굴착 초기 단계에서 표면 붕괴 방지
5. 표면 보호 : 주변 장비나 하중으로 인한 트렌치 상부 침식 방지
6. 구조적 견고성 강화 : 슬러리 벽체의 전반적인 정렬 및 강도 보장
7. 슬러리 유동 제한 : 벤토나이트 슬러리가 트렌치 외부로 유출되지 않도록 차단
8. 패널 간 연속성 확보 : 인접 패널의 정렬 및 겹침 부분 일관성 유지
9. 하중 분산 : 중장비 하중을 분산시켜 주변 지반 침하 방지
10. 작업자 안전 확보 : 트렌치 가장자리 추락 방지를 위한 물리적 장벽 역할
11. 침식 방지 및 표면수 유입 차단 : 빗물로 인한 트렌치 상부 유실 최소화, 불필요한 물 유입 방지
12. 안정액 안정액 혼합 비율 준수 : 벤토나이트와 물의 적정 혼합 비율 유지
13. 모래/토사 분리장치 설치 : 안정액 내에 혼입된 토사를 Desander로 제거
14. 순환 시스템 운영 : 안정액을 지속적으로 순환시켜 침전, 회수 후 재활용
15. 유실 안정액 보충 : 트렌치 벽면으로 스며든 안정액 양만큼 안정액 추가 투입
16. 트렌치 내 안정액 높이를 지하 수위보다 1~2m 높게 유지(지하수 유입 방지)
17. Mud Film 두께 유지
18. 응집제/분산제 사용 : 토질 조건에 따라 첨가제 사용으로 안정액 성능 최적화
19. 누출 감시 및 차단 : 주변 지반 균열 발생 여부 모니터링(환경오염 방지)
20. 작업자 교육 : 안정액 관리 절차와 사용방법 교육 실시

 추출된 Keyword 중 거짓 정보는 과감히 버리고, 차별화 아이템을 선별하여 답안에 적용하자.

고득점 합격을 위한 실전연습 & One Point Lesson

03 초안작성

1. 개요
2. Slurry Wall 공법 시공 Flow
3. Guide Wall의 역할
4. 안정액 관리방법

04 How to Write

1. 개요
2. Slurry Wall 공법 시공 Flow
3. Guide Wall의 역할
   1) 굴착의 기준 제시 : 클램셀, 굴착기에게 정확한 트렌치 위치와 방향 유도
   2) 표면 보호 : 중장비 하중을 분산시켜 트렌치 상부 침식 및 침하 방지
   3) 표면수 유입 차단 및 표면 침식 방지
   4) 트레미관의 지지대
   5) 인터로킹 파이프 인발 지지대
   6) 안정액 유출 방지
   7) 작업자 안전 확보 : 트렌치 가장자리 추락 방지를 위한 물리적 장벽 역할
4. 안정액 관리방법
   1) 안정액 관리항목 : 비중, 점성, 사분율, pH 농도, Mud Film 두께
      ① 비중 : 굴착 시 1.04~1.2, Slime 처리 시 1.04~1.1 유지
      ② 점성 : 굴착 시 22~40초, Slime 처리 시 22~35초 유지
      ③ 사분율 : 굴착 시 15% 이하, Slime 처리 시 5% 이하 유지
      ④ pH 농도 : 7.5~10.5
      ⑤ Mud Film 두께 : 굴착 시 3mm 이상, Slime 처리 시 1mm 이상 유지
   2) 안정액 혼합 비율 준수 : 벤토나이트와 물의 적정 혼합 비율 유지
   3) 순환 시스템 운영 : 안정액 내 유해물질 제거 → 트렌치에 재순환
   4) 지속적인 안정액 보충 : 유실된 양만큼 안정액 추가 투입
   5) 트렌치 내 안정액 높이를 지반 수위보다 1~2m 높게 유지 → 지하수 유입 방지
   6) 안정액 관리 기준 초과 시 폐기
   7) 응집제/분산제 사용 : 토질 조건에 따라 첨가제 사용으로 안정액 성능 최적화
   8) 누출 감시 및 차단 : 주변 지반 균열 발생 여부 모니터링 → 환경오염 방지
   9) 작업자 교육 : 안정액 관리 절차와 사용방법 교육 실시(MSDS)

05 합격자의 One Point Lesson

1. 이론 스터디를 통해서 안정액의 관리기준을 알 수 있었다. 안정액의 관리기준은 많은 수험생들이 표로 정리하여 서브노트화하는 아이템이며, 답안에 없으면 감점이지만, 있어도 차별화되지는 않는다.
2. 차별화를 위해서는 기본적인 내용을 작성하고, 추가적으로 '안전' 및 '건설공해'와 관련된 아이템도 작성해야 한다. 예를 들어 '사람이 코로 흡입하거나 먹거나 만졌을 때 문제가 생길 만한 물질이면 MSDS를 게시한다.' 또는 '화학물질이 첨가된 물질은 함부로 버리지 못한다.' 등의 내용을 안정액과 연관시킨다면 훨씬 답안을 다양한 관점에서 작성할 수 있다.

답안을 입체화하는 핵심그림 & 다이어그램

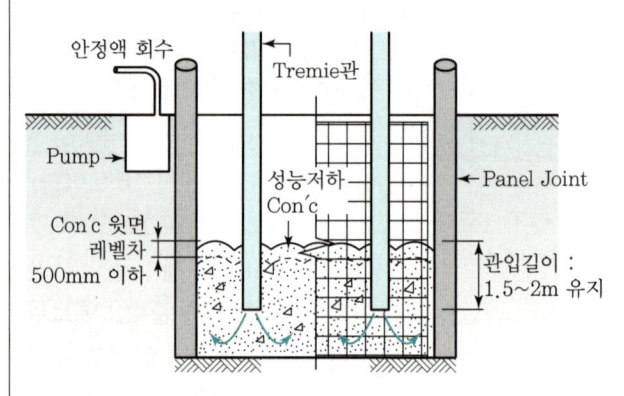

가이드월 도해	지지대 활용
안정액 관리기준	공벽 내 콘크리트 타설

안정액 관리(표준시방서 KCS 21 30 00/3.7.3항)

3.7.3 지하연속벽 공법

(8) 안정액은 다음에 적합하여야 한다.
① 소요의 안정액을 만들기 위하여 충분한 성능과 용량을 보유한 설비를 갖추고, 기계적인 교반으로 벤토나이트와 물이 안정된 부유 상태를 유지할 수 있어야 하며, 슬러리는 가설배관이나 다른 적합한 방법으로 트랜치까지 운송되어야 한다.
② 슬러리를 회수하여 사용하는 경우에는 슬러리에 섞여있는 유해물질을 제거하여야 하며, 회수된 슬러리는 연속적으로 트랜치에 재순환시켜야 한다.
③ 슬러리는 철저한 품질관리를 통하여 분말이 부유 상태에 있도록 하여야 한다.
④ 슬러리는 운휴와 중단을 포함하는 모든 시간에 그 요건을 유지하여야 하며, 굴착과 콘크리트 타설 직전까지 순환 또는 교반을 지속하여야 한다.
⑤ 파낸 트랜치의 전 깊이에 걸쳐서 슬러리를 순환 및 교반할 수 있는 장비를 갖추어야 한다.
⑥ 슬러리를 압축공기로 교반해서는 안 된다.
⑦ 벤토나이트 등의 안정액을 쓸 때에는 굴착 지반에 적합한 것을 조합하여 사용하고, 사용 중에는 품질관리를 철저히 한다.

SECTION 04

[토공사]

흙막이 공사 IPS 공법의 시공순서 및 시공 시 주의사항

AI가 알려주는 Basic Concept & 핵심 Keyword

01 Basic Concept

1. IPS 공법의 시공순서는 간단하다. 일반적인 띠장 및 버팀보 설치 공정에 PS 강선 공정만 추가된 것이다. 우선, 흙막이벽면의 양쪽 끝에 PS 강선을 단단히 고정한다. PS 강선과 흙막이벽 사이에는 Strut가 설치된다. 이때 PS 강선을 강하게 긴장시키면, Strut가 흙막이벽 쪽으로 압축력을 가하게 되고, 이 압축력으로 흙막이벽을 지지하게 된다.

2. 즉, IPS 공법의 원리는 'PS 강선의 인장력'을 '버팀보의 압축력'으로 변환하여 흙막이벽을 지지하는 공법으로, 기존의 Strut 공법에 비해 내부공간을 충분히 활용할 수 있어 혁신적인 프리스트레스 가시설공법으로 이름을 붙인 것이다.

3. 원리를 알면 시공 시 주의사항은 쉽게 떠올릴 수 있다. 첫째, PS 강선 공정이 추가된 공법이므로 ① 적정한 규격의 PS 강선을 선정하고, ② 반입검사를 실시한다. 둘째, PS 강선이 내측에서 Strut를 밀어줄 때 띠장으로 힘을 충분히 전달할 수 있도록 ③ PS 강선과 Strut, 띠장은 견고히 조립하여 일체화시킨다. 셋째, 이 다음부터는 흙막이벽의 일반적인 시공 시 주의사항을 작성하면 된다. IPS 공법 자체가 PS 강선을 제외하면 Strut 공법과 동일하기 때문이다.

02 생성형 AI의 핵심 Keyword Top 20

1. 주의사항 지반·토압 정밀 분석 : 굴착 깊이, 토질, 지하수위 등을 고려한 정확한 토압 계산
2. IPS 띠장의 품질 검증 : 강재의 인장강도, 내구성, 치수 정확성 확인
3. PS 강선의 부식 방지 : 에폭시 코팅 등으로 부식 차단
4. 띠장 설치 위치 오차 최소화 : 레이저 측량 등을 활용한 정밀 위치 조정으로 편심 하중 방지
5. 흙막이벽체와의 고정 강화 : 용접 또는 고강도 볼트로 IPS 띠장과 벽체의 연결부 견고성 확보
6. 프리스트레스 장비 교정 : 잭(Jack) 및 계측기의 정기적 검증으로 장비 오차 제거
7. 단계별 프리스트레스 적용 : 굴착 단계별로 프리스트레스를 점진적으로 가해 과부하 방지
8. 인장력 균일 분배 : PS 강선의 긴장력이 띠장 전체에 균등하게 전달되도록 조정
9. 실시간 응력 모니터링 : 로드 셀(Load Cell), 변위계를 활용한 응력/변형량 실시간 추적
10. 지하수 영향 관리 : 굴착 중 지하수 유입 시 즉시 차수공법(그라우팅) 적용
11. 주변 구조물 변형 감시 : 인접 건축물의 균열, 침하를 계측기로 모니터링
12. 작업장 환경 관리 : 강우, 동결 등 기후 요인이 재료에 미치는 영향 사전 차단
13. 띠장 운반 시 안전 조치 : 크레인 작업 시 균형 유지 및 충격 방지를 위한 슬링(Sling) 장치 사용
14. 재료 보관 조건 준수 : IPS 띠장과 PS 강선을 습기와 먼지로부터 보호할 수 있는 창고 보관
15. 작업자 교육 및 안전 : 프리스트레스 장비 사용법, 응급 상황 대처 절차 교육
16. 긴장력 유지 관리 : 시간 경과에 따른 프리스트레스 손실(크리프 현상) 보정
17. 연결부 품질 검사 : 용접부 비파괴검사(UT, RT)로 결함 여부 확인
18. 공정 간 협의 강화 : 굴착, 띠장 설치, 콘크리트 타설 등 타 공정과의 충돌 방지
19. 시공 기록 상세화 : 프리스트레스 적용 값, 모니터링 데이터, 문제 발생 이력 기록 보관
20. 악천후 이후 변형 여부 확인 : 계측기록 분석 및 보완

 추출된 Keyword 중 거짓 정보는 과감히 버리고, 차별화 아이템을 선별하여 답안에 적용하자.

고득점 합격을 위한 실전연습 & One Point Lesson

03 초안작성

1. 개요
2. 공법 특징
3. IPS 공법의 시공순서
4. IPS 공법의 시공 시 주의사항

04 How to Write

1. 개요
   1) Corner 버팀보에 설치된 정착 장치에서 PS 강선을 긴장
   2) 인장력에 의해 발생된 반력으로 흙막이벽체를 지지하는 공법
2. 공법 특징
3. IPS 공법의 시공순서
   1) 흙막이벽체 시공 및 흙막이벽체 정리
   2) Post Pile 설치 및 보걸이 설치
   3) IPS 띠장 및 Corner 버팀보 설치
   4) PS 강선 정착장치 설치
   5) Corner 버팀보 긴장
   6) IPS 띠장 긴장
   7) 단계별 굴착 및 가시설 설치 반복
4. IPS 공법의 시공 시 주의사항
   1) PS 강선의 반입검사 실시
   2) 흙막이벽체와 띠장의 일체화
   3) 흙막이벽 수직도 유지
   4) 받침대 처짐 방지
   5) Post Pile 간격 유지 및 좌굴 방지
   6) PS 강선 정착장치의 품질 확보
   7) 계측 관리 실시
   8) IPS 가력순서 준수
   9) IPS 운반 전 긴장력 확인
   10) 흙막이벽체의 콘크리트 공시체 압축강도가 설계강도의 70%에 도달할 때까지 해체 금지
   11) 흙막이벽체와 IPS 띠장 사이의 여유공간 확보

05 합격자의 One Point Lesson

1. 특정 공법에 대한 시공 시 주의사항을 작성할 때에는 그 공법만의 특징과 관련된 사항을 가장 잘 보이는 곳에 강조해서 작성한다. IPS 공법의 경우 이름과 같이 혁신적인 프리스트레스 구조이기 때문에 Prestress와 관련된 'PS 강선'의 언급이 우선해야 한다.
2. 주의사항을 공법 특징만으로 작성하다 보면 페이지를 다 채우지 못할 수도 있다. 그 때에는 과감히 일반적인 흙막이공법에 대해 작성한다. 부재의 접합 철저, 용접부 비파괴검사 실시, 계측관리 기준치 초과 시 보강 조치 등 아이템을 무제한으로 생성해 낼 수 있다.
3. 기출제되었던 공법에 대해서 그림과 공법원리를 정리해 둔다면, 충분히 합격점수를 얻을 수 있다.

답안을 입체화하는 핵심그림 & 다이어그램

IPS 공법 도해

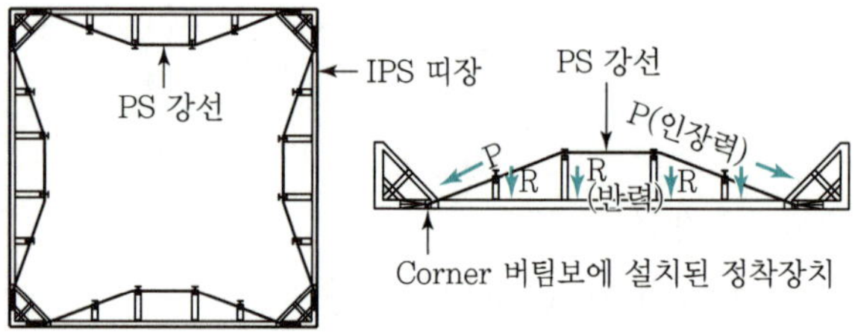

IPS 공법 시공순서

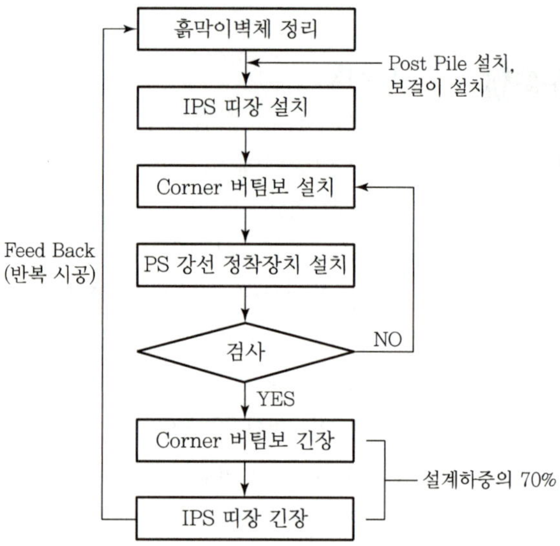

흙막이벽체와 띠장 일체화

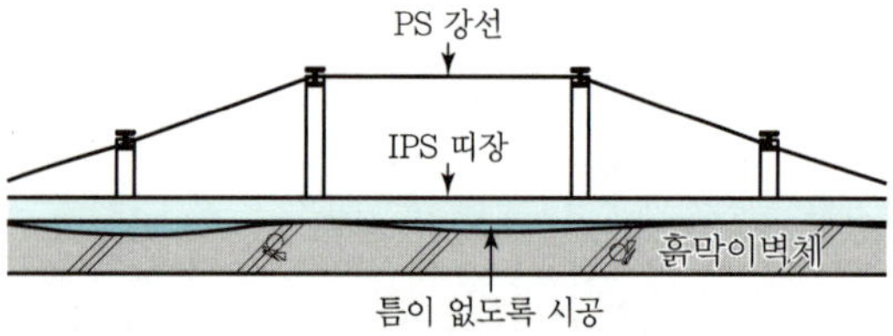

흙막이벽 수직도 유지

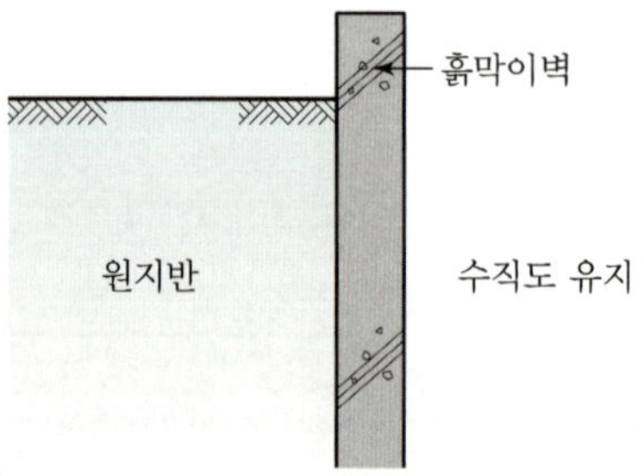

공종 마찰 방지

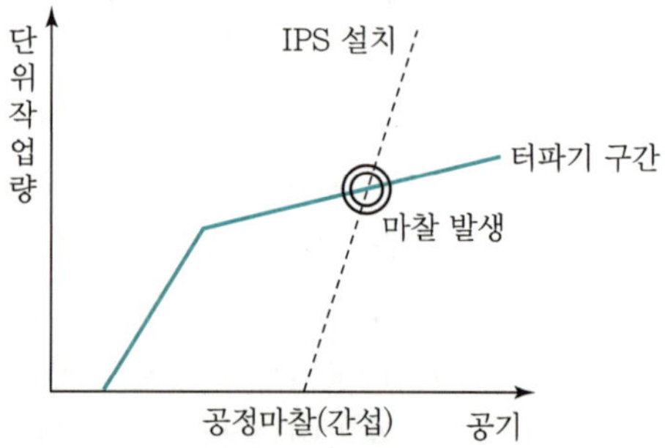

계측관리

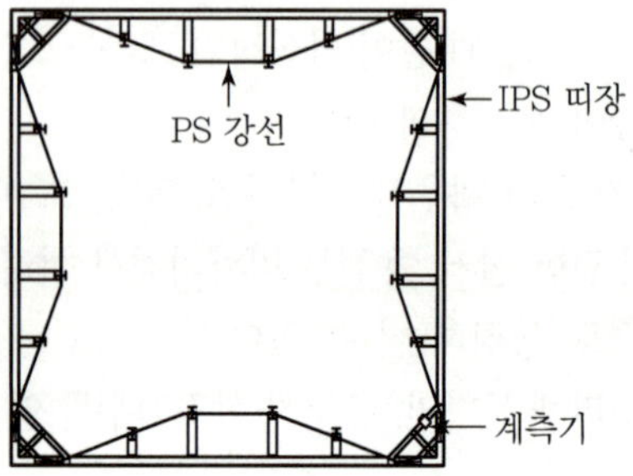

정착장치의 품질 확보

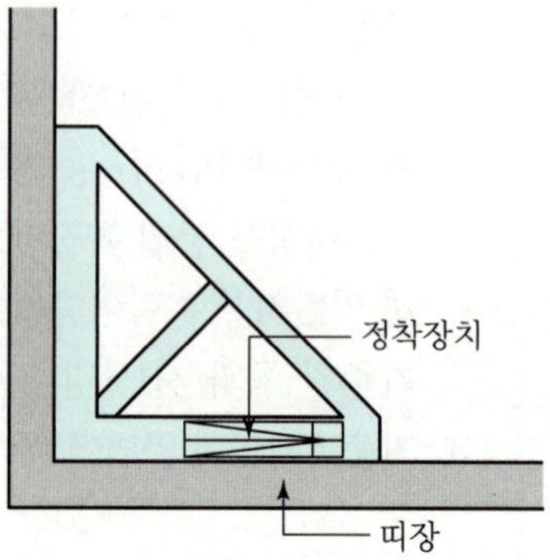

SECTION 05

[토공사]
Earth Anchor 공법의 시공순서와 붕괴원인 및 대책

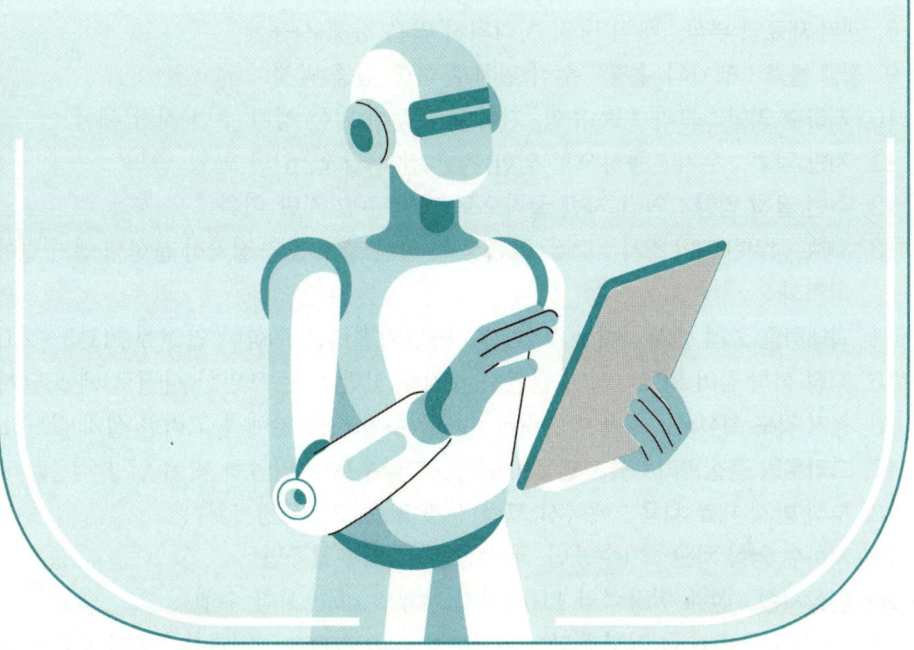

AI가 알려주는 Basic Concept & 핵심 Keyword

01 Basic Concept

1. 어스앵커 공법의 붕괴원인을 알면 자연스럽게 대책을 작성할 수 있다. 공법의 원리는 PS 강선의 인장력으로 흙막이벽 배면의 토압을 지지하는 공법이다. 따라서 PS 강선이 충분한 인장력을 발휘할 수 있는 조건을 만드는 것이 중요하며, 이러한 조건이 만족되지 못하면 흙막이벽이 붕괴될 수 있다.
2. 붕괴원인을 유추해 내기 위해서 흙 위에 텐트를 고정하기 위한 밧줄과 못을 상상해 보고, 어떤 경우에 텐트가 쓰러지는지 생각해보자.
   ① 절반만 박힌 못 → 앵커의 정착 깊이 부족
   ② 비스듬한 못 → 앵커 설치 각도 불량
   ③ 밧줄 녹 → PS 강선 부식
   ④ 밧줄 30년 경과 → 시간적 열화
      (영구앵커 기능↓)
   ⑤ 못 주변에 공극 → 그라우팅 불량
   ⑥ 못 주변 풀로 고정 → 그라우트 배합 불량
   ⑦ 진흙 → 연약지반, 지하수 용출
   ⑧ 텐트 주변 지반 물고임 → 배수 불량
      (지지력↓)
   ⑨ 트럭 진동 → 반복하중(지지력↓)
   ⑩ 산성비, 바닷바람 → 유해물질 열화
   ⑪ 짧은 못 → 설계 오류(지지층 깊이 오류)
   ⑫ 폭풍우 → 설계하중 초과
3. 이런 식으로 상상하면 무한정 작성이 가능하다. '핵심 Keyword'를 참조하여 나만의 아이템을 만들어 보자.

02 생성형 AI의 핵심 Keyword Top 20

1. 원인 부적절한 지반 조사 : 토질, 지하수위, 암반 상태를 정확히 분석하지 못해 앵커 길이·간격 오설계
2. 과소한 설계하중 : 예상 토압이나 외부 하중(풍하중, 지진력)을 저평가
3. 앵커 정착 깊이 부족 : 지지층까지 도달하지 못한 앵커 길이
4. 앵커 각도 부적합 : 앵커 설치 각도가 지반 저항력을 고려하지 않음
5. 연결부 설계 결함 : 앵커 헤드와 구조물 연결부의 강도 부족
6. 굴착 중 내부 토사 붕괴 : 앵커 홀의 직경·깊이 불일치 또는 벽면 파손
7. 그라우트 주입량 부족 또는 불균일, 그라우트 강도 미달(물시멘트비 과다)
8. 앵커 재료의 부식 : 부식 방지 처리되지 않은 강재 사용
9. 정렬 불량 : 앵커의 수평·수직 편차로 하중 집중 발생
10. 지하수 영향 : 그라우트 유실, 지하수 유동에 의한 앵커 주변 지반 세굴
11. 지반 약화 : 우기·동상으로 인한 지반 강도 감소, 암반 균열
12. 주변 굴착 영향 : 인접 지반 굴착으로 앵커 주변 지반 이완
13. 대책 정밀한 지반 조사 : 토질, 지하수위, 암반 상태 등을 정확히 분석해 앵커 길이·간격·각도 최적화
14. 과대하중 고려 설계 : 예상 토압, 풍하중, 지진력을 포함한 안전계수(1.5~2.0) 적용
15. 적정 정착 깊이 확보 : 앵커 끝단이 지지층(암반 또는 조밀한 사질토)에 도달하도록 설계
16. 앵커 각도 최적화 : 지반 마찰과 수직·수평 하중 분배를 고려한 설치 각도(10°~45°) 선정
17. 그라우팅 품질관리 : 물시멘트비 준수, 그라우트 주입압력 및 주입량 검증
18. 부식 방지 재료 사용 : 에폭시 코팅 강재 또는 그라우팅 실시
19. 지하수 영향 차단 : 차수공법, 배수공법, 약액주입공법
20. 인장시험 : 설계 인장력의 110%까지 단계별 하중 시험 수행

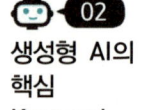 추출된 Keyword 중 거짓 정보는 과감히 버리고, 차별화 아이템을 선별하여 답안에 적용하자.

고득점 합격을 위한 실전연습 & One Point Lesson

03 초안작성

1. 개요
2. 공법의 특징
3. 시공순서
4. Earth Anchor 공법 붕괴원인
5. 붕괴방지대책

04 How to Write

1. **개요** : 흙막이벽 배면을 원통형으로 굴착 후 Anchor체를 설치하여 주반 지반을 지탱하는 공법
2. **공법의 특징**
   1) 굴착공간 활용 용이
   2) 대형기계 반입 용이
   3) 주변 지반 변위 감소
   4) 협소한 공간 시공 가능
3. **시공순서**
   ① 흙막이벽 설치 → ② 인장재 가공 및 조립 → ③ 천공 → ④ 인장재 삽입 → ⑤ Grouting 1차 주입 → ⑥ 양생 → ⑦ 인장시험 → ⑧ 인장 정착 → ⑨ Grouting 2차 주입
4. **Earth Anchor 공법 붕괴원인**
   1) 흙막이벽의 지지력 부족 : 벽체의 강성 부족, 배면 토압의 증가
   2) 그라우트 강도 미발현 : 그라우트 충진 불량, 배합기준 미준수, 양생 불량, 지하수로 인한 유실
   3) 앵커 재료의 부식 : 앵커의 방청처리 미실시
   4) 지반 약화 : 우기·동상으로 인한 지반 강도 감소, 암반 균열
   5) 배면의 수위 변화 : 지하수위 상승 및 유출로 지반 약화
   6) 뒷채움 상태 불량
   7) 앵커 정착 깊이 부족 : 지지층까지 미도달, 정착장 깊이 불량, 굴착 중 내부 토사 붕괴
   8) 과도한 굴착 및 시공순서 미준수 : 단계별 앵커 미설치 상태로 하단부 과굴착
   9) 인접 지반 굴착으로 앵커 주변 지반 이완
   10) 자연재해 : 집중호우, 산사태 등 예측 불가능한 외력
5. **붕괴방지대책**
   1) 정밀한 지반 조사 : 토질, 지하수위, 암반 상태 등을 정확히 분석해 앵커 길이·간격·각도 최적화
   2) Grout재의 주입관리 : 물시멘트비 준수, 그라우트 주입압력 및 주입량 확인, 양생관리
   3) 공벽 붕괴 방지 : 케이싱 사용, 기계 인발 시 공벽의 붕괴가 없도록 천천히 시공
   4) 지하수 영향 차단 : 차수공법, 배수공법
   5) 지반개량공법 적용 : 약액주입공법
   6) 앵커의 정착 깊이 확보 : 지지층(암반 또는 조밀한 사질토)까지 천공 및 정착
   7) 인장시험 : 설계 인장력의 110%까지 단계별 하중 시험 수행
   8) 계측 관리 실시

05 합격자의 One Point Lesson

1. 원인과 대책을 묻는 문제는 시공적 측면을 위주로 작성한다. 그러나 설계적 측면과 품질적 측면을 같이 언급해 주어야 고득점이 가능하다.
2. 구조설계나 토목설계를 전공하지 않아도 설계적 측면에서 얼마든지 답을 할 수 있다. 예를 들어, ① ○○조사 실시, ② 적정 안전율 고려한 설계, ③ 시험시공을 통한 안정성 확인 등이다.
3. 품질적 측면의 예로는 ① ○○ 반입검사 실시, ② ○○시험 실시(전체수량 5%), ③ 실시간 계측 관리 등이다.

답안을 입체화하는 핵심그림 & 다이어그램

어스앵커 구조도	굴착저면의 불안정
	$P_A < P_P + R$ 일 때 안전 $P_A = P_P + R$ 일 때 정지토압 $P_A > P_P + R$ 일 때 붕괴
정착장 깊이 부족	피압수 발생

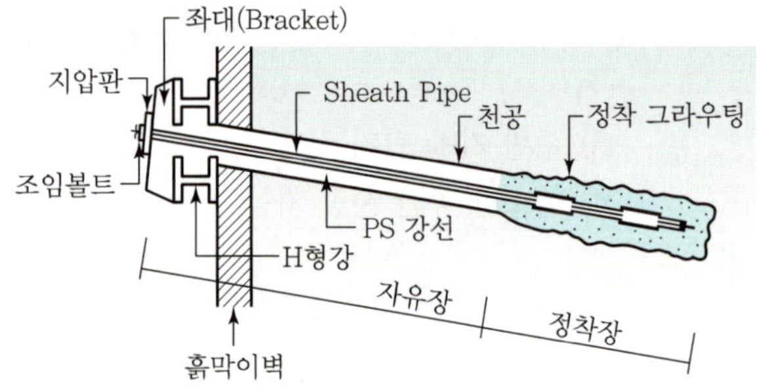

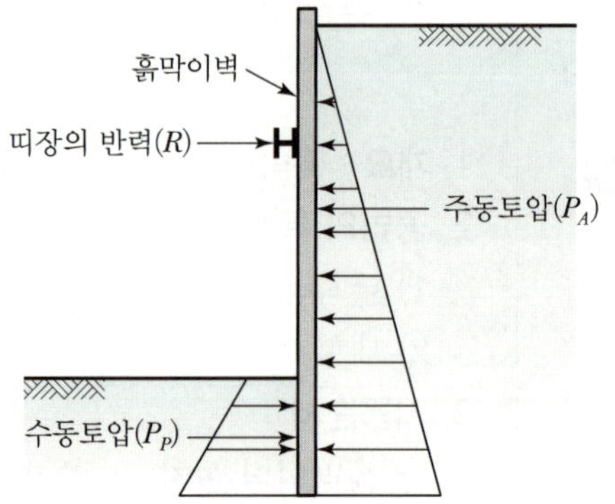

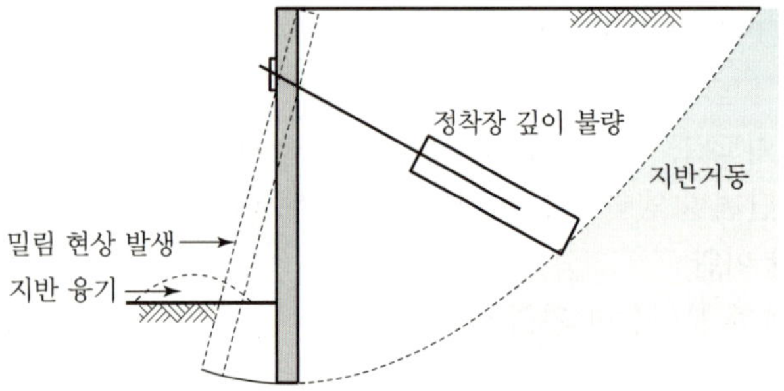

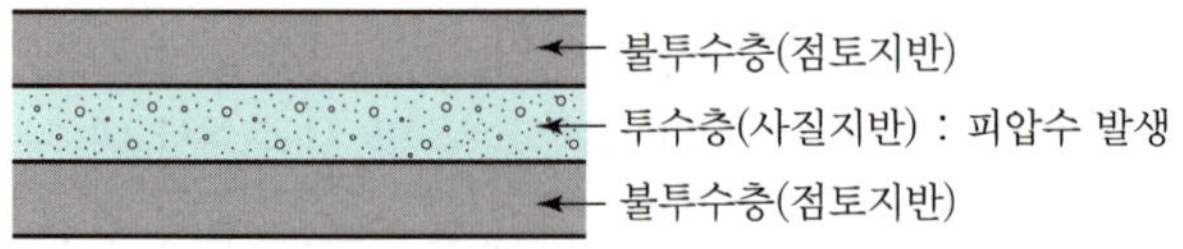

앵커(표준시방서 KCS 11 60 00/2.1.2항 외)

2.1.2 그라우트
(4) 그라우트에 사용되는 골재는 … (중략) … 먼지, 진흙 또는 유기물 등의 유해물이 함유되어서는 안 된다.
(5) 그라우트의 28일 압축강도는 … (중략) … 기준강도를 만족시켜야 하며, 물 – 시멘트(W/C)비는 설계도서를 따른다.
(6) 그라우트의 블리딩률은 3시간 후 최대 2%, 24시간 후 최대 3% 이하이어야 한다.

2.4.1 방식용 재료
(1) 영구앵커의 경우는 앵커체 자체가 부식되지 않는 구조를 가져야 한다.

3.1 시공조건 확인
(4) 유기질점토나 실트 등 강도가 매우 적은 지반에서는 앵커를 설치해서는 안 된다. 부득이 앵커를 설치하여야 하는 경우에는 앵커의 적정성 확인 또는 지반보강을 선행한 후 앵커를 시험시공하여 그 효과를 확인하여야 한다.
(9) 앵커공에서 지하수나 토사가 과다하게 배출되지 않도록 차수 및 차단 조치를 하여야 한다.

3.3.1 천공
(3) … (중략) … 토사붕괴가 우려되는 구간에는 케이싱을 삽입하여 천공 내부의 토사교란 및 무너짐을 방지하여야 한다.
(10) 천공깊이는 소요 천공깊이보다 최소한 0.5 m 이상 깊게 하여 천공면으로부터 교란된 이물질을 가라앉힐 수 있는 슬라임 처리공간을 확보하여 소요 천공깊이에 지장이 없도록 하여야 한다.
(12) 천공 후 바로 앵커공 내부를 청소하여 슬라임을 제거하여야 한다.

SECTION 06

[토공사]
도심 지하터파기 공사 시 주위 지반이 침하하는 주요원인과 방지대책

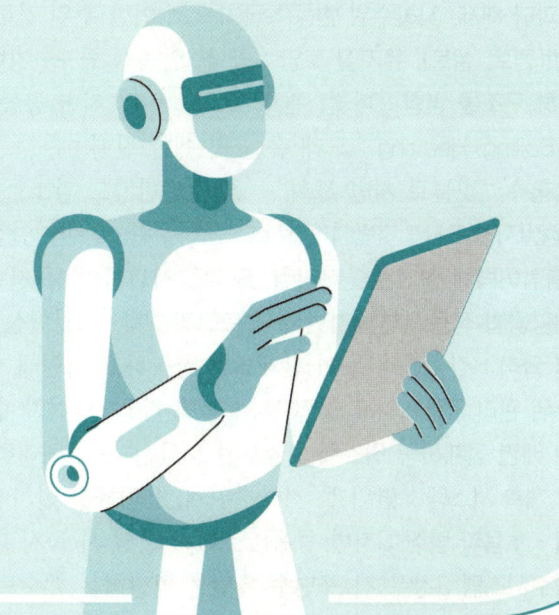

AI가 알려주는 Basic Concept & 핵심 Keyword

01 Basic Concept

1. 지반침하 문제는 연약지반의 문제점을 기본전제로 작성하면 된다. 연약지반은 공사구간 내측의 굴착관리도 필요하지만, 공사구간 주변의 지반변위도 관찰해야 한다.
2. 공사구간의 특정조건으로 인해 주변 지반의 침하를 초래할 수도 있다. 지반침하 원인을 유추하기 위해 바닷가 모래사장에 굴착을 해서 우물을 만든다는 가정을 해 보자. 아래와 같은 경우 우물 굴착 중 지반이 붕괴되고, 침하될 수 있다.
   ① 모래 점성의 미파악 & 굴착 → 지반조사 부족
   ② 우물 옆벽을 대나무로 지지 → 흙막이벽 강성 부족
   ③ 연못 하부 바닷물의 유입 → 지반 유실
   ④ 펌프 배출 후 모래 하부 공극 → 지하수 배제 과다
   ⑤ 폭우 → 지반 연약화, 전단강도 저하
   ⑥ 장비 진동 → 지반 균열 유발
   ⑦ 하부 모래와 물 솟음 → 보일링, 히빙, 파이핑
   ⑧ 모래가 얼었다 녹음 → 지반 동결융해
   ⑨ 버팀대 없이 깊은 굴착 → 과굴착
   ⑩ 우물 주변으로 사람이 모임 → 하중 증가
3. 위 2의 가정을 통해 살펴보았듯이 주위 지반의 침하는 흙과 물의 이동으로 발생한다. 내부로 흙이 움직이면 외부의 흙이 그만큼 없어지고, 배수로 인해 물(간극수)이 없어진 공극만큼 흙은 침하되기 때문이다.

02 생성형 AI의 핵심 Keyword Top 20

1. 원인 흙막이벽 설계 오류 : 부실한 지반 조사(토질·지하수위·암반 상태 부정확) → 설계 오류
2. 버팀대 간격 및 규격 오류 : 설계와 다른 시공으로 하중 지지 불가
3. 흙막이벽체 시공 불량 : 슬러리월, SCW 등 벽체의 균열 또는 누수 발생
4. 굴착 깊이·규모 초과 : 설계보다 깊이와 폭을 과굴착 → 지반 불안정화
5. 진동 유발 작업 : 중장비 운용, 암발파로 인한 주변 지반 균열
6. 지하수 과다 배제, 지하수위 변동 : 굴착으로 인한 수위 강하 → 지반 침하
7. 연약지반(점토, 실트), 유기질 토양 : 공극, 압축성 큼 → 지반 침하
8. 기존 지하 구조물 영향 : 터널, 관로 등으로 인한 지반 공동(Cavity) 형성
9. Piping, Boiling, Heaving : 모래 유실 및 세굴 진행
10. 강우·홍수 : 빗물로 지반 포화 → 흙의 전단강도 감소
11. 대책 정밀지반 조사 : 지반특성(토질·지하수위·암반), 인접 구조물상태를 3D 모델링으로 분석
12. 적정 흙막이벽체 설계 : 슬러리월, SCW, 시트파일 등 지반 조건에 맞는 벽체 선택
13. 지반개량공법 적용 : 연약지반에 제트그라우팅, 소일믹싱 등으로 지지력 강화
14. 단계별 굴착 : 깊이를 나누어 단계별로 굴착하고 버팀대 설치 전 과굴착 금지
15. 지하수위 관리 : 웰포인트 공법, 차수공법 적용, 급격한 수위 강하 방지
16. 흙막이 배면 적재하중 최소화 : 굴착된 토사는 즉시 처리하여 추가 하중 방지
17. 실시간 계측 시스템 : 변위계, 지하수위계, 응력계를 설치해 데이터 실시간 수집 및 변위 대응
18. 레이더·초음파 탐상 : 지반 공동(Cavity) 발생 시 즉시 그라우트 충진
19. 빗물배수시스템 : 강우 시 표면수 유입을 차단하는 배수로 설치
20. 언더피닝(Underpinning) : 인접 건물 기초를 보강하여 침하 영향 최소화

추출된 Keyword 중 거짓 정보는 과감히 버리고, 차별화 아이템을 선별하여 답안에 적용하자.

고득점 합격을 위한 실전연습 & One Point Lesson

03 초안작성

1. 개요
2. 지반침하의 문제점
3. 주위 지반 침하의 주요원인
4. 방지대책
5. 지하안전평가 및 착공후지하안전조사

04 How to Write

1. 개요
2. 지반침하의 문제점
3. 주위 지반 침하의 주요원인
   1) 과대 측압 : 흙막이벽에 작용하는 측압이 설계강도보다 높은 경우 버팀대의 변형
   2) 흙막이벽의 변형 : 흙막이벽의 강성 부족, 띠장 및 버팀대의 간격 미준수
   3) Piping 발생 : 흙막이 배면의 미립토사가 유실되면서 지반 내에 수로가 형성되어 지반이 점차 함몰
   4) 지하수위 변동 : 작업장 내 배수로 인한 지하수위 저하
   5) 지표면 과재하 : 흙막이벽 배면에 계획하중 이상의 하중이 발생할 경우 주변 지반의 침하 발생
   6) 뒤채움 시 다짐 불량
   7) Heaving, Boiling 발생
4. 방지대책
   1) 정밀지반조사 : 토질 주상도 작성, 지반특성 파악, 인접 구조물 기초 형식 확인
   2) 적정 흙막이벽 공법 선정 : 강성 우수한 지하연속벽 적용
   3) 지하수위 관리 : 적정 배수공법 선정(웰포인트 공법), 차수공법 적용
   4) Underpinning : 인접 건물의 부동침하를 방지하기 위해 기초 신설
   5) 흙막이 배면에 과적재 금지 : 자재의 중량을 감안, 흙막이벽에서 이격 및 분산 적재
   6) 단계별 굴착 : 단계별로 굴착 한도 준수(버팀대 설치 전 과굴착 금지)
   7) 연약지반 개량 : SGR 공법, JSP 공법, LW 공법
   8) 뒤채움 다짐 철저 : 적정 토사로 300mm마다 다짐 실시
   9) 실시간 계측 시스템 : 변위계, 지하수위계, 응력계를 설치해 데이터 실시간 수집 및 변위 대응
   10) 인접 도로 GPR 탐사 : 지반 공동 발생 시 즉시 그라우트 충진
   11) 빗물배수시스템 : 강우 시 표면수 유입을 차단하는 배수로 설치
5. 지하안전평가 및 착공후지하안전조사

05 합격자의 One Point Lesson

1. 앞으로 계속 강조할 것 중 하나가 차별화이다. 누구나 쓸 수 있는 문제는 차별화 아이템 없이 절대 합격 점수를 받을 수 없다. 특히 토공사의 경우 많은 아이템을 뽑아 낼 수 있기 때문에 소제목이나 개별 아이템만으로는 눈에 띄는 차별화가 어렵다.
2. 따라서 굴착 관련 문제에서는 '법규'를 대제목으로 해서 차별화를 하자. 예를 들면 「지하안전관리에 관한 특별법」이 있다. 20m 이상 굴착 시 주변 지반에 영향을 줄 수 있기 때문에, 사전에 계획을 제출해서 승인을 받아야 한다. 또한 착공 이후에는 제출했던 계획대로 굴착을 하고 있는지, 주변 지반에 영향이 없는지를 계측관리를 통해서 확인하고 조사해야 한다.
3. 이것이 '지하안전평가', '착공후지하안전조사'이며, 굴착공사 문제에 대해서는 '핵심그림 & 다이어그램'을 참조하여 법규로 차별화를 하자.

답안을 입체화하는 핵심그림 & 다이어그램

지반침하의 주요원인	지하수위 변동
지표면 과재하	강성 우수 흙막이벽
Underpinning	SGR 공법

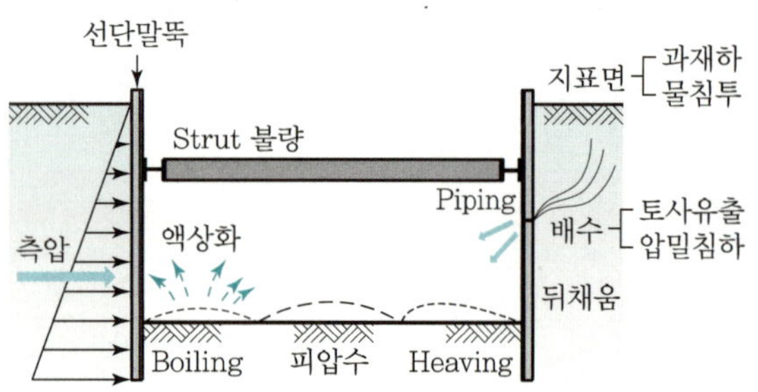

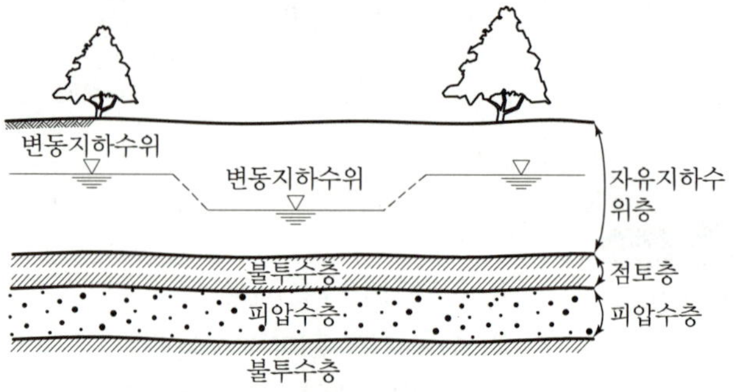

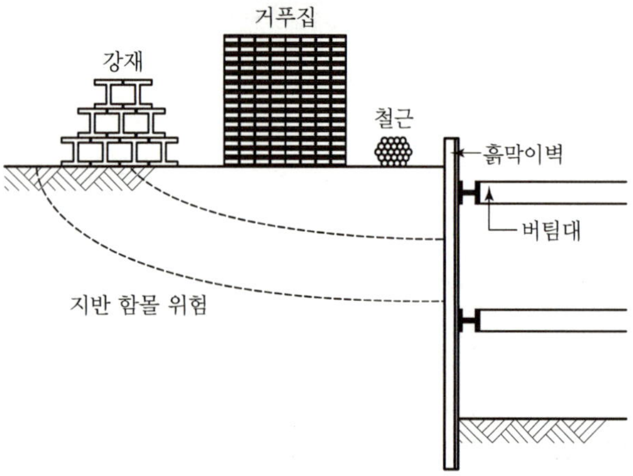

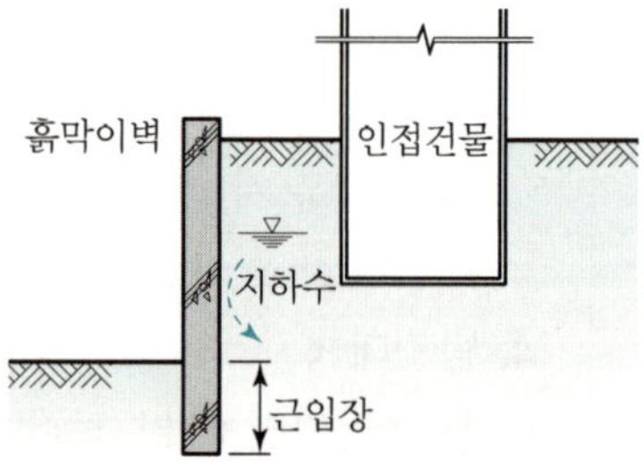

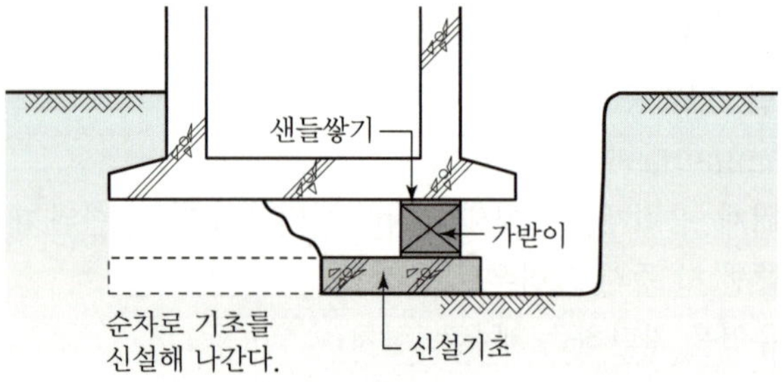

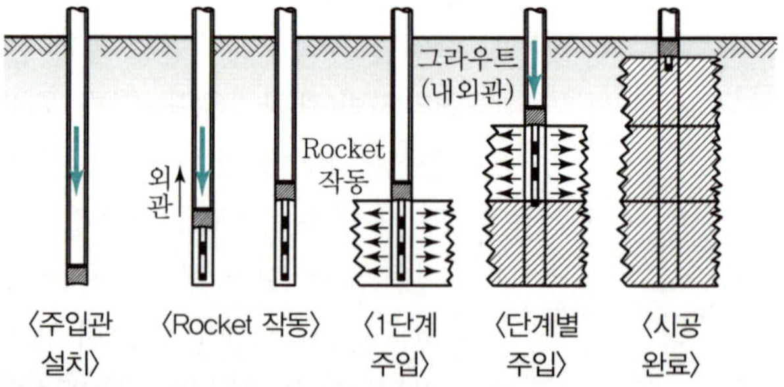

지하안전관리에 관한 특별법 시행령 [별표 4]

[착공후지하안전조사의 조사항목 및 방법(제21조제2항 관련)]

조사항목	조사방법
1. 지반 및 지질 현황	가. 지하안전평가 검토 나. 지하물리탐사(지표레이더탐사, 전기비저항탐사, 탄성파탐사 등)
2. 지하수 변화에 의한 영향	가. 지하안전평가 검토 나. 지하수 관측망 자료, 주변 계측 자료 등 분석
3. 지하안전확보방안의 이행 여부	가. 지하안전평가의 지하안전확보방안 적정성 분석 나. 지하안전확보방안 이행 여부 검토
4. 지반안전성	가. 지중경사계, 지표침하계, 하중센서, 균열측정기 등을 통한 계측 나. 계측자료 분석을 통한 지반안전성 및 주변 시설물 영향 분석

[비고] "지하물리탐사"란 지하의 상태나 변화를 물리적인 특성을 이용하여 조사하는 것을 말한다.

SECTION 07

[토공사]
흙막이 공사의 SPS
(Strut as Permanent System)
Up-up 공법의 시공순서 및
시공 시 유의사항

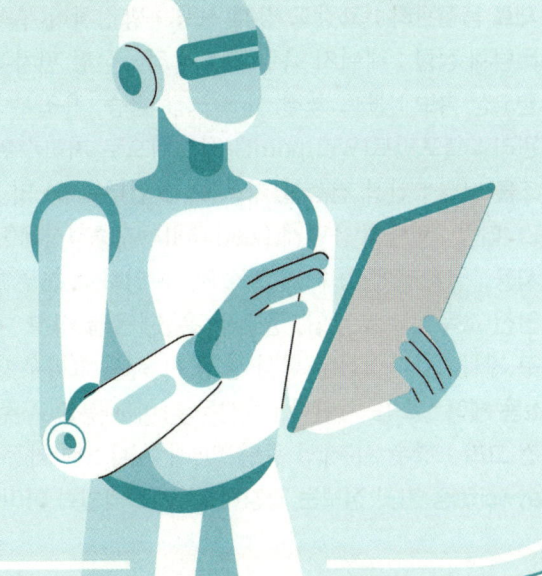

AI가 알려주는 Basic Concept & 핵심 Keyword

Basic Concept

1. Up-up 공법과 Top Down 공법의 가장 큰 차이점은 지하층 슬래브의 시공 시기이다. 따라서 이것을 알고 있는지를 확인하기 위해서 시공순서를 묻는 것이다.
2. 일반적인 굴착공법은 기초 위치까지 모두 굴착 후 기초, 지하 2층, 지하 1층, 지상 1층, 2층 순으로 골조공사를 한다. 이 경우 굴착 깊이가 깊으면, 가설버팀대만으로는 안정성을 확보할 수 없다. 반면, Top Down 공법은 지하 1층, 지하 2층, 지하 3층 순으로 RC 슬래브를 만들어 가면서 굴착하기 때문에 흙막이벽을 안전하게 지지할 수 있다.
3. 그러나 Top Down 공법에는 채광과 환기의 불량이라는 단점이 있다. 빛과 공기가 들어와야 할 천장을 슬래브로 막아서 작업환경이 매우 열악하다. 이를 개선한 공법이 Up-up 공법이다. Up-up 공법의 슬래브 시공순서는 기초, 지하 5층, 지하 4층, 지하 3층 순으로 올라간다. 따라서 자연채광과 자연환기가 가능하다.
4. Up-up 공법은 일반적인 Strut 공법과 순서가 유사하다. 그러나 일반 Strut 공법의 Strut는 설치 후 다시 해체하므로 공사비와 공사기간이 증가한다. 반면, SPS 공법(영구 스트러트 공법)은 실제 구조물을 지탱하는 강성이 큰 철골보를 흙막이 Strut로 활용하는 것이기 때문에 비용과 강성 측면에서 훨씬 우수하다.

생성형 AI의 핵심 Keyword Top 20

1. 장점 공사 기간 단축 : 굴착과 상부 구조물(슬래브, 버팀재) 시공 동시 진행 → 공정 병렬화
2. 임시 버팀재 불필요 : 해체·재설치 과정 생략으로 공기 감소
3. 경제성 향상 : 영구 버팀재로 가설재 대체 → 폐기물 및 추가 자재 비용 절감
4. 안정성 극대화 : 단계별 굴착과 동시 지지로 지반 변형 최소화
5. 공간 활용성 개선 : 임시 버팀재 설치 공간 불필요 → 도심지 등 공간이 좁은 현장에 적합
6. 유의사항 지반 조사 철저 : 지하수위, 토질, 암반 상태를 정확히 분석해 버팀재 길이·간격 최적화
7. 정밀한 하중 분석 : 영구 버팀재가 지하 구조물의 자중, 토압, 지진하중 등을 견딜 수 있도록 설계
8. 단계별 굴착 깊이 검토 : 한 번에 과도하게 굴착하지 않고, 단계별 허용 깊이 엄수
9. 철골기둥 수직도 관리 : 시공 시 정밀 시공 및 변형에 유의
10. 버팀재 재료 품질관리 : 고강도 강재 사용 + 방청처리(부식 방지)
11. 정확한 버팀재 정렬 : 레이저 측량으로 수직·수평 편차 최소화(오차 ±3mm 이내)
12. 연결부 견고성 확보 : 볼트 체결 시 토크값 검증, 용접부 비파괴검사(UT) 수행
13. 지하수 관리 : 웰포인트(Wellpoint) 시스템으로 지하수위 유지 → 유동 압력 방지
14. 주변 구조물 보호 : 인접 건축물 기초 보강(언더피닝) 및 변형 계측기 설치
15. 실시간 모니터링 : 버팀재 응력계(Load Cell), 지중경사계(Inclinometer)로 데이터 실시간 추적
16. 방수층 시공 : 굴착면에 차수 시트 설치 → 지하수 침투 방지
17. 작업자 안전 교육 : 고소 작업, 중장비 운용, 응급 상황 대처 절차 교육
18. 비상 복구 계획 : 갑작스러운 변형 발생 시 즉시 그라우팅·임시 버팀재 투입
19. 진동·소음 제어 : 소음 차단막, 저진동 장비 사용으로 주변 환경 영향 최소화
20. 기상 조건 고려 : 강우 시 작업 중단 및 배수 시스템 가동

추출된 Keyword 중 거짓 정보는 과감히 버리고, 차별화 아이템을 선별하여 답안에 적용하자.

고득점 합격을 위한 실전연습 & One Point Lesson

03 초안작성

1. 개요
2. SPS 공법의 특징
3. SPS Up-up 공법의 시공순서
4. 시공 시 유의사항
5. 공법별 비교

04 How to Write

1. 개요
1) 본구조체인 기둥, 보를 흙막이 버팀대로 활용하는 공법
2) 가설 Strut(버팀대) 공법의 성능을 개선

2. SPS 공법의 특징
1) 지하공사 시 철골보만 설치 → 지하작업장의 채광과 환기 양호
2) 가설 Strut의 해체과정 생략 → 공기 감소

3. SPS Up-up 공법의 시공순서
1) 흙막이벽체 시공 : Slurry Wall 또는 CIP 벽체를 지하구조물 외곽에 설치
2) 지반굴착 및 철골기둥 설치 : 대구경 말뚝굴착(RCD)
3) 1차 굴착 및 지상 1층 철골보 설치 : 철골보는 영구 버팀재로 본구조물로 활용
4) 지하 각층 굴착 및 철골보 설치(반복 시공)
5) 기초바닥면 굴착 및 기초 시공
6) 내외부 벽체 및 Slab를 하부에서 상부 순으로 시공
7) Up-up 공법 적용 : 지하 및 지상 동시 시공

4. 시공 시 유의사항
1) 지반 조사 철저 : 지하수위, 토질, 암반 상태를 정확히 분석 → 버팀재 길이·간격 최적화
2) 정밀한 하중 분석 : 영구 버팀재가 지하 구조물의 자중, 토압, 지진하중 등을 견딜 수 있도록 설계
3) 단계별 굴착 깊이 검토 : 한 번에 과도한 굴착 방지 → 단계별 허용 깊이 엄수
4) 흙막이벽의 수직도 유지 : 내부 합벽화로 구조체의 일부가 되므로 수직 정밀도 확보
5) 철골기둥 수직도 유지 : Transit으로 수직을 유지하면서 기둥 간 접합
6) 부재 조인트 부위 시공 철저 : 외벽 콘크리트 타설 시 벽체의 밀실 시공
7) 조명 및 환기시설 설치
8) 계측관리를 통한 주변 건물의 안정과 공사장내의 안전을 도모

5. 공법별 비교
1) Up-up 공법
2) Down-up 공법
3) Top Down 공법

05 합격자의 One Point Lesson

1. 공법을 묻는 문제는 '원리'와 '시공순서'를 작성함으로써 정확한 이해를 하고 있음을 어필하는 것이 중요하다. 특히 SPS 공법의 P는 '영구적인'을 뜻하는 'Permanent'로, 임시 설치 후 해체하는 공법과 비교하여 우수성을 강조하는 것이 필요하다.
2. 둘째로 Up-up 공법을 Top Down 공법과 비교하여 우수한 점을 어필하는 것이다. Up-up 공법을 설명하면서 Top Down 공법의 문제점인 '채광'과 '환기'를 언급하지 않는 것은 공법 개발 목적을 모르는 것과 같다.
3. 따라서 SPS up-up 공법 문제에서는 '기초부터 상향 방향 슬래브 시공', '지하층과 지상층 동시 시공', '자연채광', '자연환기'라는 키워드를 반드시 적을 수 있도록 서브노트를 준비하자.

[토공사] 흙막이 공사의 SPS(Strut as Permanent System) Up-up 공법의 시공순서 및 시공 시 유의사항

답안을 입체화하는 핵심그림 & 다이어그램

SPS 공법 시공순서도

Slurry Wall 시공
↓
RCD(철골기둥 천공 및 설치)
↓
지상 1층 바닥 및 철골보 설치를 위한 굴착
↓
지상 1층 철골보 설치
지상 1층 일부 Slab 시공 : 작업장 확보
↓ ┐
지하 각층 철골보 설치를 위한 굴착 │ 반복시공
↓ │
지하 각층 철골보 설치 ┘
↓
기초 바닥면 굴착
↓
기초 시공
↓
지하 Slab 공사 (기초부터 상향시공) / 지상 철골 공사
↓
건축 마감 공사

Up-up 공법 단면도

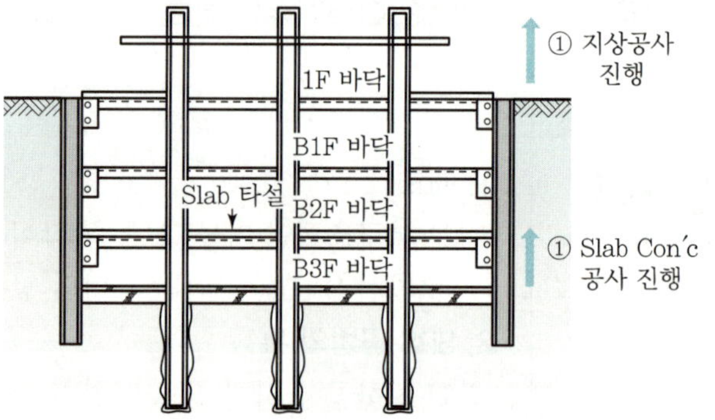

① 지상공사 진행
1F 바닥
B1F 바닥
Slab 타설
B2F 바닥
B3F 바닥
① Slab Con'c 공사 진행

흙막이벽 정밀 시공

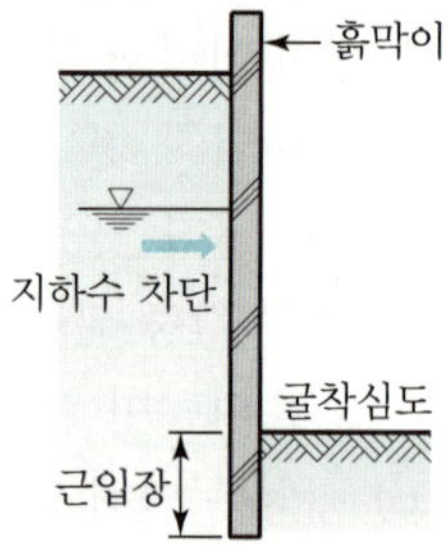

흙막이벽
지하수 차단
굴착심도
근입장

철골기둥 수직도 확보

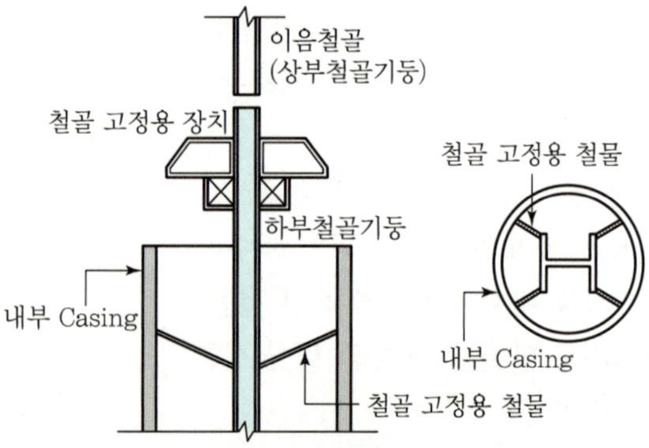

이음철골(상부철골기둥)
철골 고정용 장치
철골 고정용 철물
하부철골기둥
내부 Casing
내부 Casing
철골 고정용 철물

역타 조인트 유의

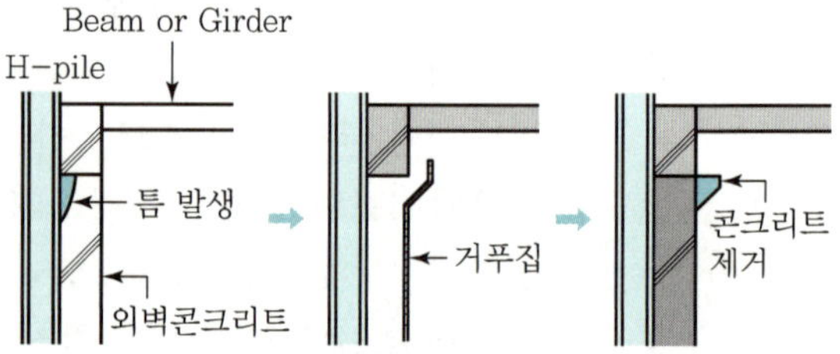

Beam or Girder
H-pile
틈 발생
거푸집
콘크리트 제거
외벽콘크리트

계측관리 개념도

균열측정(Crack Gauge)
소음, 진동, 분진측정 (Sound Level Meter, Vibro Meter)
지표면침하계(Level)
하중계(Load Cell)
변형계(Strain Gauge)
지중수평변위(Inclinometer)
토압계(Soil Pressure Gauge)

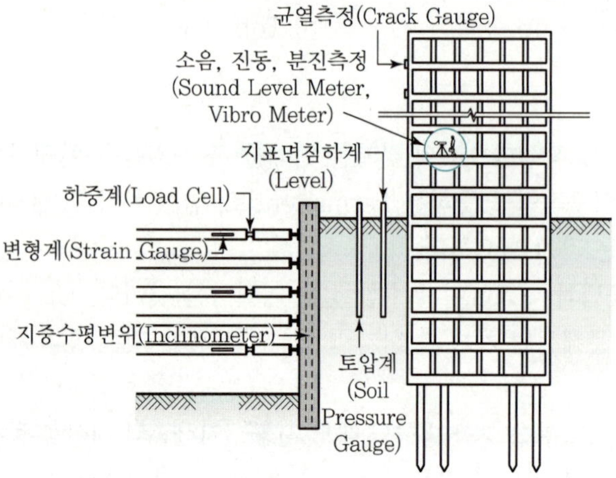

공법별 비교

구분		Up-up 공법	Down-up 공법	Top Down 공법
1단계 시공	지하구조체 하향작업	철골 기둥·철골보		
2단계 시공	지상 철골 공사	① Up / ① Up 동시작업	② Up / ① Down 순차작업	① 지상 / ① 지하 동시작업
	지하 Slab 공사			
3단계 시공	건축마감 공사	마감공정 Cycle에 의한 별도 시공		별도 시공

28 건축시공기술사 AI로 합격하기

SECTION 08

[토공사]
Soil Nailing 공법의 장단점과 시공방법 및 시공 시 유의사항

AI가 알려주는 Basic Concept & 핵심 Keyword

Basic Concept

1. Soil Nailing 공법은 Earth Anchor 공법과 비교되는 공법으로, 흙과 Nailing의 일체화에 의하여 지반의 안전성을 확보하는 공법이다. Earth Anchor 공법과의 가장 큰 차이점은 강봉에 프리스트레스를 주지 않는다는 것이며, 이 때문에 시공속도가 빠르다는 장점이 있다.
2. Soil Nailing 공법의 시공 시 유의사항은 Earth Anchor 공법과 거의 유사하다. 따라서 공통적으로 쓸 수 있는 아이템은 기억해 둘 필요가 있다.
   ① 천공의 정밀성(천공각도, 천공깊이, 천공간격)
   ② 천공 시 공벽 붕괴에 유의 : 케이싱 사용
   ③ Nail, PS 강선의 부식방지 조치
   ④ 지하수위 관리 : 배수공법 적용
   ⑤ 그라우트 품질관리 : 물시멘트비 준수, 24MPa 확보
   ⑥ 인발시험 실시
3. 반면, Soil Nailing 공법만의 유의사항이 있다. '숏크리트'와 '배수공 시공'이다.
   ① 숏크리트 : 지반 상태에 따라 1회 또는 2회 시공하며, 설계상의 두께 기준 및 강도 18MPa 이상 확보
   ② 배수공 시공 : 숏크리트 시공으로 배수가 원활하지 못하므로 일정간격으로 배수공 시공 필요

생성형 AI의 핵심 Keyword Top 20

1. 장점 경제성 우수 : 옹벽 대비 저렴한 비용, 대규모 중장비 없이 시공 가능
2. 시공 속도 우수 : 굴착과 동시에 강봉 설치 → 공정 단축
3. 유연한 적용 : 복잡한 지형이나 좁은 현장에 적합
4. 환경 친화성 : 자연 경사면을 최대한 활용 → 흙 반출량 감소
5. 공간 효율 우수 : 옹벽보다 두께가 얇아 공간 활용도 높음
6. 단점 지반 조건 제한 : 연약지반(점토, 유기질 토양)에서는 적용 어려움
7. 심도 한계 : 일반적으로 10~15m 이하의 비교적 얕은 굴착에 적합
8. 지하수 영향 : 높은 지하수위 시 강봉 부식 또는 지반 약화 가능성
9. 내구성 관리 : 강봉의 부식 방지를 위한 추가 코팅 필수
10. 미관 문제 : 숏크리트 표면이 거칠어 추가 마감 작업 필요
11. 유의사항 부식 방지 설계 : 강봉(Nail)에 방청 코팅, 아연도금, 스테인리스 강재 사용
12. 천공 정확도 : 드릴링 각도와 깊이를 설계값에 맞춰 오차 최소화
13. 공벽 안정화 : 천공 시 케이싱(Casing) 사용으로 공벽 붕괴 방지
14. 간격 및 배치 : 강봉 간격(1~2m)과 길이를 지반 조건에 맞춰 최적화
15. 그라우트 품질 : 물결합재비(45~55%) 준수 및 유동성 검증
16. 주입압력 관리 : 과도한 압력으로 인한 지반 균열 방지(0.5~1.5MPa 유지)
17. 공극 채움 : 풀패킹(Full Packing) 방식으로 공간 완전 충전 확인
18. 숏크리트 전 표면 처리 : 굴착면을 평탄하게 정리 후 철망(와이어 메시) 설치
19. 숏크리트 두께 관리 : 1차 숏크리트(50~100mm) → 2차 숏크리트(총 150~200mm)로 단계별 적용
20. 배수시스템 : 배수공 설치로 포화수 배제

 추출된 Keyword 중 거짓 정보는 과감히 버리고, 차별화 아이템을 선별하여 답안에 적용하자.

고득점 합격을 위한 실전연습 & One Point Lesson

03
초안작성

| 1. 개요 | 3. 시공방법 | 5. Soil Nailing 공법과 Earth Anchor |
| 2. Soil Nailing 공법의 장단점 | 4. 시공 시 유의사항 | 　공법의 비교 |

04
How to Write

1. 개요
1) 네일을 이용한 절토 사면 보강공법
2) 인장력과 전단력에 견디도록 보강재(Nail)인 철근 · 강봉으로 지반을 보강하는 공법

2. Soil Nailing 공법의 장단점

장점	단점
• 지반 자체를 이용 : 시공성, 경제성 우수	• 지반조건 제한 : 연약지반 적용 어려움
• 소형장비 사용 : 근접시공 가능, 기동성 우수	• 심도 한계 : 얕은 굴착에 적합(15m 이하)
• 유연한 적용 : 복잡한 지형, 좁은 현장 가능	• 지하수 영향 : 강봉 부식 또는 지반 약화 가능성
• 환경 친화성 : 자연 경사면을 최대한 활용	• 지지력 한도 : 큰 지지력이 요구되는 경우 곤란
• 공간 효율 우수 : 옹벽 대비 공간 활용도 높음	• 미관 문제 : 숏크리트 표면 마감 거침

3. 시공방법
굴착 → 1차 Shotcrete → 천공 및 Nail 삽입 → 인장시험 → Wire Mesh 설치 → 2차 Shotcrete 타설

4. 시공 시 유의사항
1) 사전 검토 철저 : 지하수위의 영향이 적은 곳, 지반의 자립 높이가 1m 이상 가능한 곳에 적용
2) 지반의 강도 확보 : 연약지반일 경우 시험시공 및 설계변경 검토
3) Shotcrete의 두께 및 강도 확보(18MPa 이상)
4) 공벽 안정화 : 천공 시 케이싱 사용 → 공벽 붕괴 방지
5) Nail의 간격 및 배치 최적화 : 강봉 간격(1~2m)과 길이를 지반 조건에 맞춰 최적화
6) Nail의 부식 방지 조치 : 강봉의 아연도금, 방식처리
7) 그라우트 품질관리 : 물결합재비(45~55%) 준수, 24MPa 확보
8) 그라우트 주입압력 관리 : 과도한 압력으로 인한 지반 균열 방지
9) 그라우트 완전 충진 확인 : 주변 지반에 침투되는 정도에 따라 반복 주입
10) 지압판 시공 : 지압판 크기는 150mm×150mm×9mm 이상의 강판 사용
11) 인발시험 실시 : 시공면적 800m^2 이하 최소 3회 실시, 시공면적이 300m^{2}씩 증가할 때마다 1회 추가
12) 배수시스템 구축 : 배수공 설치(벽면에 4~9m^{2}당 1개소, D50)

5. Soil Nailing 공법과 Earth Anchor 공법의 비교

05
합격자의
One Point Lesson

1. 공법문제는 그 공법이 어떤 공법과 유사한지, 다른 공법들과는 어떤 차이점을 갖는지를 생각하고, 작성한다면 합격점수를 받을 수 있다.
2. 유사공법들의 특징을 알면, 공통 아이템을 쉽게 만들어 둘 수 있다. 공통 아이템은 차별화 아이템과 섞어 적어 주며, 다소(多少)를 적용해서 변화를 줄 수 있다.
3. 중요한 것은 그 공법만의 특징이 꼭 유의사항에 나타나야 한다는 것이다. 예를 들어 ① Soil Nailing 공법 : 숏크리트 강도 확보, ② Earth Anchor 공법 : 프리스트레스 인장력 유지, ③ Top Down 공법 : 채광 및 환기 대책, ④ 서중콘크리트 : 콜드조인트 유의, ⑤ 한중콘크리트 : 초기동해 방지 등 해당 공법만 적용되는 유의사항을 가장 잘 보일 수 있게 Layout하자.

답안을 입체화하는 핵심그림 & 다이어그램

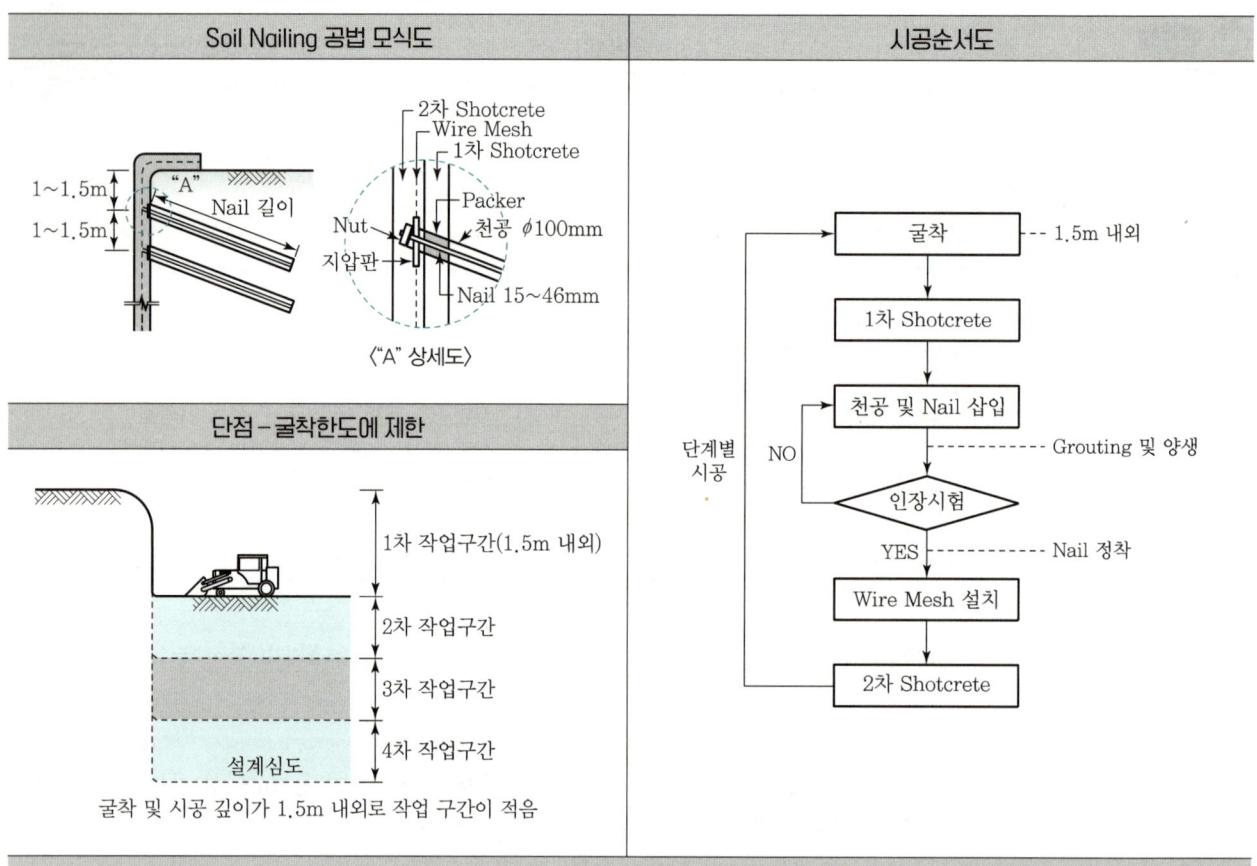

SECTION

09

[토공사]
Top Down 공법의 시공순서와 시공 시 유의사항

AI가 알려주는 Basic Concept & 핵심 Keyword

Basic Concept

1. Top Down 공법은 지하연속벽 시공 후, 지하연속벽을 본 구조체의 벽체로 이용하여 지하굴착과 지상구조물을 동시에 축조하는 공법이다.
2. 공법의 시공순서는 큰 틀에서 지하연속벽 시공, 철골기둥 시공, 하향 방향 굴착 및 골조공사 순이다. 따라서 시공 시 유의사항은 지하연속벽인 '슬러리월 공법'의 유의사항부터 작성하면 쉽게 작성이 가능하다. 슬러리월 시공 시 대표적인 유의사항으로는
   ① 도면 일치 시공 : 수직도 유지, 규격관리
   ② 굴착 관리 : 안정액 관리, 공벽 유지, 피압수 확인, 선단지반 교란 방지
   ③ 콘크리트 타설 관리 : Slime 제거, 콘크리트 품질 확보
   등이 있다.
3. 또한 철골공사와 골조공사 시에는 각종 조인트 부위의 강성 확보와 일체성 확보를 위한 조치가 필요하다. 철골공사는 볼트와 용접부위의 관리가 필요하며, 역타공법의 경우 조인트 부위의 콘크리트 충진 불량 및 누수문제에 대한 조치가 언급되어야 할 것이다. 마지막으로 너무 당연해서 간과하기 쉬운 '채광과 환기' 아이템을 누락시키면 감점이 될 수 있음을 명심하자.

생성형 AI의 핵심 Keyword Top 20

1. 장점 공기 단축 : 지상과 지하 공사 동시 진행 → 전체 공사 기간 감소
2. 주변 영향 최소화 : 지하연속벽으로 지반 변형 및 진동 억제
3. 공간 효율성 : 임시 버팀대 없이 영구 구조물로 지지 → 협소한 도심 현장에 적합
4. 경제성 : 버팀대를 본구조물로 사용하여 비용 최소화
5. 유의사항 정밀한 구조 설계 검증 : 지중기둥, 연속벽, 상부 구조물의 하중 분배를 3D 구조 해석으로 검증
6. 지중기둥의 수직도 유지 : 편심하중을 방지하기 위해 수직오차를 ±5mm 이내로 설치
7. 슬러리월 연직도 : 굴착 구멍의 연직도 허용오차 1% 이하 관리
8. 굴착 시 선단지반 교란 금지 : 기초하부 지지력 감소 방지
9. 슬라임 제거 : 콘크리트 타설 전 슬라임 제거 철저
10. 안정액 관리기준 준수 : 비중, 점도, 사분율, pH
11. 굴착 단계별 지반 안정성 모니터링 : 지반변위계측기(LVDT)와 지하수위모니터링 시스템을 통해 실시간으로 계측
12. 콘크리트 양생시간 : RCD 파일 콘크리트 타설 최소 24시간 경과 후 자갈 뒷채움 수행
13. 지하수 유출 방지 대책 : 웰포인트(Wellpoint) 또는 그라우팅 공법으로 차수층을 강화, 비상 펌프 준비
14. 인근 구조물 보호 : 인접 건물 기초를 마이크로 파일로 보강, Underpinning 실시, 저진동 장비 사용
15. 계측장비별 측정주기 : 변위 · 침하 · 수위 · 응력 · 균열계 주기 → 굴착 시 주 2회, 골조 시 주 1회
16. 가설 조명 조도 : 작업장 내 가설 조명설비 설치 및 조도 75Lux 이상 확보
17. 강제 환기설비 설치 : 지하 · 밀폐 공간 분진 · 가스 저감을 위해 급배기식 환기설비 설치
18. 가설전선 보호 : 전선 훼손 방지 조치(보호덕트 · 배관 설치)
19. 바닥 보강 실시 : 야적장 · 작업장 바닥 구조 검토 후 보강
20. 굴착 전 지중매립 시설물 확인 : GPR 탐사로 지하매설물(전선, 가스관)의 정확한 위치 확인

💡 추출된 Keyword 중 거짓 정보는 과감히 버리고, 차별화 아이템을 선별하여 답안에 적용하자.

고득점 합격을 위한 실전연습 & One Point Lesson

03
초안작성

1. 개요	3. 시공 시 유의사항
2. Top Down 공법의 시공순서	4. 공법별 비교

04
How to Write

1. 개요
1) 지하 외벽 및 지하의 기둥과 기초를 먼저 시공, 지하 구조체와 지상 구조체를 동시에 진행하는 공법
2) 공기단축, 소음공해 저감에 유리

2. Top Down 공법의 시공순서
1) 흙막이벽체 시공 : Slurry Wall 또는 CIP 벽체를 지하구조물 외곽에 설치
2) 지하 철골기둥 시공 : 대구경(1.5m) Steel Casing Pipe를 설치하고 굴착 후 철골기둥 설치
3) 기초타설 : 기초 부분 콘크리트를 타설하고 철골기둥 부분을 자갈 등을 설치하여 철골의 이동 방지
4) 1층 Slab 시공 : 작업 공간 및 자재 야적장으로 활용
5) 1차 굴착 및 지하 1층 슬래브 타설(반복하향 굴착 및 슬래브 시공)
6) Top Down 공법 적용 : 지하는 위에서 아래로, 지상은 아래에서 위로 구조체 공사의 동시 진행

3. 시공 시 유의사항
1) 사전 검토 철저 : 지반에 맞는 기초굴착방식 선정
2) 토공 반출구 검토 : 자재 및 인력의 출입이 안전한 장소 선택 및 구조적 안정성 확보
3) 슬러리월 연직도 : 굴착 트렌치의 연직도 허용오차 1% 이하 관리
4) 굴착 시 선단지반 교란 금지 : 기초하부 지지력 감소 방지
5) 콘크리트 타설 전 슬라임 제거 : 샌드펌프방식, 에어리프트방식, 석션펌프방식, 수중펌프방식
6) 안정액 관리기준 준수 : 비중, 점도, 사분율, pH
7) 연속벽과 기둥의 연결철근(Dowel Bar)의 시공 여부 확인
8) 철골 기둥 설치부 수직 굴착 : 수직도는 1 : 300(0.3%) 이내로 유지(Transit 및 수직추)
9) 기초 하부 Slime 처리 : 고압의 살수로 기초 콘크리트 하부 청소 및 침전물 제거
10) 역조인트 처리 : 구조적 연속성 확보(그라우팅, 충진재 주입, 콘크리트 타설)
11) 가설 조명 조도 : 작업장 내 가설 조명설비 설치 및 조도 75Lux 이상 확보
12) 강제 환기설비 설치 : 지하·밀폐 공간 분진·가스 저감을 위해 급배기식 환기설비 설치
13) 지하수 유출 방지 대책 : 웰포인트(Wellpoint) 또는 그라우팅 공법으로 차수층을 강화, 비상 펌프 준비

4. 공법별 비교
1) Top Down 공법   2) Up-up 공법   3) Down-up 공법

05
합격자의 One Point Lesson

1. 모든 시험문제는 큰 틀에서 접근하여, 세부 아이템을 추가 도출하는 방식으로 작성해야 한다. 예를 들어, 공벽붕괴 방지라는 큰 틀에서의 관리목표가 있다고 가정하면 공벽방지를 위해 우선 ① 사전 지반조사를 충실히 하고, ② 안정액을 지하수위보다 높게, 물보다 무겁게 관리하며, ③ 굴착장비의 하강·상승 시 공벽에 부딪치지 않도록 주의하고, ④ 안정액이 Mud Film을 잘 형성할 수 있도록 사분율과 pH를 관리해야 한다. ⑤ 피압수나 지하수로 인해 공벽이 붕괴될 수 있으므로 배수공법도 적용할 수 있을 것이다.
2. 이처럼 기술사 시험에서는 큰 틀을 먼저 이해했을 때, 응용할 수 있는 능력이 생기고 채점관을 설득시킬 수 있는 논리가 생긴다는 점을 잊지 말자.

답안을 입체화하는 핵심그림 & 다이어그램

공법 특징

장점	단점
• 공기 단축 • 흙막이의 안정성 우수 • 가설 자재의 절약 • 소음 등 공해에 유리 • 작업 공간 확보(1층 바닥)	• 치밀한 계획 필요 • 지하 구조물의 역Joint 발생 • 지하 굴착 공사 난해 • 조명 및 환기 시설 필요

시공순서도

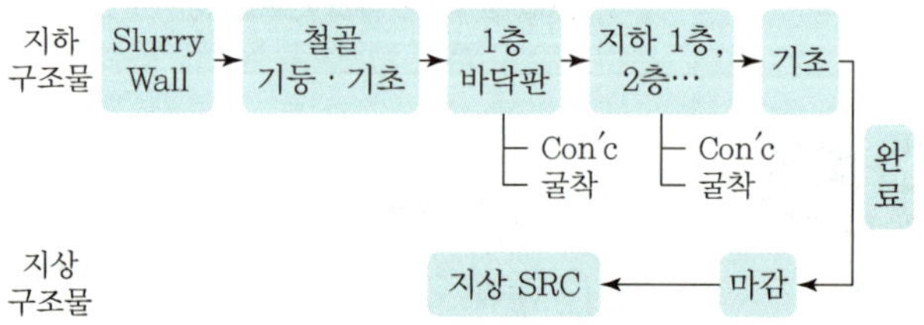

지하 구조물: Slurry Wall → 철골 기둥·기초 → 1층 바닥판 → 지하 1층, 2층… → 기초 → 완료
(Con'c 굴착 / Con'c 굴착)

지상 구조물: 지상 SRC ← 마감

Top Down 공법 개념도

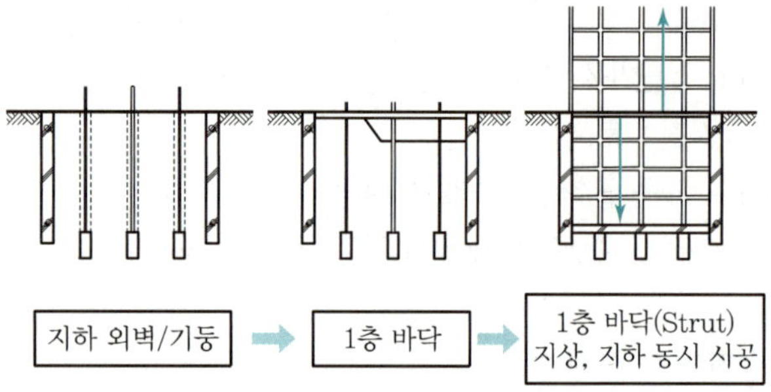

지하 외벽/기둥 → 1층 바닥 → 1층 바닥(Strut) 지상, 지하 동시 시공

지하 철골 기둥 및 기초 시공

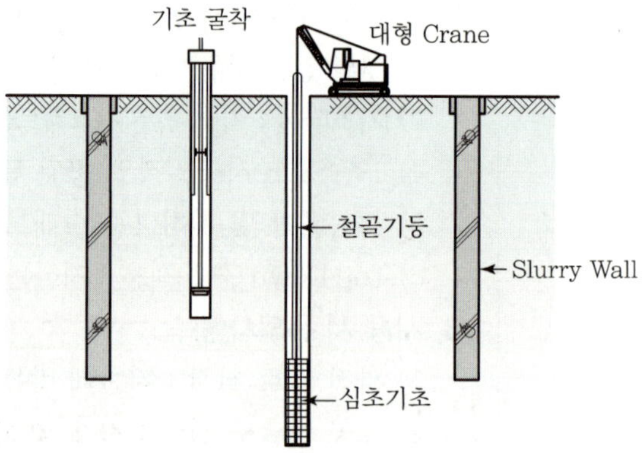

기초 굴착, 대형 Crane, 철골기둥, Slurry Wall, 심초기초

토공 반출구 선정 시 검토사항

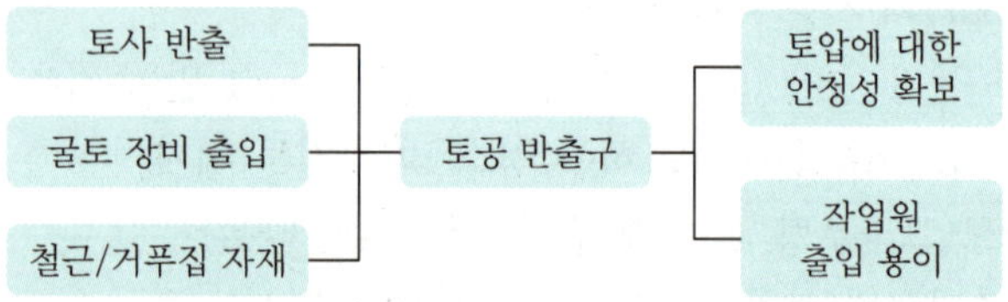

토사 반출 / 굴토 장비 출입 / 철근·거푸집 자재 → 토공 반출구 → 토압에 대한 안정성 확보 / 작업원 출입 용이

철골기둥 설치부 수직 굴착

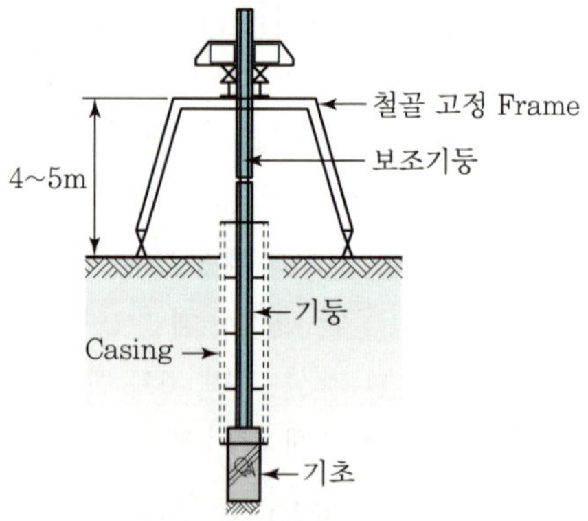

철골 고정 Frame, 보조기둥, 4~5m, Casing, 기둥, 기초

기초하부 슬라임 처리

시멘트액 주입기, 주입용 튜브, 팩커(Packer), RCD 기초 콘크리트, 천공용 슬리브, 0.5~2.0m

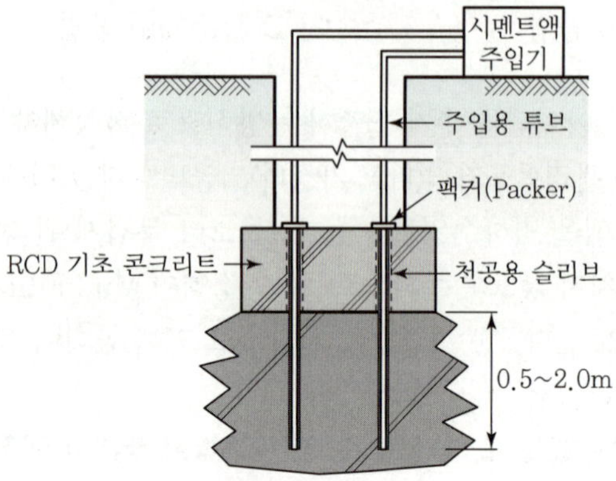

역조인트 처리방법

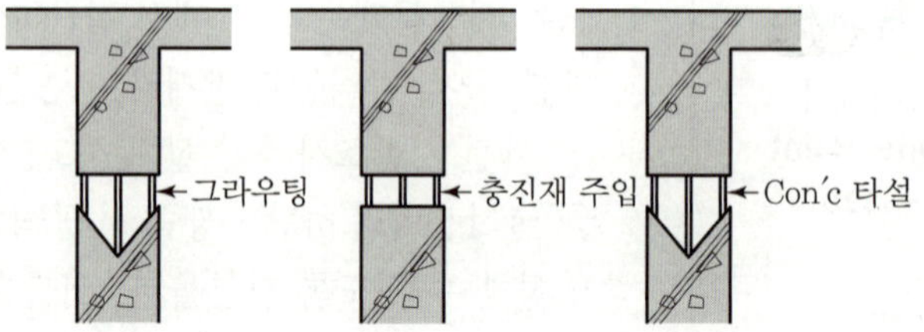

그라우팅 / 충진재 주입 / Con'c 타설

SECTION 10

[기초공사]
부마찰력의 원인과 대책

AI가 알려주는 Basic Concept & 핵심 Keyword

01 Basic Concept

1. 부마찰력은 말뚝과 지반의 상대적 침하량 차이에서 발생하며, 말뚝보다 지반이 더 많이 침하될 때 지반이 말뚝을 잡아당기는 하향 방향의 힘을 말한다. 말뚝의 지지력이 크다는 것은 말뚝선단 지지력과 정마찰력이 크다는 것을 의미하는데, ==부마찰력은 말뚝의 지지력과 반대방향으로 작용==하기 때문에 오히려 ==클수록 지지력이 저하된다.==

2. 따라서 부마찰력이 발생했을 때의 문제점, 발생원인, 방지대책의 순으로 레이아웃을 잡는 것이 바람직하다. 문제점에서는 '지지력 저하', 발생원인에서는 '연약지반', '상대적 침하량 차이'가 키워드이므로 꼭 적어주어야 한다.

3. 표준시방서상에는 주면마찰력은 말뚝의 표면과 지반과의 마찰력에 의해 발현되는 저항력이라고 정의되어 있으며, 부마찰력은 부주면마찰력을 약식으로 쓴 것이다. 답안 작성 시에 '주면마찰력'을 '주변마찰력'이라고 잘못 표기하는 수험생들이 많다. 의미만 보면 같아 보일 수 있지만 주면마찰력이 올바른 표기이다. 주면(周面)마찰력의 '주'는 둘레를 뜻하는, 원주율 3.14의 '주'와 같은 한자이고 '면'은 표면을 뜻한다. 즉, 말뚝 주면마찰력은 말뚝 둘레의 표면에 작용하는 마찰력인 것이다. 한 번 정도는 실수로 생각하겠지만, 반복해서 ==주변마찰력이라고 작성하면 감점==이 될 수 있으니 주의하자.

02 생성형 AI의 핵심 Keyword Top 20

1. [원인] 압축성 지반 압밀 : 점토층 등 압축성 토양이 장기간 하중을 받아 서서히 침하할 때 발생
2. 성토 하중 : 말뚝 주변에 흙을 성토하면 지반이 침하하며 말뚝을 잡아당김
3. 지하수위 저하 : 지하수위가 낮아지면 지반 수축 및 침하 유발
4. 인접 시공 활동 : 굴착, 파일 타격, 진동 등으로 지반이 교란되어 침하
5. 유기질 토양 분해 : 토양 내 유기물(이탄, 식물성 분해물)이 분해되며 체적 감소 → 침하
6. 진동 영향 : 도로·철도 통행, 중장비 작동으로 인한 진동 → 지반 재배치
7. 화학적 변화 : 토양 내 염분 용출, 산성화 등 화학 반응으로 지반 강도 저하
8. 토양 크리프 : 점토층이 장기간 하중을 받아 서서히 변형(크리프 현상)
9. 토양 유실 : 지하수 유동으로 토양 입자가 유실되면 지반 공극률 증가 → 침하
10. 인공 구조물 하중 : 인근 고층건물·교량 등 무거운 구조물 하중으로 지반 침하
11. [대책] 아스팔트 코팅 : 말뚝 표면에 아스팔트 도포 → 지반과의 마찰 감소
12. 강관슬리브 설치 : 말뚝 상부에 강관 튜브 장착 → 침하 지반과 물리적 분리
13. 샌드드레인 공법 : 압축성 지반에 모래기둥 설치 → 압밀 가속화 및 침하량 감소
14. 선행재하(Preloading) : 성토 전 예비 하중으로 지반 침하를 사전에 완료
15. 배수 시스템 설치 : 지하수위 변화 방지를 위해 웰포인트·배수로 설치
16. 지반주입공법 : 지반에 수지·시멘트 주입 → 강성 증대 및 침하 억제
17. Slip Layer Pile 시공 : 말뚝 표면에 특수재를 도포하여 마찰력 감소
18. 말뚝의 표면적 최소화 : 지반과 접촉면 최소화로 마찰력 감소
19. 말뚝 시공 후 진동 금지 : 주위 지반 교량 억제
20. 말뚝 이음부 시공 관리 : 이음부 단면적을 기존 말뚝과 동일 시공

 추출된 Keyword 중 거짓 정보는 과감히 버리고, 차별화 아이템을 선별하여 답안에 적용하자.

고득점 합격을 위한 실전연습 & One Point Lesson

03 초안작성

| 1. 개요 | 3. 부마찰력의 원인 |
| 2. 부마찰력의 문제점 | 4. 부마찰력의 대책 |

04 How to Write

1. 개요
   1) 지지말뚝 : 선단지지력과 주면마찰력에 의해 상부하중 지지
   2) 부마찰력 : 주면마찰력이 하향으로 작용, 말뚝의 지지력 감소 원인

2. 부마찰력의 문제점
   1) 지반침하
   2) 구조물 균열
   3) 말뚝의 지지력 감소
   4) 말뚝 파손

3. 부마찰력의 원인
   1) 연약지반 및 침하지역 : 연약점성토 지반, 매립지반 침하 발생
   2) 진동으로 인한 주위 지반 교란 : 압밀침하 발생
   3) 지하수위의 변동 : 지하수위의 저하
   4) 지표면 상재하중 : 말뚝 주변에 과적재물 장기 적재
   5) 말뚝 이음부의 시공 불량 : 타격 시 이음부 변형으로 이상응력 발생

4. 부마찰력의 대책
   1) 연약지반 개량 : 치환공법, 재하공법(Preloading공법), 혼합공법
   2) 말뚝의 표면적이 작으면 마찰력 감소
   3) 말뚝 시공 후 진동 금지 : 주위 지반 교량 억제
   4) 지하수위 변동 방지 : 지하수위저하공법(중력배수공법, 강제배수공법)
   5) Slip Layer Pile 시공 : 말뚝 표면에 특수재 도포, 이중관 시공
   6) 지표면 과적재 금지 : 지표면 재하금지로 압밀침하 억제
   7) 말뚝 이음부 시공 철저
   8) 토질조사 통한 말뚝 간격 및 수량 산정
   9) 마찰말뚝, 무리말뚝으로 변경

05 합격자의 One Point Lesson

1. 부마찰력은 말뚝 지지력에 있어서 부정적 영향을 주므로, 방지대책을 위주로 작성해야 한다. 그러나 단순한 나열만으로는 채점관으로부터 합격점수를 받기는 어렵다.

2. 기술사로서의 합격 답안을 만들기 위해서는 '공식'이 필요하다. 본론에서 설명한 대책들은 '말뚝의 지지력은 선단지지력과 주면마찰력의 합으로 산정되며, 주면마찰력은 부마찰력이 클수록 작아지므로 부마찰력을 작게 해야 한다.'는 것이 핵심이다.

3. 이때 적용되는 공식이 테르자기(Terzaghi) 공식이다. 무조건 그림과 함께 작성할 수 있도록 연습하자.
   ① $R_u = R_p(\text{선단지지력}) + R_f(\text{주면마찰력})$
   ② $R_f = P_F(\text{정마찰력}) - N_F(\text{부마찰력})$

답안을 입체화하는 핵심그림 & 다이어그램

부마찰력	부마찰력 발생 원인
Preloading 공법	Slip Layer Pile 설치
이중관 말뚝 설치	말뚝의 중립점

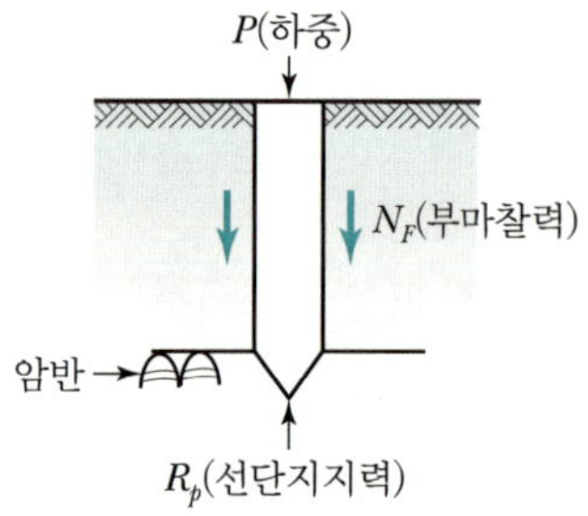

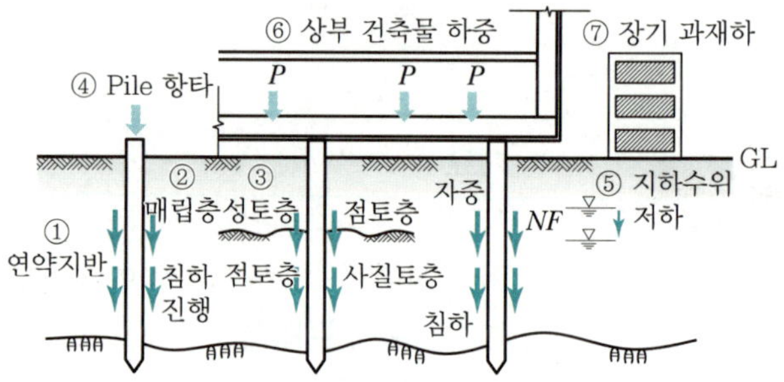

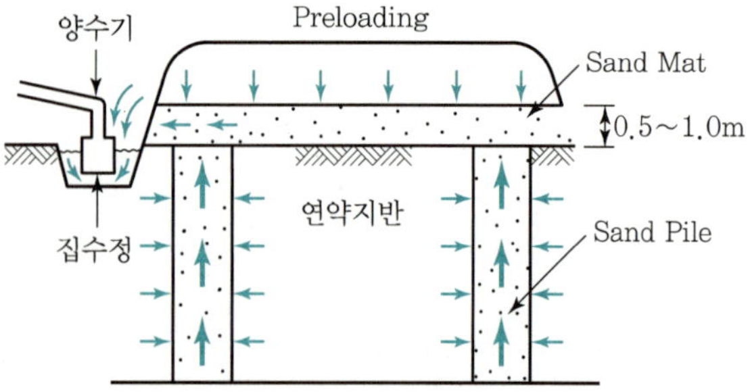

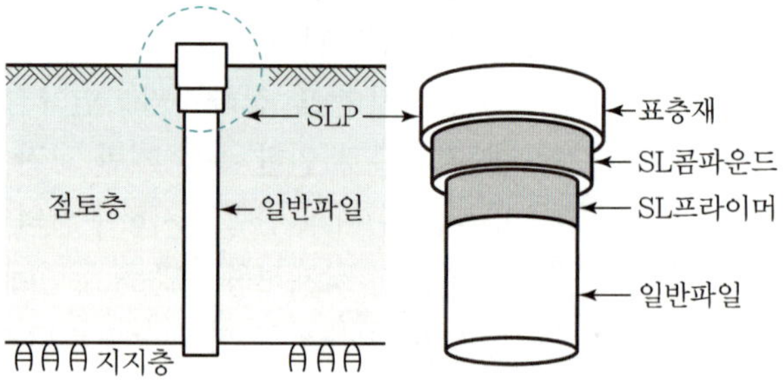

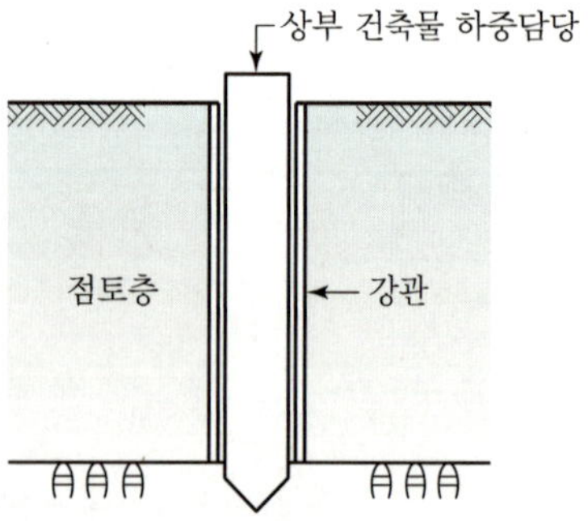

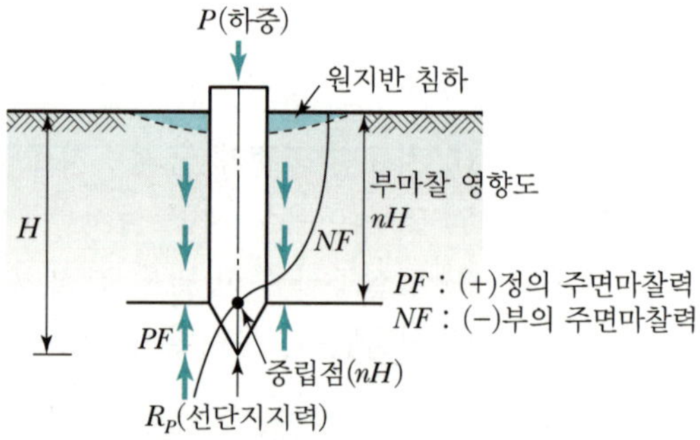

말뚝의 부주면마찰력(설계기준 KDS 11 50 15/4.1.1.7항)

(1) 말뚝의 부주면마찰력은 말뚝과 지반의 상대적인 침하거동에 따라 발생하는 하향력으로서 말뚝기초의 지지력과 침하에 영향을 미치며, 다음과 같은 경우에 고려해야 한다.
  ① 기초지반에 점토, 실트 또는 유기질토와 같은 압축성 지반이 분포하는 경우
  ② 말뚝기초와 인접하여 쌓기가 예상되거나, 최근에 쌓기가 실시된 경우
  ③ 기초지반의 지하수위가 저하되는 경우
  ④ 느슨한 사질토에 액상화가 예상되는 경우
(2) 부주면마찰력의 크기는 중립면의 위치, 침하지반의 특성, 말뚝재료의 특성을 고려하여 산정한다.

SECTION

11

[기초공사]
기초의 부동침하 원인과 대책

AI가 알려주는 Basic Concept & 핵심 Keyword

01 Basic Concept

1. 기초의 부동침하는 건축물의 붕괴로 이어질 수 있는 중대한 결함이다. 따라서 어떠한 경우에 기초의 부동침하가 발생하는지, 대책은 무엇인지를 묻는 것이며, 기술사 시험의 빈출문제이기도 하다.
2. 기초 부동침하의 원인은 여러 가지가 있으나, 큰 틀에서 분류한 후 상세 내용으로 접근하면 어렵지 않게 작성할 수 있다.
   ① 설계 요인 : 상이한 기초 형식(이질기초, 복합기초, 말뚝+얕은기초), 편심하중, 일부 구간 증축
   ② 지반 요인 : 연약지반, 경사지반, 이질지반(지지력 상이), 지반다짐 불량, 압축성 지반
   ③ 환경 요인 : 지하수위 변동, 지하매설물 비대칭 존재, 지하공동 발생, 인근 터파기로 지반 변형, 동결융해
3. 방지대책은 원인별 대책을 적으면 되므로 매우 간단하다. 또한 여러 요인들 중 시공관리사항을 우선적으로 작성하되, 연약지반 보강 공법과 지하수위 제어 공법이 가장 중요하므로 그림과 함께 연습해 둘 필요가 있다.

02 생성형 AI의 핵심 Keyword Top 20

1. 원인 연약지반 분포 : 기초 아래 점토, 이탄층 등 압축성 지반이 부분적으로 존재
2. 지반 경사면 : 기초가 경사진 지반에 설치되어 지지력이 불균일하게 분포할 때
3. 암반 노출 불균일 : 기초 하부 암반의 높이가 달라 지지층 도달 깊이가 다른 경우
4. 편심하중 : 구조물 하중이 한쪽으로 집중될 때(고층빌딩의 비대칭 설계)
5. 모래 지반 액상화 : 지진 시 포화된 모래 지반이 액체처럼 흐르며 침하량 차이 발생
6. 기초 깊이 불일치 : 말뚝 또는 기초판의 지지층 도달 깊이가 달라 침하량 차이 발생
7. 지하수위 변동 : 지하수 양수 또는 강우로 지하수위가 변화하며 지반 수축·팽창 발생
8. 동결융해 주기 : 토양의 반복된 동결융해로 지반 불안정
9. 성토재료 불균질 : 성토층의 다짐 정도나 재료가 달라 지반 강도가 불균일
10. 인접 굴착 영향 : 인근 터널·건물 지하공사로 지반 응력이 재분배
11. 지반조사 부족 : 시공 전 정밀 지반 조사 미실시로 취약 지반 미확인
12. 유기질 토양 : 유기물 함유 토양이 분해되며 체적 감소 → 침하 발생
13. 충격하중 : 중장비 통행·발파 등으로 순간적인 하중이 불균형하게 작용
14. 지반유실 : 지하수 유동이나 빗물로 토양 입자가 유실
15. 대책 지반치환 : 연약지반을 굳은 흙(다짐토, 모래)으로 교체 → 균일한 지지력 확보
16. 선행압밀(Preloading) : 성토 하중을 미리 가해 침하 완료 후 시공 → 사후 침하 방지
17. 지반 주입 : 약액·시멘트를 주입(그라우팅)해 지반 강성 증대
18. 매트 기초 : 동일방식의 기초 형식 → 불균일 침하 방지
19. 말뚝 기초 : 안정된 지지층(암반 등)까지 말뚝 설치 → 침하 가능성 제거
20. 균형하중설계 : 구조물 하중을 균등하게 배치 → 편심 하중 방지

 추출된 Keyword 중 거짓 정보는 과감히 버리고, 차별화 아이템을 선별하여 답안에 적용하자.

고득점 합격을 위한 실전연습 & One Point Lesson

03 초안작성

1. 개요
2. 기초의 부동침하 문제점
3. 기초의 부동침하 발생원인
4. 부동침하 대책
5. 부동침하 발생 시 보강방안

04 How to Write

1. **개요** : 기초지반의 침하가 불균등하게 발생하는 지반침하
2. **기초의 부동침하 문제점**
   1) 구조물의 균열
   2) 건축물의 전도 및 붕괴
   3) 방수층 파괴 및 누수 발생
   4) 배관, 전기 배선 변형 및 사용성 저하
3. **기초의 부동침하 발생원인**
   1) 연약지반 : 연약지반 위에 기초 시공, 압밀침하 진행
   2) 지반의 지지력 상이 : 종류가 다른 지반, 연약지반의 분포 깊이 상이, 경사지반
   3) 복합기초형식 : 서로 다른 기초 복합시공으로 인한 부동침하
   4) 지하 매설물 또는 Hole : 상대침하, 부분침하
   5) 지표수 침투 및 지하수 용출 : 지하수위 변동으로 지반 연약화
   6) 설계상 편심하중, 부분 증축, 인근 지역에서 부주의한 터파기
4. **부동침하 대책**
   1) 지반개량공법으로 연약지반 개량 : Preloading, 지반치환공법, 샌드드레인공법, 시멘트주입공법
   2) 사전 지반조사 후 적합 공법 선정 : 표준관입시험, 콘관입시험, 시료 채취
   3) 건물의 경량화 : 건식화, PC화
   4) 단일기초 형식 적용 : 불균일 침하 방지
   5) 말뚝 기초 : 안정된 지지층(암반)까지 깊은 기초 설치 → 침하 가능성 제거
   6) 지하수위 관리 : 배수 시스템 설치 → 지하수 변동으로 인한 지반 수축 억제
   7) 건물의 형상 및 중량 균등배분
   8) 익스펜션조인트의 설치 : 신축이음재로 침하량 차이 흡수
5. **부동침하 발생 시 보강방안**
   1) 마이크로 파일 보강 시공
   2) Underpinning 실시

05 합격자의 One Point Lesson

1. 암반지반의 경우 부동침하가 발생할 가능성은 거의 없으므로 연약지반에 대해서 조사하고, 그에 적합한 설계 및 지반 보강을 실시하면 된다. 그러나 비용의 문제로 조사의 범위와 개소가 한정적일 수밖에 없다.
2. 따라서 여러 부동침하 방지 대책 중 가장 먼저 언급되는 것이 설계상의 문제인 '지반조사 철저'이다. 이 아이템을 그냥 쓰면 그저 그런 답안이 되지만, 설계기준 KDS에 언급되는 광범위 조사가 가능한 '탄성파탐사', '전기비저항탐사'로 차별화하면 더욱 풍부한 아이템이 될 수 있다. GPR 탐사는 용어시험문제에도 출제되었던 유명 아이템이다.
3. '방지대책' 문제에 대해서는 단순 시공 시 대책보다는 ① 발생방지 대책(80%), ② 발생 시 피해를 줄이는 설계상 대책(10%), ③ 이미 발생한 경우 보강 대책(10%) 등으로 다양한 관점에서 접근하는 것이 가점을 받을 수 있다. 단, 시공기술사는 시공 중의 공사관리를 중점으로 해야 하기 때문에 발생방지 대책의 비중이 가장 커야 함을 잊지 말자.

답안을 입체화하는 핵심그림 & 다이어그램

기초침하 형태

기초침하 형태	균등침하	부동침하	
		전도침하	부등침하
도해			
기초지반 및 하중조건	· 균일한 사질토 지반 · 넓은 면적의 낮은 건물	· 불균일한 지반 · 좁은 면적의 초고층 건물 · 송전탑 및 굴뚝 등	· 점토 기초지반 · 구조물 하중 영향 범위 내 점토층 존재

경사지반/인근 터파기

〈경사지반〉 사면변형에 따른 기초 부동침하
〈인근 터파기〉 인근 터파기에 의한 침하

Preloading

양수기, Preloading, Sand Mat 0.5~1.0m, 집수정, 연약지반, Sand Pile

단일기초 설치

〈복합기초〉 → 변경 → 〈단일기초〉

연약지반 확인조사(설계기준 KDS 11 30 05/2.2항)

(1) 표 2.2-1과 같은 상세한 지반조사를 통하여 연약지반의 특성을 확인하여야 한다.
(2) 연약지반의 침하 문제는 원위치조사에서 확인되지 않는 지형에서 주로 발생할 가능성이 있으므로, 전체노선에 대한 국부적인 연약지반 평가가 필요한 구간에 대해 탄성파탐사나 전기비저항탐사를 적용할 수 있다.
(3) 연약지반의 전단변형특성을 파악할 필요가 있을 경우에는 공내재하시험을 적용할 수 있다.

[표 2.2-1 연약지반 조사항목]

조사항목	시험목적	시험표준
핸드오거	연약지반 확인	KS F 2319
시추조사	지층 확인	KS F 2307
피에조콘 관입시험	연약지반 파악 및 설계정수 획득	KS F 2592
간극수압 소산시험	압밀계수 산정	KS F 2592
베인시험	비배수 전단강도 산정	KS F 2342
탄성파탐사/전기비저항탐사	연약대 파악	
공내재하시험	전단변형특성 파악	
실내시험 (함수비, 밀도, 체분석, 입도, 액성·소성, 전단, 삼축 압축, 일축 압축, 압밀, 기타 시험 등)	지반정수 산정	KS F 2306, 2308, 2302, 2303, 2343, 2346, 2314, 2316

SECTION 12

[기초공사]
지하수 수압에 의한 지하구조물의 부상방지 대책

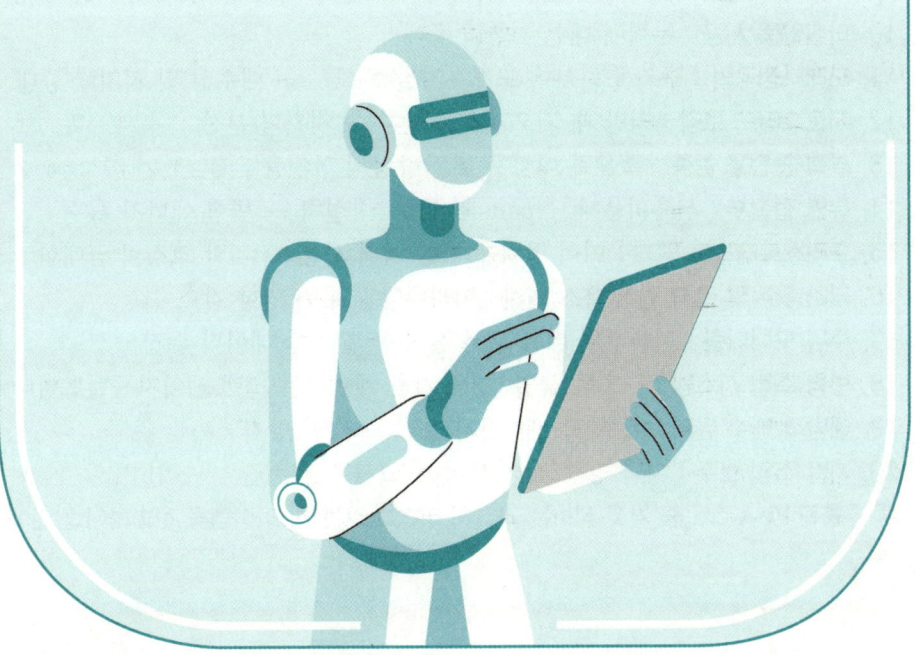

AI가 알려주는 Basic Concept & 핵심 Keyword

Basic Concept

1. 문제에서는 부상방지 대책만 물었지만, 기존에 연습하던 대로 문제점, 원인, 대책 순으로 작성하면 무난하게 3페이지를 쓸 수 있다. 특히 현상을 묻는 문제에 대해서는 메커니즘을 같이 언급해주면 가점을 받을 수 있다. ① 지하수위 상승 → ② 부력 증가 → ③ 부력 > 구조물 자중 → ④ 구조물 부상

2. 부상방지 대책은 큰 틀에서 분류한 후 상세 방안을 생각해 보면 부력을 줄이기 위해 지하수위를 낮추는 방법과 구조물의 자중을 늘리는 방법, 부력에 저항능력을 키우는 방법이 있다.
   ① 지하수위 저하 : 영구배수공법, Wellpoint 공법, Deep Well 공법, 지하수위 상승방지 유입구
   ② 자중 증대 : 자갈채움, 지하수채움, 기초의 두께↑, 상부구조물 층수↑, 부력조절 저류조
   ③ 부력 저항 : Rock Anchor, 마찰말뚝, Micro Pile, 인접 건물 긴결, 지중 Bracket 설치

3. 아이템으로 작성할 때는 묶어서 작성하는 것이 아니라 순서를 섞어서 개별 아이템으로 작성해야 답안이 풍족해 보이고, 아이템 수를 늘릴 수 있다. 만약 부상방지 대책을 직접 묻는 문제가 아니고 Extra로서 작은 비중으로 작성하고자 한다면, 위처럼 큰 틀에서 분류하여 표의 형태로 작성할 수 있다.

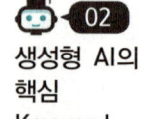

생성형 AI의 핵심 Keyword Top 20

1. 대책 Ground Anchor System : 구조물을 지반 깊은 곳에 고정하는 강재 앵커
2. 인접 건물 긴결 : 인접 건물에 구조적으로 연결시켜 고정
3. 중량 증가 : 콘크리트 두께 확대 또는 중골재(철근, 철물) 혼합
4. 부상방지 슬래브 : 구조물 하부에 추가 콘크리트 슬래브 설치 → 중량+마찰력 증대
5. 웰포인트 배수 : 지하수위 강제 저하를 위한 웰포인트(Wellpoint) 시스템 설치
6. 드레인 파이프 : 구조물 주변에 배수관 설치 → 지하수 유출 촉진
7. 부력 조절 저류조 : 구조물 내부에 물 저장 탱크 설치 → 수위 조절로 부력 상쇄
8. 차수벽(슬러리월) : 지하수 유입 차단을 위한 차수벽 설치
9. 그라우팅 주입 : 지반 내 시멘트·화학약액 주입 → 투수성 감소 및 지반 강성 증대
10. 마찰말뚝 시공 : 부력에 대한 저항력 증대
11. 모래다짐공법 : 구조물 하부에 모래·자갈층 설치 → 배수성 및 지지력 증대
12. 지오그리드 보강 : 지반 내 지오그리드 설치 → 지지력 분산
13. 부력 안전율 검증 : 부상력 대비 구조물 중량의 안전율(F.S ≥ 1.2) 확보
14. 유연 접합부 : 신축이음재(Expansion Joint) 설치 → 변형 에너지 흡수
15. 프리스트레스트 앵커 : 미리 장력을 가한 앵커 사용 → 지반 고정력 극대화
16. 지하층수 및 굴착 깊이 축소 설계 : 지하수압과 부력 영향 감소
17. 수위 모니터링 : 지하수위 계측 센서 설치 → 실시간 데이터 수집
18. 변형 측정 시스템 : 구조물 균열·기울기를 계측하는 크랙 게이지·틸트미터 설치
19. 예방적 배수 유지 : 배수 시스템 정기 점검 → 막힘 방지
20. 지반 주입 보수 : 지반 강성 저하 시 추가 그라우팅 주입

추출된 Keyword 중 거짓 정보는 과감히 버리고, 차별화 아이템을 선별하여 답안에 적용하자.

고득점 합격을 위한 실전연습 & One Point Lesson

03
초안작성

| 1. 개요 | 3. 부력의 발생원인 |
| 2. 건축물 부상 Mechanism | 4. 지하구조물의 부상방지 대책 |

04
How to Write

1. 개요 : 지하수위 이하에서 구조물에 작용하는 부력에 의해 건물은 부상할 우려가 있음

2. 건축물 부상 Mechanism
　1) 높은 지하수위, 지하수위 상승, 피압수 존재 → 지하구조물 작용 부력 증가
　2) 지하구조물 작용 부력 > 건축물 자중 → 건축물 부상

3. 부력의 발생원인
　1) 지하피압수 : 압력 수두차에 의해 건물의 기초저면을 밀어올림
　2) 지하수위 상승 : 우기 시 지하수위의 상승으로 부력 증대
　3) 지반여건 : 불투수층이 강한 점토층이나 암반층으로의 물의 유입
　4) 건물자중 부족 : 부력보다 건물의 자중이 적을 때

4. 지하구조물의 부상방지 대책
　1) Rock Anchor 설치 : 기초저면 암반에 Anchor로 고정
　2) 마찰말뚝, Micro Pile : 기초하부의 마찰력 증대
　3) 인접 건물에 긴결 : 수압상승에 저항성 증대
　4) 강제배수시설 : 유입 지하수를 강제 Pumping하여 외부로 배수
　5) 구조물 자중 증대 : 지하층에 자갈 또는 지하수 채움, 기초의 두께 증대, 상부구조물 층수 증가
　6) 지하수위 상승방지 유입구 설치 : 지하수 상승 시 건물 내로 지하수 유입 유도 → 자중 증대
　7) 지중 Bracket 설치 : 상부의 매립토 하중으로 수압에 대항
　8) 부력 조절 저류조 : 구조물 내부에 물 저장 탱크 설치 → 수위 조절로 부력 상쇄
　9) 웰포인트 배수 : 지하수위 강제 저하를 위한 웰포인트(Wellpoint) 시스템 설치
　10) 지하층수 감소 설계
　11) 부력 안전율 검증 : 부상력 대비 구조물 중량의 안전율(F.S≥1.2) 확보
　12) 수위 모니터링 : 지하수위 계측 센서 설치 → 실시간 데이터 수집

05
합격자의
One Point Lesson

1. 고층건물이 부상하는 경우는 거의 없겠지만, 단독 저수조나 물탱크, 빗물저류조, 정화조 등은 쉽게 부상할 수 있는 조건들을 가지고 있다. 자중에 비해서 내부 체적이 크다는 공통점이 있는 구조물이다.

2. 따라서 그림 도해를 할 때는 빗물저류조 기초에 마찰말뚝을 시공하거나, 정화조 기초에 지중브라켓을 시공한 그림을 그려 답안을 다양화할 수 있다. 사각형 박스를 그리고 그 안에 '빗물저류조'라고 쓰면, 보는 사람은 빗물저류조라고 이해할 수 있다.

3. '부상방지 대책'만 묻는 문제의 경우는 부상방지 대책의 비중을 70% 이상 할애해야 하고 아이템수를 최대한 늘려야 한다. 비슷한 내용이라도 분리하고 배치를 다르게 함으로써 최소 7개의 아이템을 만들어 내야 하며, 10개 이상도 작성할 수 있도록 연습해야 한다. 그 이하일 때는 감점이 될 수도 있다는 점을 기억하자.

답안을 입체화하는 핵심그림 & 다이어그램

건축물 부상 Mechanism	Rock Anchor
Micro pile 설치	지하층 자갈채움
구조물 하부 강제배수시설	구조물 외부 강제배수시설
지하수위 상승방지 유입구	마찰말뚝 설치

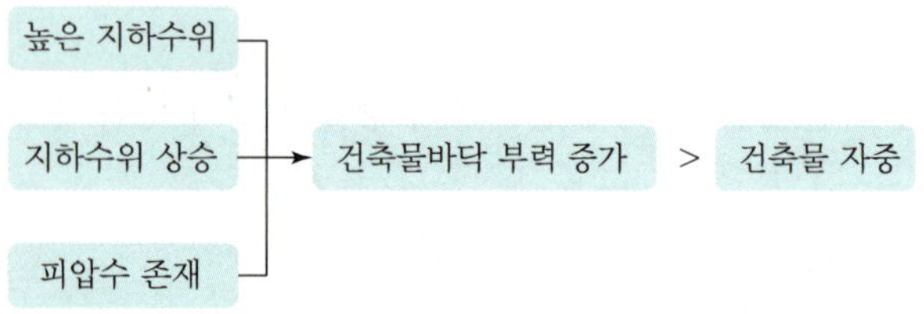

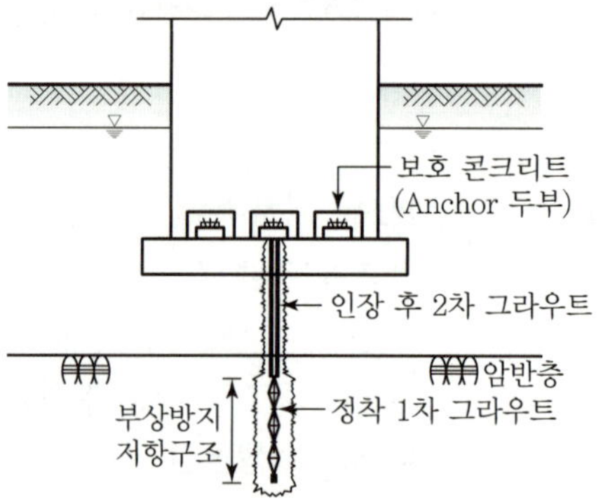

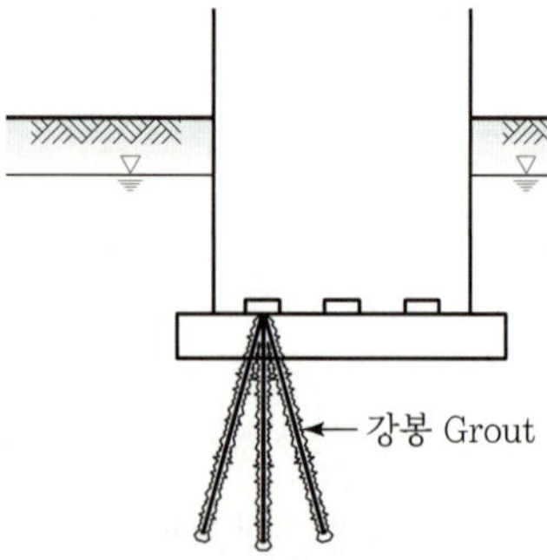

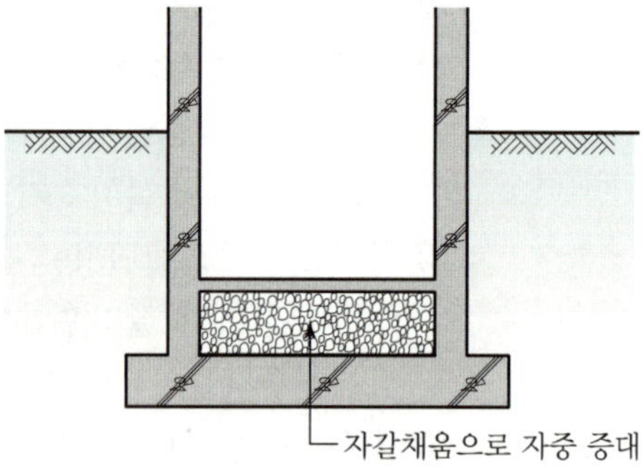

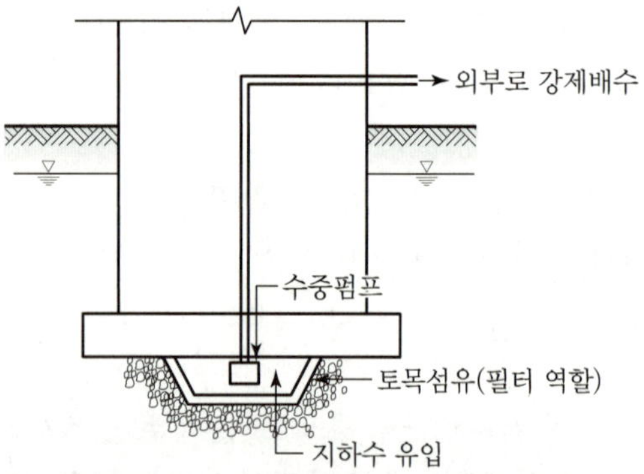

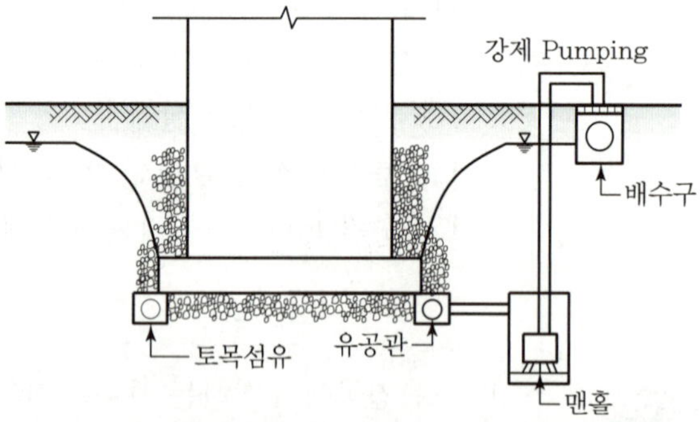

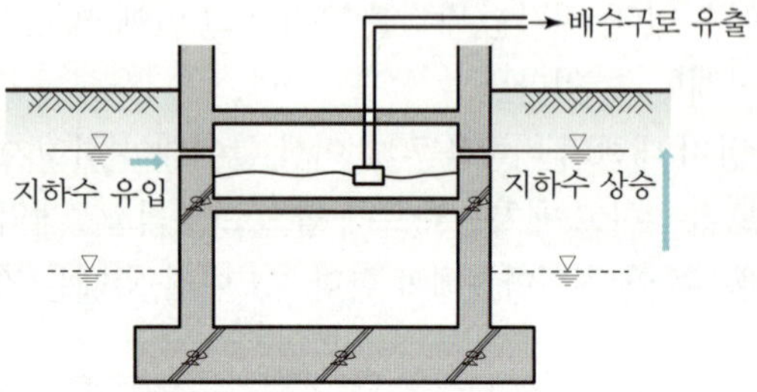

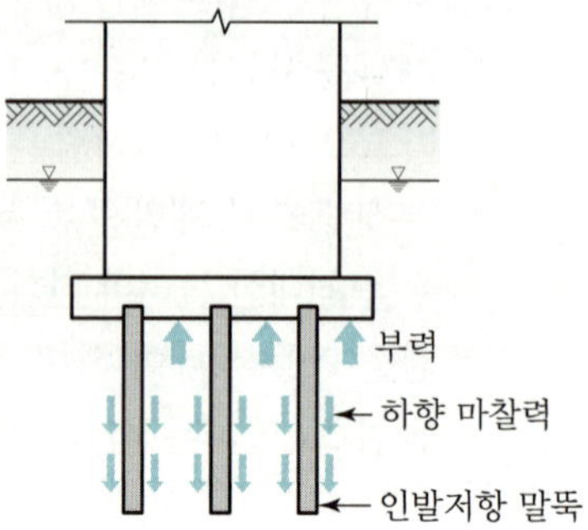

SECTION 13

[기초공사]
기성콘크리트 말뚝의 지지력 판단방법 종류 및 유의사항

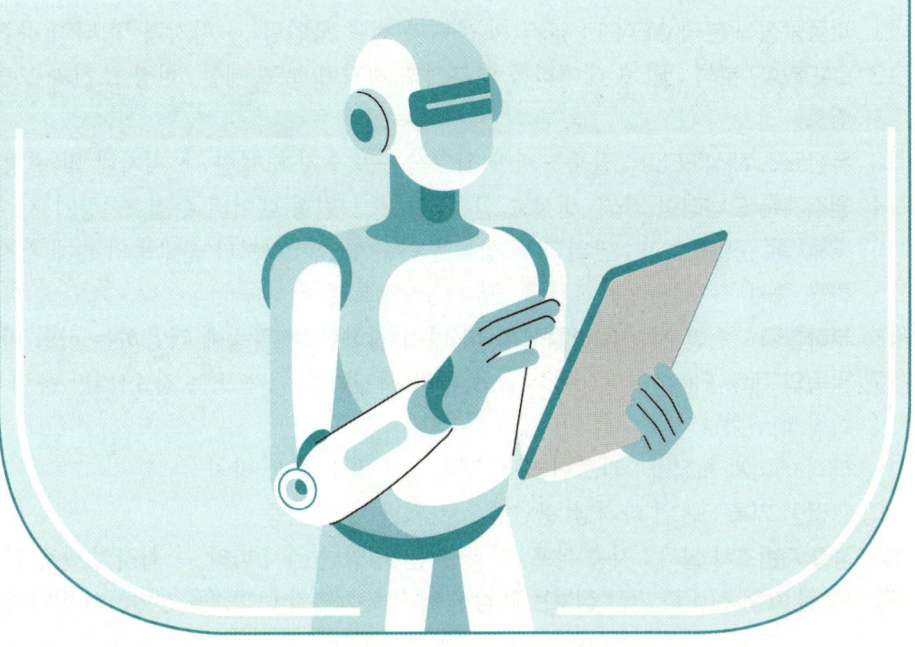

AI가 알려주는 Basic Concept & 핵심 Keyword

Basic Concept

1. 기성콘크리트 말뚝은 기초 지지력 확보의 매우 중요한 역할을 하기 때문에, 충분한 지지력이 확보되었는지에 대한 확인도 중요하다. 만약 말뚝 선단에 슬라임이 가득 차 있거나 말뚝 중간에 큰 균열이 있다면, 충분한 지지력이 확보될 수 없다. 이 경우 기초의 부동침하로 인한 건축물의 균열, 전도, 붕괴가 발생할 수도 있다.
2. 지지력 판단방법의 종류는 여러 가지가 있는데, 크게 3가지로 분류할 수 있다.
    ① 재하시험 : 정재하시험, 동재하시험
    ② 이론식에 의한 산정 : 정역학적 공식, 동역학적 공식
    ③ 간접 추정 : Rebound Check, 소음, 진동에 의한 방법
3. 지지력 판단방법의 유의사항은 '종류별'이라는 단서가 없기 때문에 일반적인 유의사항으로 통합하여 작성해도 무방하다. 예를 들어 '시험의 조건은 실제하중조건과 동일, 필요 시 보정을 통해 정확한 지지력 산정' 등의 문구는 어느 시험이든 공통적으로 사용이 가능하다. 이러한 공통 아이템은 많을수록 시험시간을 단축시킬 수 있고, 합격에 한걸음 더 가까워질 수 있게 한다.

생성형 AI의 핵심 Keyword Top 20

1. 종류 정적 압축재하시험 : 말뚝 상부에 점진적 하중을 가해 침하량 측정 → 최대 지지력 산정
2. 정적 인발재하시험 : 말뚝을 인발하여 인발저항력 측정
3. PDA(Pile Driving Analyzer) : 타격 시 응력파 분석 → 동적 지지력 추정
4. 고변형 동적시험 : 해머 충격 후 응력파 측정 → 지지력 및 결함 검출
5. 저변형 동적시험(PIT) : 작은 충격으로 말뚝 내 결함(균열, 단면 변화) 검출, 결함 유무만 판단
6. Terzaghi 공식 : $R_u = R_p + R_f$
7. Meyerhof 공식 : $R_u = 30 N_p A_p + 1/5 N_s A_s + 1/2 N_c A_c$
8. Sander 공식 : $R_u = WH/S$
9. Engineering News 공식 : $R_u = WH/(S+2.54)$
10. Hiley 공식 : 타격 에너지, 관입량, 탄성변형으로 동적 지지력 계산
11. 파동방정식 분석(WEAP) : 타격 시 응력파 전달 모델링 → 지지력 및 타격 응력 예측
12. CAPWAP 분석 : PDA 데이터를 역분석해 지지력 분포 계산. 현장 조건과 모델링 일치 여부 검토
13. 유한요소 해석(FEM) : 말뚝-지반 상호작용을 수치 모델링 → 지지력 및 변형 예측
14. 원격계측 모니터링 : IoT 센서로 실시간 하중-변형 데이터 수집 → 장기 지지력 평가
15. 유의사항 군말뚝효과 : 단일 말뚝 성능을 단순 합산한 값보다 군말뚝의 전체 지지력이 감소, 침하량 증가
16. 부마찰력 : 주변 지반이 말뚝보다 더 많이 침하할 때 말뚝에 작용하는 하향 마찰력
17. 말뚝의 Time Effect : 시간이 지남에 따라 지지력이 증가 또는 감소(지반 응력 재분배, 압밀, 화학적 변화)
18. 타격 에너지 최적화 : 과도한 타격으로 인한 말뚝 손상 방지
19. 관입량 기록 : 단위 타격당 관입량으로 지반 강성 검증
20. 정밀 지반조사 실시 : 지층 분포, 연약층 깊이, 암반 위치 파악 → 최적의 말뚝 길이·직경 결정

 추출된 Keyword 중 거짓 정보는 과감히 버리고, 차별화 아이템을 선별하여 답안에 적용하자.

고득점 합격을 위한 실전연습 & One Point Lesson

03
초안작성

1. 개요
2. 말뚝의 안정성 검토
3. 지지력 판단방법의 종류
4. 지지력 판단방법의 유의사항
5. 말뚝의 지지력 확보 방안

04
How to Write

1. **개요** : 말뚝 선단지반의 지지력과 주면마찰력의 합으로, 지지력 부족 시 기초침하 등의 문제 발생
2. **말뚝의 안정성 검토**
3. **지지력 판단방법의 종류**
    1) 말뚝재하시험
        ① 정재하시험 : 압축재하시험(실물재하/반력말뚝재하), 인발시험, 수평재하시험
        ② 동재하시험 : 변형률계와 가속도계 부착 → PDA 분석
    2) 이론식에 의한 산정
        ① 정역학적 공식(Terzaghi 공식 $R_u = R_p + R_f$, Meyerhof 공식 $R_u = 30N_p A_p + 1/5 N_s A_s + 1/2 N_c A_c$)
        ② 동역학적 공식[Sander 공식 $R_u = WH/S$, Engineering News 공식 $R_u = WH/(S+2.54)$, Hiley 공식]
    3) Rebound Check : 말뚝과 지반탄성 변형량 확인
    4) 시험말뚝박기에 의한 방법
    5) 소음·진동에 의한 방법 : 지지층 도달 시 관입 소음과 진동 최대
4. **지지력 판단방법의 유의사항**
    1) 시험방법 선정 : 지반조건, 공사규모, 정확도를 고려하여 선정
        ① 연약지반 → 정재하시험 ② 소규모 → 간접추정법 활용 ③ 정확도 → 정적·동적 병행
    2) 시험절차의 준수 : 정재하시험 시 하중 단계별 침하 안정화 시간 준수
    3) 시험조건을 고려한 보정 실시 : 충격에너지 보정 및 에너지 전달 효율 검토
    4) 허용지지력의 산정 : 극한지지력을 안전율로 나눠 적용
    5) 군말뚝 효과 고려 : 말뚝 간격이 좁을 경우 지지력 감소 고려
    6) 부마찰력 영향, 파일의 시간 경과 효과가 결과에 미치는 영향 분석
5. **말뚝의 지지력 확보 방안**

05
합격자의
One Point
Lesson

1. 종류 및 유의사항을 묻는 문제로 종류는 아는 대로 작성하되, 중요한 순으로 나열하는 것이 중요하다. 현장에서는 정확도와 신속성 측면에서 정재하시험과 동재하시험을 많이 사용하므로, 이를 그림과 함께 전면에 배치하자. 그 다음으로 공식을 적을 수 있는 이론식에 의한 산정을 작성해 주는 것이 최적의 Layout 방법이다.
2. 종류만 많이 적을 경우 상대적으로 유의사항의 비중이 적어질 수 있으므로 주의한다. 기술사 시험에서는 시험의 종류보다 왜 시험을 해야 하며, 어떻게 활용할 것인지가 더 중요하기 때문이다.
3. 유의사항에 '군말뚝효과', '부마찰력', 'Time Effect'의 영향을 고려해야 한다는 문구를 넣는 것만으로도 가점을 받을 수 있다. 또한 질문에는 없지만 '말뚝의 지지력 확보 방안'을 시공관리차원에서 간단하게 적어주는 것도 좋다.

답안을 입체화하는 핵심그림 & 다이어그램

말뚝의 안정성 검토

안정성 검토	안전 조건
말뚝지지력 검토	구조물 하중 ≤ 허용지지력
말뚝침하량 검토	침하량 < 허용침하량

정재하시험

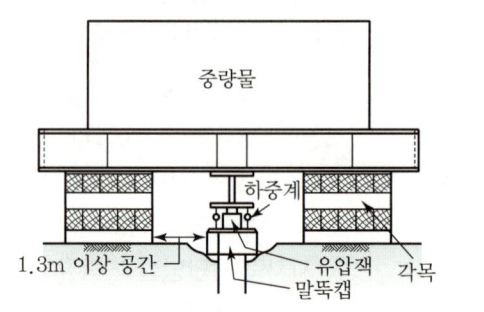

동재하시험

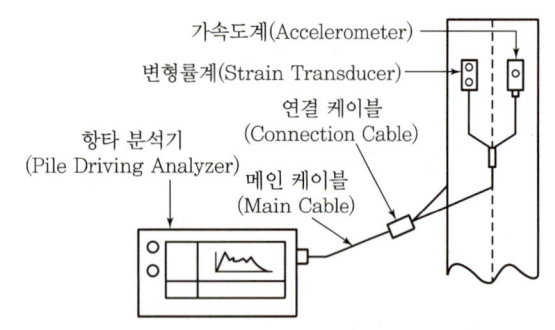

정재하시험과 동재하시험 비교

분류	정재하시험	동재하시험
시공성	복잡	간단
공기	길다	짧다
소요예산	많이 소요	적게 소요
추정치	확실	보통
현장적용	적게 사용	많이 사용
안전	불안전	안전

Rebound Check

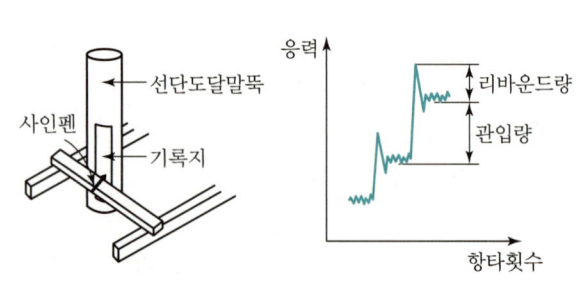

시험말뚝 박기

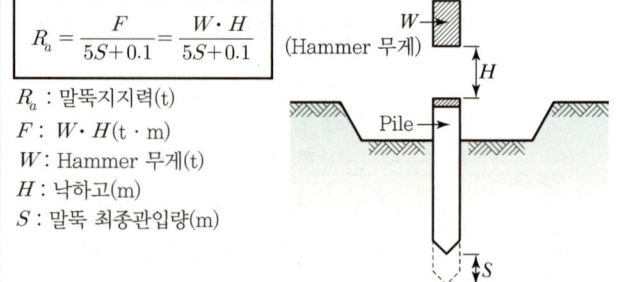

$$R_a = \frac{F}{5S+0.1} = \frac{W \cdot H}{5S+0.1}$$

R_a : 말뚝지지력(t)
F : $W \cdot H$(t·m)
W : Hammer 무게(t)
H : 낙하고(m)
S : 말뚝 최종관입량(m)

정역학적 공식에 의한 추정

토질시험에 의한 방법

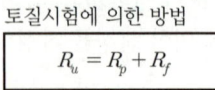

R_u : 극한지지력
R_p : 선단 극한지지력
R_f : 주면 극한마찰력

파일의 시간경과 효과

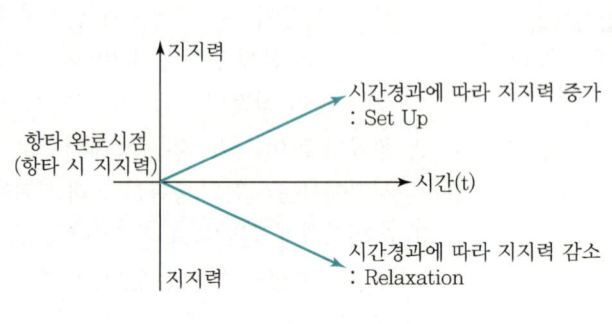

SECTION 14

[철근거푸집공사]
피복두께가 과다하게 시공된 경우의 문제점 및 해결방안

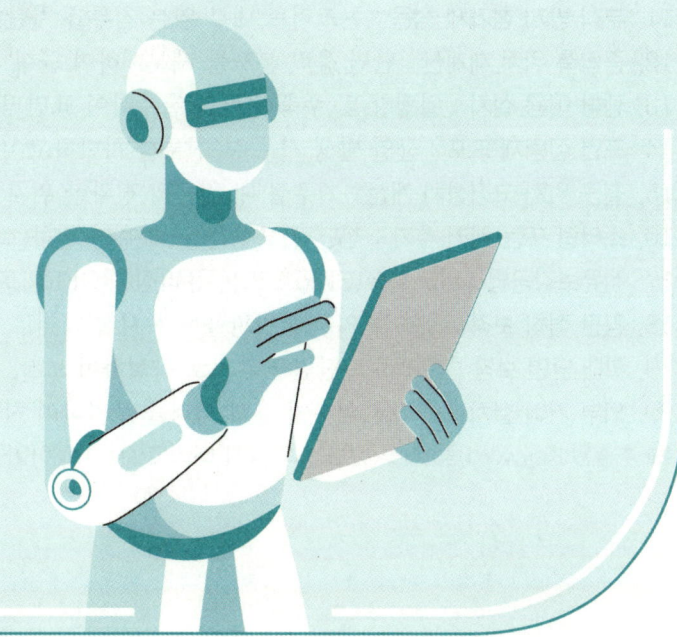

AI가 알려주는 Basic Concept & 핵심 Keyword

Basic Concept

1. 철근은 피복두께가 너무 작은 경우 내구성, 내화성, 부착성, 유동성, 방청성 측면에서 문제를 발생시킬 수 있어 최소피복두께를 규정하고 있다. 따라서 최소피복두께를 확보하기 위한 방안이 많이 출제된다.
2. 반대로 구조체의 피복두께가 과다한 경우도 문제가 된다. 구조설계 시 가정한 피복두께(최소피복두께+약10mm)보다 더 커지는 경우에는 철근이 인장을 담당하는 구조부재로서 제 역할을 못하게 된다. 쉽게 설명하면 철근은 인장력을 받는 구간에 배근되어야 하는데, 콘크리트가 있어야 할 압축력을 받는 구간 쪽으로 배근될수록 인장재로서의 역할을 못하는 것이다.
3. 답안을 구성하는 방법은 문제를 해석하는 수험자에 따라 다를 수 있으며, 해결방안을 어떻게 해석하느냐에 따라 레이아웃이 바뀐다.
    ① 문제점＋방지방안(적정 피복두께 확보를 위한 타설 전 관리방안)
    ② 문제점＋보강방안(이미 타설완료된 과다피복상태의 구조체 보강)
    ③ 문제점＋방지방안＋보강방안

생성형 AI의 핵심 Keyword Top 20

1. 문제점 구조적 성능 저하 : 유효깊이 감소로 인장강도 약화
2. 균열 발생 증가 : 외부 콘크리트 두께 증가로 수축·온도 응력에 취약
3. 내구성 저하 : 표면균열로 염분·수분 침투가 쉬워 철근 부식이 가속화
4. 중립축 이동 : 인장응력에 의한 부재의 파괴 가능성 증가
5. 철근의 효율 감소 : 인장응력 저항력 저하
6. 내화성 저하 : 화재 시 피복두께가 과도하면 열팽창 차이로 표면 콘크리트 탈락
7. 미관적 문제 : 표면균열·허니컴(Honey Comb) 발생으로 마감 품질 저하
8. 단면내력 감소 : 유효깊이 감소로 단면내력 약화
9. 해결방안 단면 재설계 : 유효깊이를 확보하기 위해 단면 치수 또는 철근 배치 조정
10. 섬유보강 콘크리트 사용 : 균열 억제 및 수축 응력을 분산시켜 표면균열 감소
11. 부식 방지 첨가제 적용 : 콘크리트 내부 염분 침투를 차단하여 철근 부식 방지
12. 중립축 위치 재계산 : 단면 응력 분포를 재분배하여 균형 파괴 방지
13. 팽창 이음 설치 : 열팽창 및 수축 응력을 흡수하여 표면 박리(Spalling) 방지
14. 표면 실링제 도포 : 균열 발생 시 수분 침투를 차단하고 미관 개선
15. 철근 위치 고정장치 개선 : 거푸집 내 철근의 정확한 위치 고정으로 시공오차 최소화
16. 스터럽 또는 앵커 추가 : 전단력 보강을 위해 추가 철근(스터럽) 설치
17. 섬유보강공법 : 탄소섬유(CFRP) 또는 유리섬유(GFRP)로 구조물 외부 보강
18. 강판 접착 보강 : 구조물 외부에 강판을 에폭시 접착제로 부착하여 강성 및 하중 분산 효과
19. 확대 단면 보강 : 콘크리트 단면을 추가로 타설하여 보강, 기존 구조물과의 일체성 확보 필요
20. 외부 거더 설치 : 구조물 외부에 강재 거더를 추가하여 하중 분담

 추출된 Keyword 중 거짓 정보는 과감히 버리고, 차별화 아이템을 선별하여 답안에 적용하자.

고득점 합격을 위한 실전연습 & One Point Lesson

03 초안작성

1. 개요
2. 피복두께 과다 시 문제점
3. 피복두께 과다시공의 방지방안
4. 피복두께가 과다시공된 구조체의 해결방안

04 How to Write

1. **개요** : 피복두께 과다 → 구조적 문제 발생 및 경제적 불리
2. **피복두께 과다 시 문제점**
   1) 구조적 성능 저하 : 유효깊이 감소로 내력 저하
   2) 중립축 이동 : 부재의 파괴 가능성 증가
   3) 균열 발생 증가 : 수축·온도 응력에 취약(건조수축균열, 온도균열)
   4) 내구성 저하 : 표면균열로 염분·수분 침투가 쉬워 철근 부식이 가속화
   5) 비경제성 : 동일 내력을 위한 콘크리트 강도, 단면 증대 필요
   6) 재료분리 발생 : 내측 철근 순간격 감소 시 골재의 재료분리
   7) 구조물의 자중 증대 : 설계단면 외측으로 추가 타설 시 설계하중 초과 우려(거푸집 측압 변형)
3. **피복두께 과다시공의 방지방안**
   1) Spacer의 적정 간격 배치 : 슬래브(상·하부 철근 각각 가로·세로 1m), 보(1.5m, 단부 1.5m 이내)
   2) 거푸집의 정밀 시공 : 내경의 검측 및 고정 철저
   3) 거푸집 변형 방지를 위한 지보재의 설치간격 준수(거푸집 측압 검토)
   4) 적정 피복두께 사전 검토 : 표준시방서 및 구조계산서상 피복두께 검토
   5) 스트럽, 띠철근 등의 철근 가공 시 정밀가공 실시(규격 허용오차 관리)
4. **피복두께가 과다시공된 구조체의 해결방안**
   1) 섬유보강공법 : 탄소섬유(CFRP) 또는 유리섬유(GFRP)로 구조물 외부 보강
   2) 강판 접착 보강 : 구조물 외부에 강판을 에폭시 접착제로 부착하여 강성 및 하중 분산 효과
   3) 확대 단면 보강 : 콘크리트 단면을 추가로 타설하여 보강, 기존 구조물과의 일체성 확보 필요
   4) 외부 거더 설치 : 구조물 외부에 강재 거더를 추가하여 하중 분담
   5) 콘크리트 배부름 부위 그라인딩 실시

05 합격자의 One Point Lesson

1. 본론 작성 시 '유효깊이 감소로 인한 구조내력 저하'가 무조건 첫 번째 문제점으로 나와야 한다. 유효깊이라는 핵심키워드가 없으면, 구조적 개념이 없다고 판단할 가능성이 매우 크다.
2. 'Basic Concept'에서 답안 작성 방향의 예시로 3가지를 제시했다. 이 중 '문제점 + 방지방안 + 보강방안'처럼 기술사 시험에서는 다소 폭넓게 해석해서 대제목을 풍부하게 작성해 주는 것이 고득점에 유리하다. 만약 출제자가 명확히 타설이 완료된 구조체의 해결방안이라고 한다면, '문제점 + 보강방안(80%) + 방지방안(20%)'으로 작성하는 방법도 있다.
3. 참고로 유효깊이와 유효높이는 같은 말이다. 영어로는 Effective Depth로 명기한다. 131회 건축시공기술사 시험에서는 '유효높이(Effective Depth)'로 출제되었고, 설계기준 KDS에서는 유효깊이로 명기하기 때문에 혼용해도 무방하다. 단, 슬래브와 보를 옆으로 돌리면, 토압을 지지하는 옹벽과 버틀레스가 되는데, 이때에도 유효높이라고 한다면 어색할 수 있으므로 앞으로는 유효깊이 사용을 추천한다. 특히 한 문제의 답안 내에서 유효높이와 유효깊이를 번갈아 작성하는 일이 없도록 주의하자.

답안을 입체화하는 핵심그림 & 다이어그램

유효깊이의 감소

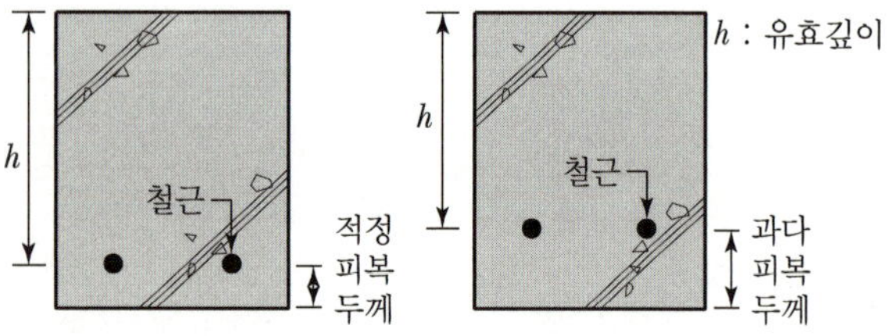

같은 단면에서 유효깊이(h)가 낮을수록 응력에 대한 저항도가 적음

배부름 부위 치핑 실시

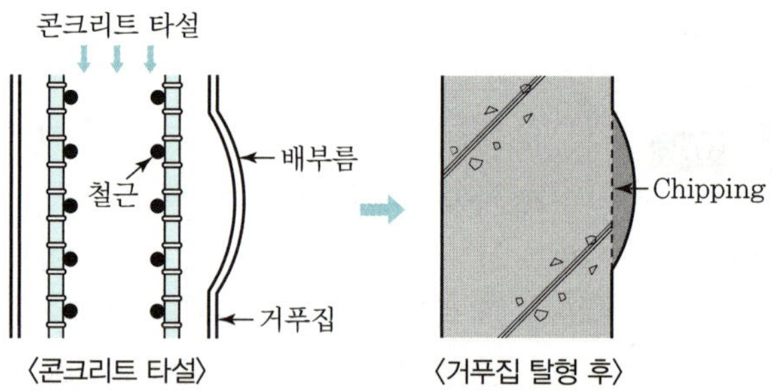

〈콘크리트 타설〉 〈거푸집 탈형 후〉

탄소섬유시트 보강공법

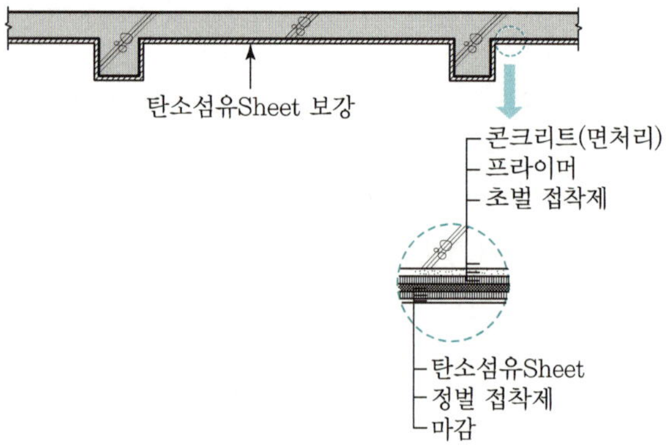

단면증대공법

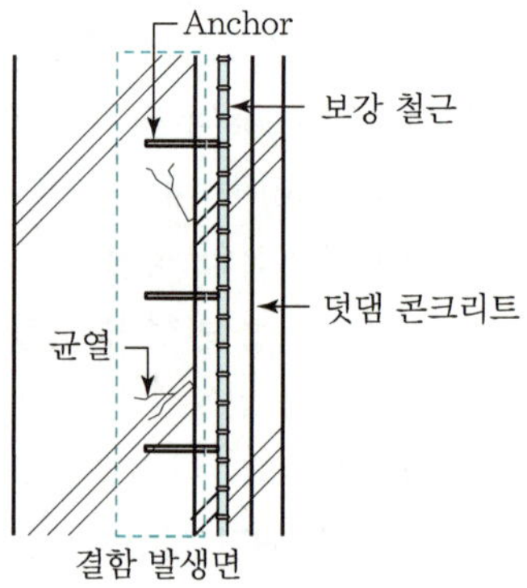

철근 고임재 및 간격재의 수량 및 배치 표준(표준시방서 KCS 14 20 11/2.2항)

부위	종류	수량 또는 배치간격
기초	강재, 콘크리트	• 8개/4m² • 20개/16m²
지중보	강재, 콘크리트	• 간격은 1.5m • 단부는 1.5m 이내
벽, 지하외벽	강재, 콘크리트	• 상단 보 밑에서 0.5m • 중단은 상단에서 1.5m 이내 • 횡간격은 1.5m • 단부는 1.5m 이내
기둥	강재, 콘크리트	• 상단은 보밑 0.5m 이내 • 중단은 주각과 상단의 중간 • 기둥 폭방향은 1m 미만 2개, 1m 이상 3개
보	강재, 콘크리트	• 간격은 1.5m • 단부는 1.5m 이내
슬래브	강재, 콘크리트	간격은 상·하부 철근 각각 가로·세로 1m

주) 수량 및 배치간격은 5~6층 이내의 철근콘크리트 구조물을 대상으로 한 것으로서, 구조물의 종류, 크기, 형태 등에 따라 달라질 수 있음

SECTION 15

[철근거푸집공사]
콘크리트 타설 시 거푸집의 처짐과 침하에 따른 조치사항

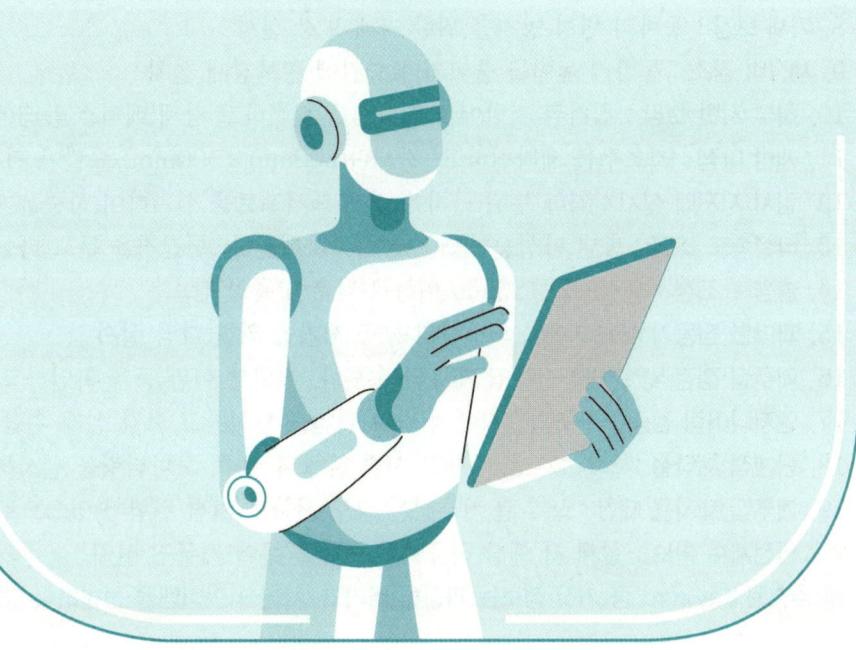

AI가 알려주는 Basic Concept & 핵심 Keyword

Basic Concept

1. 거푸집에 대한 문제가 나오면 각 구성요소로 발생할 수 있는 문제점을 생각해 보고, 이에 대한 방지대책을 쓰면 된다. 거푸집을 거푸집널로 한정해서 접근하면 답안 작성이 매우 어려워질 수 있다. 시방서상 거푸집의 정의는 '콘크리트가 적당한 강도에 도달하기까지 지지하는 가설구조물의 총칭'이다. 즉, 거푸집에 대한 문제는 거푸집널과 동바리 등의 지지물을 같이 작성해 주어야 한다. 답안 작성 시 연직하중, 수평하중, 작업여건, 외부환경 순으로 생각하며 작성하면 충분히 아이템 수를 확보할 수 있다.
   ① 연직하중 → 슬래브의 거푸집널 재질, 장선·멍에·동바리 규격 및 간격
   ② 수평하중 → 벽체 측압, 강관파이프·폼타이 규격 및 간격
   ③ 작업여건 → 타설장비(분배기 중량), 타설속도, 타설높이, 다짐방법, 타설순서, 분할타설, 슬럼프
   ④ 외부환경 → 지반침하, 악천후(태풍, 적설, 홍수)
3. 이 문제는 다음과 같이 2가지로 해석할 수 있다.
   ① 타설 중에 거푸집 처짐과 침하가 발생한 긴급상황에 대한 대처방안
   ② 처짐과 침하의 발생이 우려될 경우 사전 방지대책
   이번에는 문제점 + 긴급보강방안 + 방지대책 순으로 작성해 보자.

생성형 AI의 핵심 Keyword Top 20

1. **작업 중지 및 인원 대피** : 타설을 즉시 중단하고, 주변 작업자에게 위험 상황 전파
2. **작업구간의 통제** : 변형 영역을 격리하고 접근 차단
3. **동바리 증설** : 지지대 간격을 기존 900mm에서 600mm로 축소하고, 추가 버팀목 설치
4. **강재 지지대 교체** : 알루미늄 동바리를 강관 동바리로 교체하여 지지 하중 증대
5. **거푸집 성능 향상** : 합판 두께 증가(18mm → 21mm) 또는 금속거푸집으로 교체
6. **보강재 추가** : 측압에 의한 배부름 부위에 강관 스트러트 또는 강판을 긴급 설치하여 측압 지지
7. **연결재 보강** : 동바리 주위에 가로·세로 연결재를 추가하여 좌굴 안정성 확보
8. **가새 보강** : 동바리 변형 방지를 위한 가새 보강 실시
9. **세장비 감소** : 동바리 높이를 줄이거나 중간에 횡보강재 설치
10. **하부 지반 보강** : 침하된 지반에 모래다짐을 실시하고 강재 베이스 플레이트 설치
11. **지반 다짐** : 기초부를 재다짐하고, 강재판(500mm×500mm)을 깔아 지지력을 높임
12. **임시 지지대 설치** : 침하 부위 근처에 강재 잭서포트를 설치하여 하중을 일시 전달
13. **타설속도 조절** : 층별 타설높이를 1m 이내로 제한하고, 간격을 두고 타설
14. **슬럼프 조정** : 슬럼프를 120mm 이하로 낮추어 측압 감소
15. **과다한 진동기 사용 자제** : 최소한의 공극 제거를 위한 다짐 실시
16. **거푸집 점검 및 교체** : 거푸집 재료의 노후화, 접합부 이완 등을 확인하고 교체
17. **엔지니어링 검증** : 구조기술사에게 변형 원인을 분석받고 보강 설계 수립
18. **단계적 재타설** : 초기 30cm 두께로 시범 타설 후 변형 모니터링을 실시하며 타설 재개
19. **거푸집 재사용 제한** : 노후된 거푸집은 강도 저하로 처짐 위험이 있으므로 교체
20. **안전계수 확보** : 설계 시 예상 하중보다 여유를 두어 거푸집 설치

💡 추출된 Keyword 중 거짓 정보는 과감히 버리고, 차별화 아이템을 선별하여 답안에 적용하자.

고득점 합격을 위한 실전연습 & One Point Lesson

03 초안작성

1. 개요
2. 거푸집 처짐과 침하의 원인
3. 타설 시 거푸집 처짐과 침하에 따른 조치사항
4. 거푸집 변형 방지대책

04 How to Write

1. 개요
   1) 타설 중 거푸집과 동바리 변형 발생 시, 작업 중지 및 안전 확보 실시
   2) 원인 분석을 통한 보강 조치 후 타설 재개 필요
2. 거푸집 처짐과 침하의 원인
3. 타설 시 거푸집 처짐과 침하에 따른 조치사항
   1) 작업 중지 및 작업구간 통제 : 타설 중단 및 대피 지시 후 변형 원인 파악
   2) 동바리 추가 보강 설치
   3) 수평연결재 보강 : 동바리 주위에 수평연결재 추가 → 좌굴 안정성 확보
   4) 가새 보강 : 동바리의 변형 방지 위한 대각선 방향 보강재 설치
   5) 강관파이프 보강 : 거푸집 배부름 부위에 강관파이프 추가 설치 → 측압 지지
   6) 노후 거푸집 교체 및 거푸집 두께 증대
   7) 하부 지반 보강 : 침하된 지반에 모래다짐을 실시하고 강재 베이스 플레이트 설치
   8) 침하 부위 주변 지지대 보강 : 침하 부위 근처에 강재 잭서포트 설치 → 하중 분산
   9) 동바리 수직도 변형 여부 확인 및 수정 조치
   10) 타설높이 및 타설속도 조절 : 층별 타설높이 1m 이내, 시간 간격을 두고 돌림 타설
   11) 슬럼프 조정 : 슬럼프 120mm 이하 → 측압 감소
   12) 과다한 진동기 사용 자제 : 동일구간 지속적인 진동 다짐 금지
   13) 실시간 변형 모니터링 : 단계적 재타설 실시 및 감시자 배치로 변형 여부 감시
4. 거푸집 변형 방지대책
   1) 콘크리트 타설 전 동바리 수직도 확인
   2) 슬래브 처짐을 고려한 캠버 시공
   3) 동바리 하부 침하 우려 시 침목 설치 또는 기초 콘크리트 타설
   4) 재사용 횟수 초과 거푸집 폐기, 전용 클램프 및 전용 핀 사용
   5) 설계 시 안전율 추가 확보, 높이 4m 이상 시 시스템 동바리 설계
   6) 멍에, 장선, 거푸집 설치 규격 및 간격 준수

05 합격자의 One Point Lesson

1. 출제자가 '방지대책'이 아닌 '조치사항'으로 출제한 것으로 보아, 이미 변형이 발생했을 가능성이 더 크다. 따라서 이 문제에 대해서는 '원인 + 긴급보강대책(80%) + 방지대책(20%)'의 순으로 작성하자.
2. 'Basic Concept'에서 언급한 순서대로 아이템을 떠올리다 보면 쓸 것이 너무 많기 때문에 그림과 함께 효과적으로 어필할 수 있는 아이템을 선정하는 것이 중요하다. 아이템별로 다소(多少)를 적용하여, 중요한 내용은 그림과 함께 강조하여 길게 작성하고, 사소한 내용은 짧게 작성한다.
3. 예를 들어 '연직하중(多 1ea, 少 2ea) + 수평하중(多 1ea, 少 1ea) + 작업여건(多 1ea, 少 2ea) + 외부환경(多 1ea, 少 1ea)'과 같이 작성한다면 채점자에게 충분히 매력적인 답안이 될 수 있다.

답안을 입체화하는 핵심그림 & 다이어그램

거푸집 변형 도해	벽체 거푸집 변형 방지
휨 / 탈락	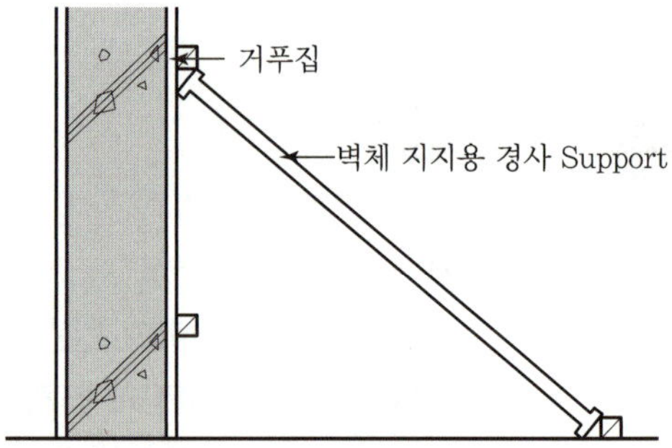 거푸집 / 벽체 지지용 경사 Support

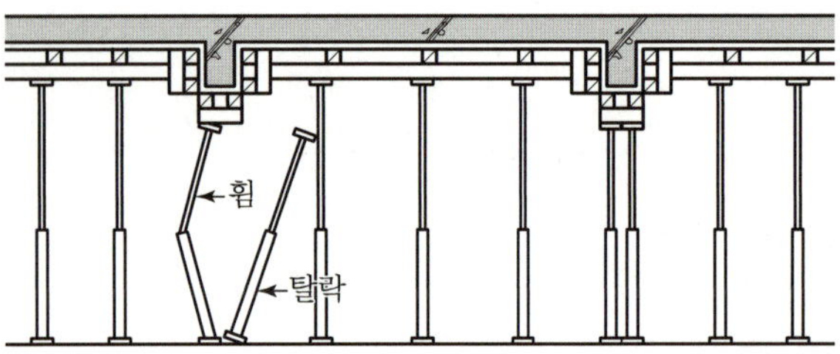

Filler Support 존치	변형 발생 시 현장조치 Flow
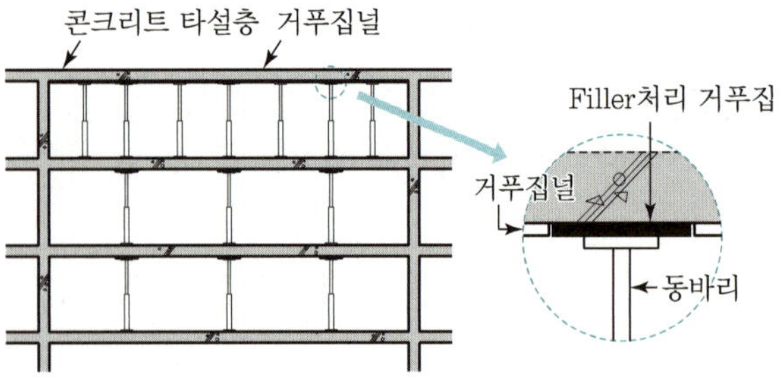 콘크리트 타설층 거푸집널 / Filler처리 거푸집 / 거푸집널 / 동바리	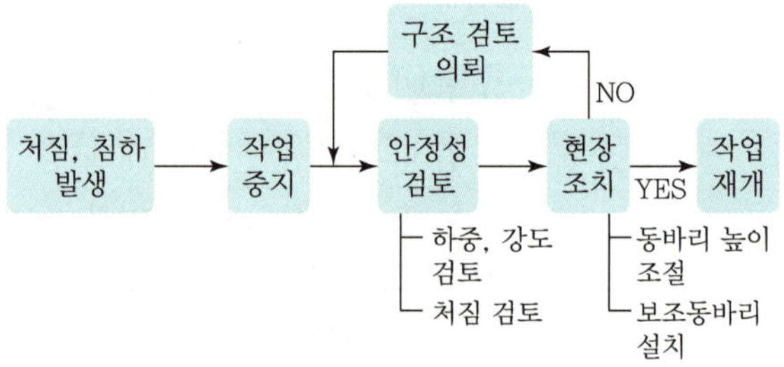 처짐, 침하 발생 → 작업중지 → 안정성 검토 → 현장조치 → (YES) 작업재개 / (NO) 구조 검토 의뢰 / 하중, 강도 검토, 처짐 검토 / 동바리 높이 조절, 보조동바리 설치

일반동바리 설치 기준(표준시방서 KCS 14 20 12/3.2.1항)

(1) 동바리를 조립하기에 앞서 동바리를 지지하는 바닥이 소요 지지력을 갖도록 하고, 동바리는 충분한 강도와 안전성을 갖도록 시공한다.
(2) 동바리는 필요에 따라 적당한 솟음을 둔다.
(3) 거푸집이 곡면일 경우에는 버팀대의 부착 등 당해 거푸집의 변형을 방지하기 위한 조치를 한다.
(4) 동바리는 침하를 방지하고 각부가 움직이지 않도록 볼트나 클램프 등의 전용철물을 사용하여 견고하게 설치하여야 하며, 또한 동바리는 상부와 하부가 뒤집혀서 시공되지 않도록 한다.
(5) 강재와 강재와의 접속부 및 교차부는 볼트, 클램프 등의 철물로 정확하게 연결한다.
(6) 특수한 경우를 제외하고 강관 동바리는 2개 이상을 연결하여 사용하지 말아야 하며, 높이가 3.5m 이상인 경우에는 높이 2m 이내마다 수평연결재를 2개 방향으로 설치하고 수평연결재의 변위가 일어나지 않도록 이음 부분은 견고하게 연결한다.
(7) 동바리 하부의 받침판 또는 받침목은 2단 이상 삽입하지 않도록 하고, 작업원의 보행에 지장이 없어야 하며, 이탈되지 않도록 고정시킨다.
(8) 강관 동바리 설치높이가 4.0m를 초과하거나 슬래브 두께가 1m를 초과하는 경우에는 하중을 안전하게 지지할 수 있는 구조의 시스템 동바리로 사용한다.
(9) 강관 동바리 높이 조절용 핀은 지름 12mm 이상, 재질 SM45C 이상의 전용핀을 사용하고 철근이나 기타 철물의 사용을 금하며, 암나사는 유격이 없어 흔들리지 않는 암나사를 사용한다.
(10) 거푸집 동바리를 설치한 후에는 조립상태에 대하여 현장 책임기술자가 점검기준에 따라 확인점검을 실시하고 이상이 없는 경우에 한하여 콘크리트를 타설한다.
(11) 콘크리트 타설작업 중에는 거푸집 동바리의 변형, 변위, 파손 유무 등을 감시할 수 있는 감시자를 배치하여 이상을 발견한 때에는 즉시 작업을 중지하고 근로자를 대피시켜야 한다.

SECTION

16

[철근거푸집공사]
철근 이음방법의 종류 및 시공 시 유의사항

AI가 알려주는 Basic Concept & 핵심 Keyword

Basic Concept

1. 철근 이음의 명칭과 분류방법은 책에 따라 약간씩 상이하다. 그러나 큰 틀에서는 겹침이음, 가스압접이음, 용접이음, 기계적 이음 등으로 나눌 수 있다. 기계적 이음은 표준시방서상 '나사를 가지는 슬리브 또는 커플러, 에폭시나 모르타르 또는 용융 금속 등을 충전한 슬리브, 클립이나 편체 등의 보조장치 등을 이용한 이음'이라고 정의된다. 따라서 공장에서 만들어진 철물을 이용한 모든 방식이 넓은 의미에서 기계적 이음에 포함된다.
2. 이러한 분류는 문제유형에 따라 뭉쳐서 쓰기도 하고, 작성 페이지를 늘리기 위해 각각 따로 분류해서 작성하기도 한다. 표준시방서상에서도 슬리브 이음이 기계적 이음에 포함되었다가 다시 분리되어 설명되기도 하니, 정답은 없다고 봐도 무방하다. 각각의 이음방법은 다음과 같이 비유될 수 있다.
   ① 겹침이음 : 아이 2명의 악수(악수길이가 짧으면 손이 떨어짐 → 겹침길이 준수)
   ② 용접/가스압접 이음 : 어른 2명의 악수+뜨거운 접착제(손 오염 · 온도 부족 시 결함 → 표면 청소, 온도 준수)
   ③ 슬리브 충전이음 : 부러진 뼈를 깁스로 고정(뼈와 깁스 사이 틈새 없음 → 그라우트 충전 상태 확인)
   ④ 나사이음 : 병뚜껑을 돌려 닫아 고정(뚜껑을 덜 돌리면 샘 → 토크 렌치로 규정 토크값 조임)
   ⑤ 슬리브 압착이음 : 지우개연필의 철밴딩(철밴딩의 홈이 깊음 → 연필과 지우개가 철밴딩에 고정)

생성형 AI의 핵심 Keyword Top 20

1. 겹침이음 : 2개의 철근을 일정 길이 겹쳐서 결합하는 방법
2. `유의사항` 겹침 길이(40~60배 철근 직경) 준수, 동일 단면 내 이음 위치 지그재그 배치
3. 용접이음 : 금속의 야금적 성질을 이용한 이음
4. `유의사항` 용접 전 철근 표면 청결 처리(녹, 기름 제거), 용접 후 균열, 기공 검사 및 비파괴검사(UT/RT)
5. 기계적 이음 : 커플러 정렬오차 ±1mm 이내 유지, 토크 렌치로 규정 토크값 적용 후 풀림 검사
6. 기계적 이음 방식 : 편체식, 나사식, 압착식, 그라우팅식
7. 기계적 이음부 부식 방지 : 이음부위 보호용 캡 설치
8. 가스압접이음 : 가스 토치를 사용하여 철근 끝단을 가열한 후 압력을 가해 일체화
9. `유의사항` 가열 온도(1,200~1,300℃) 및 압력 정밀 관리, 접합부 단면 감소 없도록 품질 확인
10. 슬리브 압착공법 : 슬리브 내부에 철근을 삽입한 후 유압잭으로 압착하여 일체화시키는 공법
11. `유의사항` 편심오차 ±1mm 이내 유지, 슬리브 규격 및 재질 검증, 균등한 압착력 분배
12. 나사 이음 : 철근 끝단에 나사산을 가공하고 강재 커플러로 연결하는 기계적 이음 방법
13. `유의사항` 철근 직경과 강도(SD400/500)에 맞는 KS 인증, 철근과 커플러의 축 편심 1mm 이하
14. 슬리브 충전공법 : 철근 이음부를 강재 슬리브로 연결, 내부에 에폭시수지, 시멘트계 그라우트 주입
15. `유의사항` 재료의 수화 반응 시간 및 배합 비율 엄격 준수, 그라우트의 유동성 확보
16. Cad Welding : 화학적 반응(발열 용접)을 이용하여 철근을 접합하는 방법
17. `유의사항` 제조사 규정량의 Cadweld 분말 투입(과다 · 부족 시 결함 발생), 점화용 특수 성냥 · 기화기 사용
18. 이음부 표면의 녹, 기름, 먼지 완전 제거(샌딩 · 브러싱)
19. 고응력 구간(플라스틱 힌지 구역) 이음 제한
20. 비파괴검사(UT/RT) 또는 풀아웃 테스트로 접합부 결함 확인

 추출된 Keyword 중 거짓 정보는 과감히 버리고, 차별화 아이템을 선별하여 답안에 적용하자.

고득점 합격을 위한 실전연습 & One Point Lesson

03 초안작성

| 1. 개요 | 2. 철근 이음방법의 종류 및 시공 시 유의사항 |

04 How to Write

1. 개요
2. 철근 이음방법의 종류 및 시공 시 유의사항
   1) 겹침이음 : 철근이음할 1개소에 두 군데 이상 결속선으로 결속하는 이음
      ① 1개소에 2곳 이상 결속, 철근의 지름이 다를 경우 가는 철근 기준
      ② 이음부는 한 곳에 집중하지 않고 분산(엇갈리게 배치)
   2) 용접이음 : 금속의 야금적 성질을 이용한 이음(고열에 의해 융합)
      ① 용접 전 철근 표면 청결 처리(녹, 기름 제거)
      ② 용접 후 균열, 기공 검사 및 비파괴검사(UT/RT) 실시
   3) 가스압접 : 철근의 접합면을 맞대고 압력을 가하면서 중성염으로 두 부재를 부풀어 오르게 하여 접합
      ① 철근 지름의 차이가 6mm 이하인 경우 시공
      ② 압접 불꽃이 접합부위를 완전히 감싸게 함(20mm 이하의 거리 유지)
      ③ 압접돌출부 : 직경은 철근 직경의 1.4배 이상, 길이는 철근 직경의 1.2배 이상
   4) 슬리브 압착(Sleeve Joint) : 접합할 부재를 슬리브 속에 넣고, 유압잭으로 압착
      ① 장비가 대형으로 현장시공 시 유의
      ② 3개소를 1조로 검사하며 1개 불량 시 재검사, 인장강도시험 실시
   5) 슬리브 충전 : 슬리브 구멍을 통하여 에폭시나 모르타르 등의 그라우트재를 주입하여 이음
      ① Grouting 후 Sleeve 내부의 충진 여부 확인(빈 공간이 있을 경우 재충전)
      ② 수화 반응 시간 및 배합 비율 준수, 유동성 확보 → 인장시험 실시
   6) 나사이음 : 철근에 수나사를 만들고 Coupler 양단을 Nut로 조여 이음
      ① 나선이 Coupler에 잘 물리도록 유의
      ② 조임은 유압 Torque Wrench를 사용(규정 Torque값이 나올 때까지 조임)
   7) Cad Welding : 철근에 슬리브를 끼우고 화약과 합금의 혼합물을 넣고 순간폭발로 녹은 합금이 공간 충전
      ① 화약을 사용하므로 화재 발생에 유의
      ② D35 이상의 철근 이음에 유효, 철근의 규격이 다를 경우는 곤란
   8) G-loc Splice : 깔대기 모양의 G-loc Sleeve를 철근 사이에 끼우고, G-loc Wedge를 망치로 쳐서 이음
      ① 수직 철근 전용으로 사용   ② 철근 단부의 연마작업 선행

05 합격자의 One Point Lesson

1. 답안의 작성방법은 2가지이다. ① 철근 이음방법의 종류와 정의를 먼저 나열하고, 공통의 유의사항을 작성하는 방법과 ② 종류와 정의, 종류별 유의사항을 1Set로 설명하는 방법이다.
2. 정답은 없으나 이 문제의 경우 ②로 작성하는 것이 수월하다. 서로 다른 성격의 이음방법이므로 각각의 유의사항이 서로 겹치지 않고, 오히려 성격이 다르기 때문에 공통된 유의사항을 뽑아내기가 쉽지 않기 때문이다. 만약 종류는 아는데 유의사항을 모른다면 당황하지 말고 공통 아이템 위주로 작성한다.
   ① 이음부위의 녹, 이물질 제거 ② 육안검사, 비파괴검사, 인장시험 실시 ③ 제조사 특기시방서 준수

답안을 입체화하는 핵심그림 & 다이어그램

겹침이음 - 엇갈리게 시공	용접이음
0.5*l* 또는 1.5*l* 이상 빗나가게 이음	용착금속 / 융합부 / 열영향부 / 모재A / 모재B

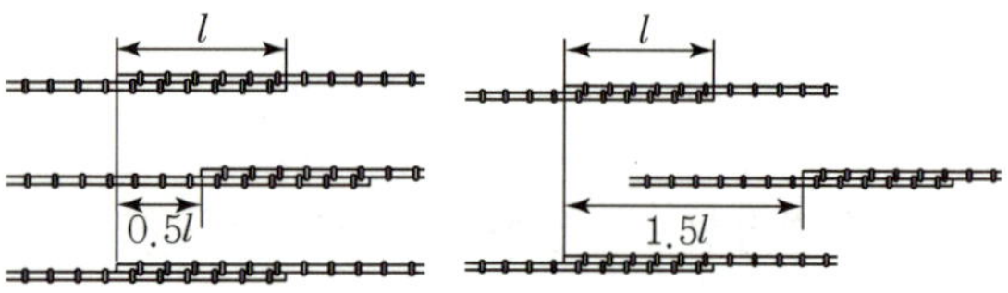

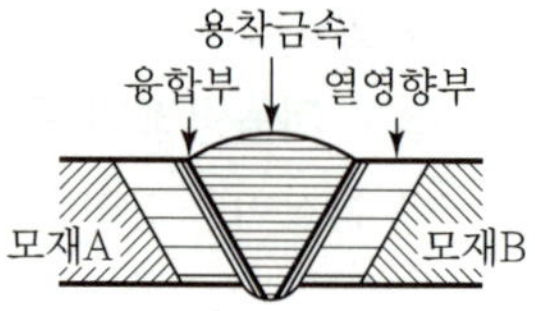

가스압접이음	가스압접이음 기준
1,200~1,300℃ / 30MPa 가압 / 화구(火口) 8개	1.2φ 이상, 1.4φ 이상 / 1/5φ 이하 / 1/4φ 이하 / 부푼 곳의 정상부 / 압접면

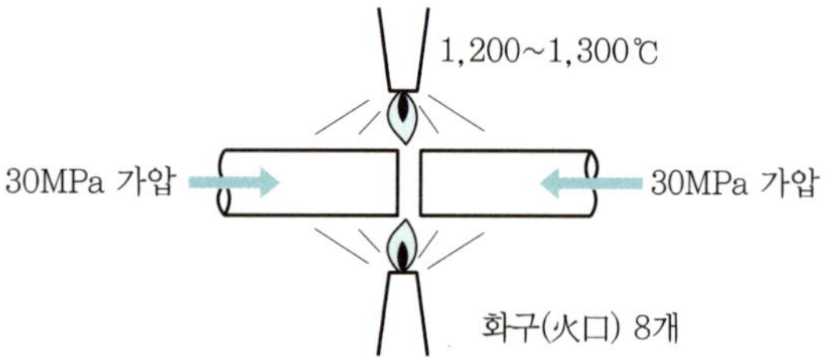

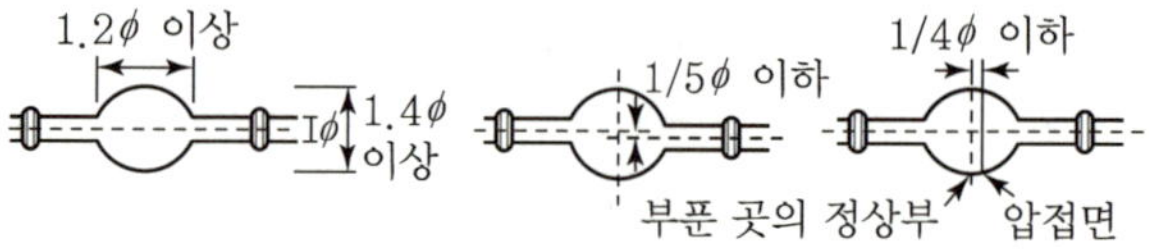

슬리브 충전 공법	나사이음
그라우트 구멍 / 철근 / 에폭시 수지	철근 / 커플러(Coupler) / 너트(Nut)

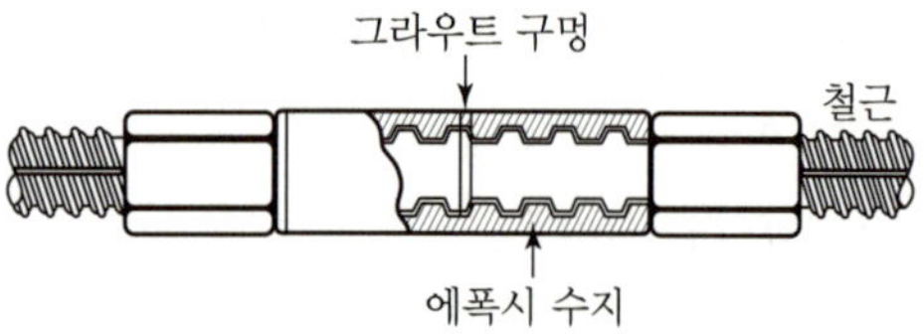

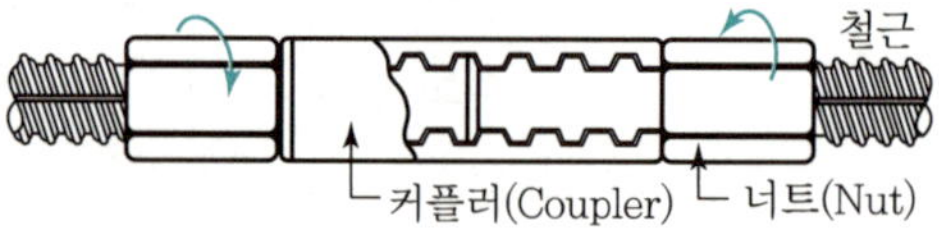

슬리브 압착	Cad Welding
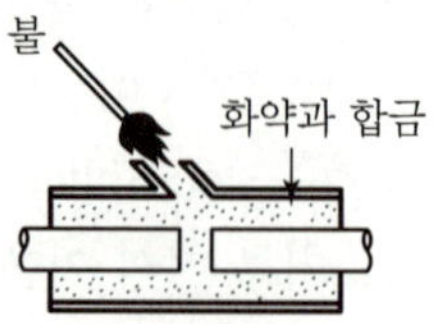	불 / 화약과 합금

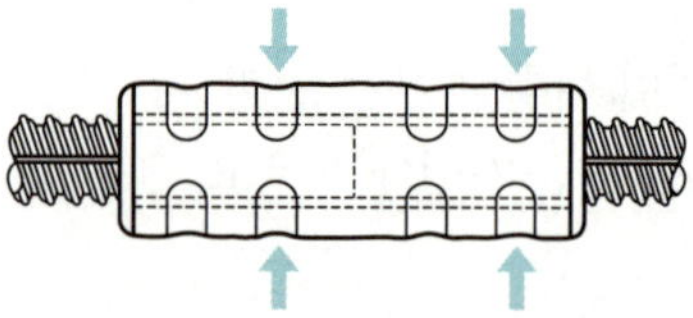

기계적이음 정의(표준시방서 KCS 14 20 11/1.3항)

1.3 용어의 정의
- 가스 압접 이음(gas press welding) : 철근의 단면을 산소 - 아세틸렌 불꽃 등을 사용하여 가열하고 기계적 압력을 가하여 용접한 맞댐이음
- 기계적이음(mechanical splice) : 나사를 가지는 슬리브 또는 커플러, 에폭시나 모르타르 또는 용융 금속 등을 충전한 슬리브, 클립이나 편체 등의 보조장치 등을 이용한 이음으로 1등급(잔류변형량 0.3mm 이하)과 2등급(잔류변형량 0.3mm 초과 0.6mm 이하), 3등급(잔류변형량 0.6mm 초과 1.0mm 이하)으로 구분함

SECTION 17

[철근거푸집공사]
거푸집에 작용하는 각종 하중으로 인한 사고유형 및 대책

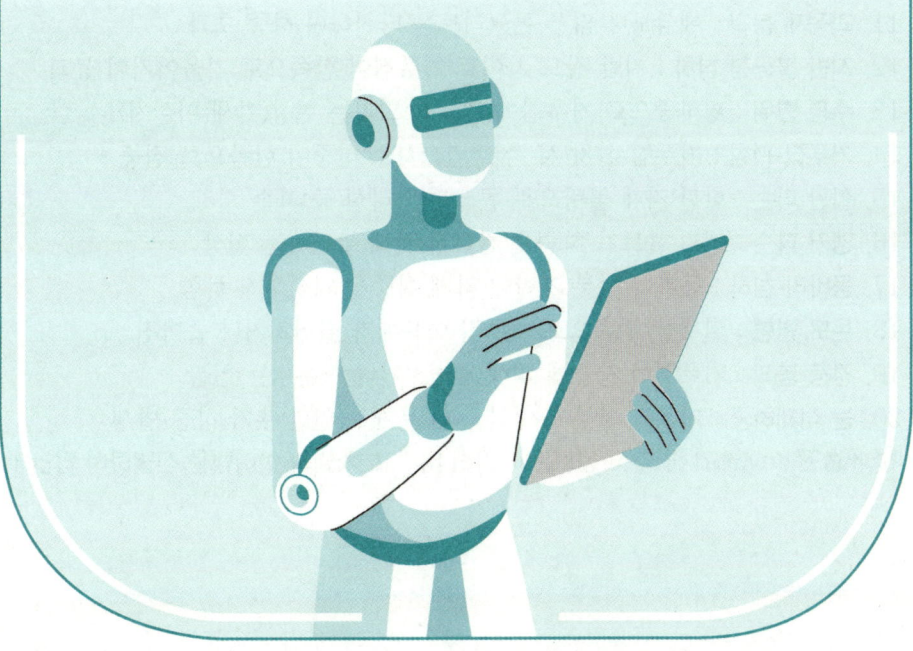

AI가 알려주는 Basic Concept & 핵심 Keyword

01
Basic Concept

1. 거푸집 설계 시 적용하는 설계하중은 설계기준(KDS)에 따라 '연직하중, 수평하중, 측압, 풍하중, 특수하중'이 있다. 이는 앞선 문제 '거푸집 처짐과 침하에 따른 조치사항'에서 검토순서로 언급한 '연직하중, 수평하중, 작업여건, 외부환경'과 매우 유사해 보인다. 실제로 그 내용을 자세히 비교해 보면 같은 내용이다. 즉, 연직하중, 수평하중, 작업여건, 외부환경 순으로 생각하며 작성하면 중요한 아이템의 누락 없이 충분히 합격 가능하다.
2. 사고유형을 작성할 때에는 같은 문제라도 기술사 종목에 따라 답안 작성이 달라진다. 따라서 다른 종목의 답안을 참조해서 서브노트를 작성하게 되면, 오히려 불합격 점수를 받는 경우가 빈번하다.
   ① 안전기술사 : 추락, 낙하, 비래와 같이 사람이 죽거나 다치는 사고유형 우선
   ② 시공기술사 : 붕괴, 전도, 침하, 변형과 같이 콘크리트의 품질 저하를 초래하는 사고유형 우선
3. 답안 작성은 거푸집에 작용하는 하중이 무엇인지 언급하고, 이로 인한 사고유형과 사고를 방지하기 위한 대책 순으로 작성해 보자.

02
생성형 AI의 핵심 Keyword Top 20

1. 사고유형 거푸집 붕괴 : 수직 하중 초과로 거푸집이 무너지는 현상(지지대 강도 부족, 간격 과대)
2. 지지대 침하 : 지반 약화 또는 다짐 미흡으로 지지대가 가라앉는 현상
3. 거푸집 휨 : 거푸집 합판이 하중을 견디지 못해 휘어지는 현상(강성 부족)
4. 측면 거푸집 변형 : 콘크리트 측압으로 거푸집 측면에 변형 발생(지지대 미설치)
5. 콘크리트 누수 : 거푸집 이음매 불량으로 콘크리트가 새어나오는 현상
6. 거푸집 전도 : 횡하중(바람, 충격)으로 거푸집이 넘어지는 현상
7. 철근 노출 : 거푸집 변형으로 콘크리트 피복두께 부족, 철근 노출
8. 원인 강관 지지대 좌굴 : 지지대가 세장비 과다로 휘어지며 붕괴
9. 이음부 풀림 : 체결 볼트나 클램프가 하중으로 인해 풀리는 현상
10. 진동 이완 : 주변 장비 진동으로 거푸집 체결부가 느슨해지는 현상
11. 과적재 붕괴 : 예상보다 많은 콘크리트를 타설하여 하중 초과
12. 지반 불균형 침하 : 지반 강도 차이로 거푸집이 한쪽으로 기울어지며 붕괴
13. 수평 변위 : 횡하중으로 거푸집이 옆으로 밀리는 현상(가새 미설치)
14. 거푸집 편심 : 거푸집 설치 시 축 정렬오차로 하중이 한쪽으로 집중
15. 합판 파손 : 합판 자재 불량으로 콘크리트 타설 중 파손
16. 앵커 파손 : 앵커 볼트가 하중을 견디지 못해 부러지는 현상
17. 동바리 침하 : 동바리 하부 지반이 약해 하중을 지지하지 못함
18. 온도 변형 : 열팽창/수축으로 거푸집 이음매가 벌어지거나 좁아짐
19. 강풍 붕괴 : 거푸집이 강풍에 의해 넘어지거나 파손되는 현상
20. 눈 적재하중 : 거푸집 상부에 쌓인 눈의 무게로 인한 추가 하중 발생

👉 추출된 Keyword 중 거짓 정보는 과감히 버리고, 차별화 아이템을 선별하여 답안에 적용하자.

고득점 합격을 위한 실전연습 & One Point Lesson

03
초안작성

1. 개요
2. 거푸집에 작용하는 하중
3. 거푸집에 작용하는 하중으로 인한 사고유형
4. 방지대책

04
How to Write

1. 개요

2. 거푸집에 작용하는 하중
1) 연직하중 : 고정하중 및 공사 중 발생하는 작업하중
2) 수평하중 : 타설 시의 충격 또는 시공오차 등에 의한 수평하중
3) 콘크리트 측압 : 재료, 배합, 타설속도, 높이, 다짐방법, 온도, 혼화제, 단면치수 영향
4) 풍하중 : 재현기간에 따른 중요도계수 산정
5) 특수하중 : 비대칭 타설 시 편심하중, 내부 매설물 양압력, 포스트텐션 시에 전달되는 하중, 장비하중

3. 거푸집에 작용하는 하중으로 인한 사고유형
1) 거푸집 붕괴 : 동바리 강도 부족, 간격 과대 → 수직 하중 초과
2) 거푸집 파손, 변형 : 거푸집 강성 부족 → 거푸집 합판 휨변형 → 콘크리트 유출
3) 거푸집 측면 배부름 : 콘크리트 측압 과다(타설속도·높이·단면크기 큼), 지지대 설치 부족
4) 동바리의 변형 : 과하중, 설치수량 부족, 수평연결재 미설치, 지반침하 → 동바리 좌굴
5) 거푸집 전도 : 횡하중(바람, 충격) → 측면 전도

4. 방지대책
1) 거푸집 설계 검증 : 거푸집 하중(수직, 측압, 풍하중) 검토, 설계 안전성 확보
2) 설계하중 초과 금지 : 타설장비의 종류·설치 위치 임의 변경 금지, 기상이변 추가 검토(태풍, 폭설)
3) 타설계획 수립 및 준수 : 측압(Con'c Head) 고려, 타설순서 준수, 대형부재 분할타설
4) 거푸집 보강 : 합판의 두께 증대(15T → 18T), 재질 변경(합판 → AL, STEEL)
5) 지지대의 보강 : 취약부위의 장선·멍에·동바리 간격 축소
6) 타설기준 준수 : 타설속도, 타설높이, 다짐시간 및 간격
7) 콘크리트 배합 조정 : 과도한 슬럼프 지양, 받아들이기 시험 실시
8) 타설전 도면과 일치 여부 확인, 타설 중 거푸집 변형 여부 감시
9) 수평연결재, 가새 보강 설치, 동바리 전용핀 사용(철근 사용 금지)
10) 동바리 하부 침하 방지 조치(깔목, 깔판, 콘크리트 타설)

05
합격자의 One Point Lesson

1. 대책을 작성하는 문제에 대해서는 시공적인 방지대책을 위주로 작성하되, 가장 앞쪽에 '설계 오류 여부 검토'도 간략히 언급해 줌으로써 답안을 풍부하게 할 수 있다.
2. 특히 구조 설계 시 하중 조건이 잘못 산정되는 경우가 있으며, 실제 현장여건과 불일치하는 경우도 있다. 예를 들어 당초 설계와 달리 프로젝트 진행과정에서 설계가 변경되는 경우가 있는데, 변경된 내용이 구조도서에는 제대로 반영되지 않는 경우도 있다.
3. 건설기술진흥법 시행규칙 제41조(설계도서의 검토 등)에는 건설사업자 또는 주택건설등록업자가 ① 설계도서의 내용이 현장 조건과 일치하는지 여부, ② 설계도서대로 시공할 수 있는지 여부를 검토하도록 법률로 규정하고 있기 때문에 '설계 오류 여부 검토'를 꼭 답안에 작성하자.

답안을 입체화하는 핵심그림 & 다이어그램

거푸집 공사의 안정성 검토

구분	하중 분류	하중 작용 부분
수직하중	고정하중 작업하중	Slab, 보 등의 수평부재
수평하중	풍압	외부 거푸집(도심지역, 고층 시공 시)
	유수압	유속이 빠른 수중거푸집
	작업하중	거푸집 경사면, 동바리 측면
콘크리트 측압		벽, 기둥 등 수직부재
기타 하중	편심하중	비대칭 부위
	수평분력	계단 등 경사거푸집

거푸집 붕괴 모식도

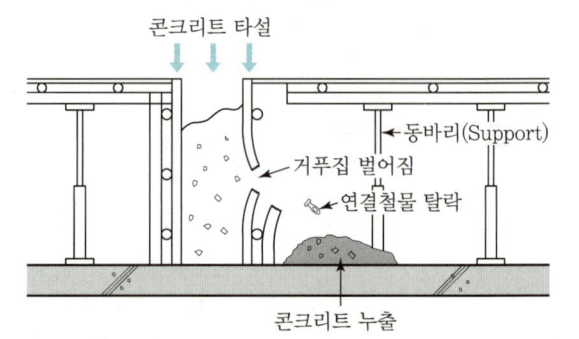

동바리의 변형

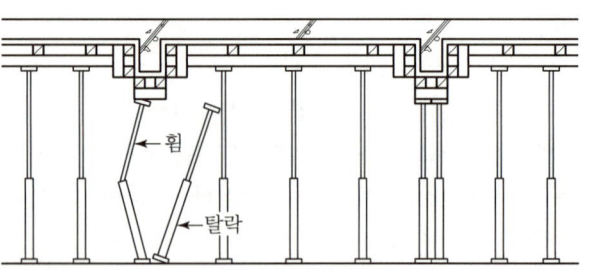

거푸집 붕괴

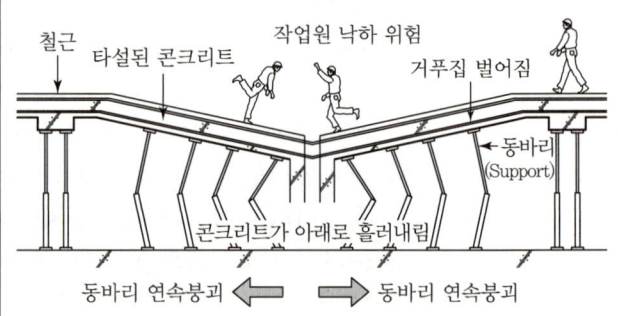

콘크리트 측압 검토

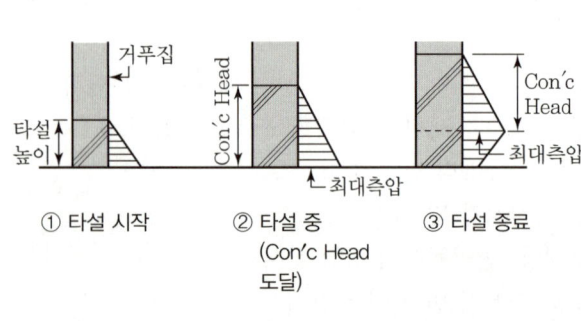

거푸집 구조 검토

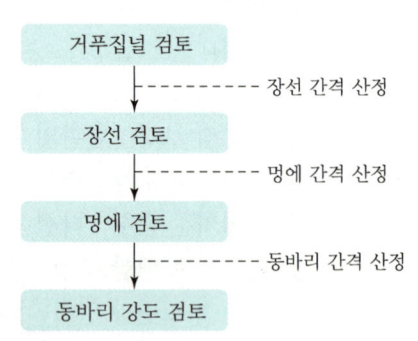

거푸집 동바리 설계하중(설계기준 KDS 21 50 00/1.6항)

1.6.1 일반사항
(1) 거푸집 및 동바리는 콘크리트 시공 시에 작용하는 연직하중, 수평하중, 콘크리트 측압 및 풍하중, 편심하중 등에 대해 그 안전성을 검토하여야 한다.

1.6.2 연직하중
(1) 거푸집 및 동바리 설계에 사용하는 연직하중은 고정하중(D) 및 공사 중 발생하는 작업하중(Li)으로 다음 항의 값을 적용한다.
(2) 고정하중은 철근 콘크리트와 거푸집의 무게를 합한 하중이며, 콘크리트의 단위중량은 철근의 중량을 포함하여 보통 콘크리트 $24kN/m^3$, 제1종 경량 콘크리트 $20kN/m^3$, 그리고 제2종 경량 콘크리트 $17kN/m^3$를 적용한다. 거푸집의 무게는 최소 $0.4kN/m^2$ 이상을 적용하여야 한다. 다만, 특수 거푸집의 경우에는 그 실제 거푸집 및 철근의 무게를 적용하여야 한다.
(3) 작업하중은 작업원, 경량의 장비하중, 충격하중, 기타 콘크리트 타설에 필요한 자재 및 공구 등의 하중을 포함한다. 작업하중은 콘크리트 타설 높이가 0.5m 미만일 경우에는 구조물의 수평투영면적당 최소 $2.5kN/m^2$ 이상으로 설계하며, 콘크리트 타설 높이가 0.5m 이상 1.0m 미만일 경우에는 $3.5kN/m^2$, 1.0m 이상인 경우에는 $5.0kN/m^2$를 적용한다.

SECTION 18

[일반콘크리트]
콘크리트 압축강도시험의 횟수, 시험채취법, 합격판정기준

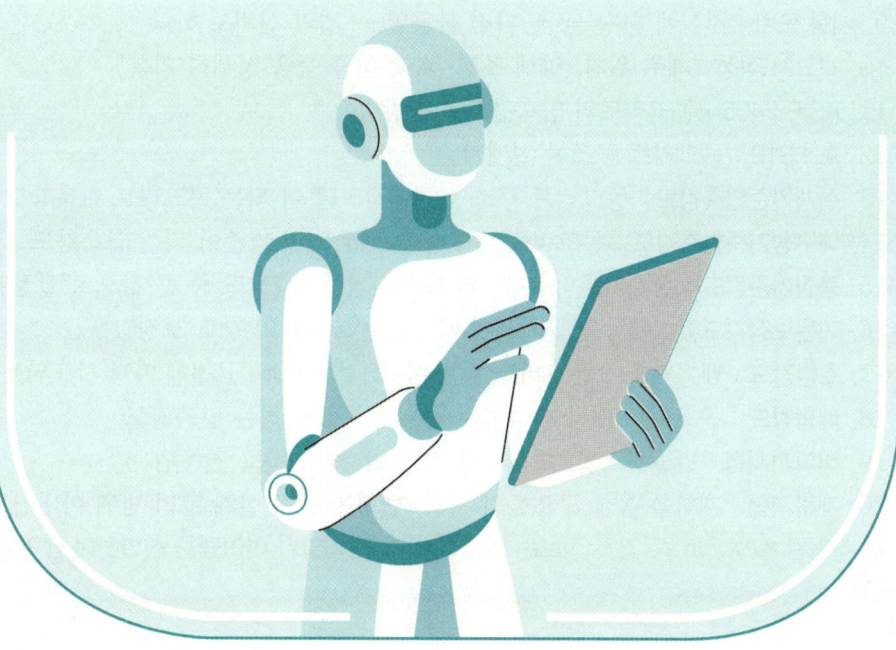

AI가 알려주는 Basic Concept & 핵심 Keyword

Basic Concept

1. 콘크리트의 압축강도는 구조체의 가장 중요한 요소이다. 일부 현장에서는 얼마나 빨리 다음 층을 타설하느냐가 능력의 평가기준이 되지만, 강도 확보가 되지 않은 상태에서의 조기탈형은 콘크리트의 품질 및 내구성 저하를 가져오며, 갱폼낙하 등의 안전사고 위험도 증대된다. 이것이 거푸집 존치기간, 표준습윤양생기간 등이 기술사 빈출문제로 나오는 이유이다.

2. 그러나 압축강도가 중요하다는 걸 알면서도 간과하던 것이 있었다. 압축강도시험 시 사용하는 공시체가 실제 구조물이 양생되는 조건과 상당히 다를 수 있다는 점이다. 아래의 2가지 상황을 가정하자.
   ① 따뜻한 수조 안에 고이 모셔둔 공시체
   ② 동절기에 열풍기는 연료가 떨어지고, 보양천막이 펄럭이는 최악의 관리상태인 구조체

3. 동절기에는 구조체의 강도저하 우려가 매우 커서 필요로 하는 강도보다 더 큰 강도의 레미콘으로 타설을 한다. 이것이 '온도보정강도'이다. 그리고 공시체를 2가지(수조 안 표준양생공시체/구조물 옆 현장양생공시체)로 만든다. 만약 표준양생공시체의 강도가 불합격이라면 레미콘 제조에 문제가 있을 가능성이 크고, 현장양생공시체만 불합격이라면 시공 및 양생관리 부족 가능성이 크다.

생성형 AI의 핵심 Keyword Top 20

1. 시험횟수 : 같은 배치의 콘크리트에서 1회당 3개의 시험체를 채취하여 평균값으로 평가
2. 평균값 적용 : 연속된 3회 시험결과를 종합적으로 검토
3. 채취 시기 : 타설 직후 즉시 채취(최대 15분 이내, 콘크리트 초경 상태)
4. 채취 방법 : 원통형 몰드(ϕ150mm×H300mm)에 콘크리트를 3층 충전, 각 층마다 25회 다짐
5. 공시체 제작 : 몰드 내 콘크리트 표면을 평탄하게 마무리
6. 표준 양생 : (20±2)℃, 습도 95% 이상에서 28일 양생
7. 현장 양생 : 현장 조건과 동일한 환경에서 양생(현장 품질 검증용)
8. 양생 관리 : 양생 온도·습도 미준수 시 강도 저하 가능성 증가
9. 시험 오차 : 시험체 치수 불량, 다짐 불균일 → 결과 신뢰도 하락
10. 보고서 작성 : 채취 위치, 양생 조건, 파괴 하중 등을 상세히 기록
11. KS F 2405 : 콘크리트의 압축강도 시험방법
12. ACI 318 : 콘크리트 구조물 설계기준
13. 설계기준압축강도 : 콘크리트 구조 설계에서 기준이 되는 콘크리트 압축강도
14. 내구성기준압축강도 : 콘크리트 내구성 설계에 있어 기준이 되는 압축강도
15. 품질기준강도 : 설계기준압축강도와 내구성기준압축강도 중 큰 값으로 결정된 강도
16. 기온보정강도값 : 예상 평균기온에 따르는 콘크리트의 강도 보정값
17. 호칭강도 : 레디믹스트 콘크리트 주문 시 KS F 4009의 규정에 따라 사용되는 콘크리트 강도
18. 배합강도 : 콘크리트 배합을 정하는 경우에 목표로 하는 압축강도
19. 비파괴시험 : 반발경도법, 초음파법, 인발법, 방사선법, 진동법
20. 재하시험 : 재하를 통한 구조물의 처짐, 변형률 등이 설계 고려 범위 이내인지를 확인

추출된 Keyword 중 거짓 정보는 과감히 버리고, 차별화 아이템을 선별하여 답안에 적용하자.

고득점 합격을 위한 실전연습 & One Point Lesson

03 초안작성

| 1. 개요 | 3. 시험채취법 | 5. 불합격 시 조치 |
| 2. 압축강도 시험횟수 | 4. 합격판정기준 | |

04 How to Write

1. 개요 : 설계기준강도 이상 확보를 위해 품질 및 시공관리 필요
2. 압축강도 시험횟수
   1) Concrete 타설량 120m³마다 1회 시험(120m³ 이하 시 최소 1회)
   2) 배합 변경 시마다, 1일 최소 1회
3. 시험채취법
   1) 고속교반 후 레미콘 차량의 중간부 콘크리트를 채취
   2) 28일 강도용 공시체는 콘크리트 배출량의 1/4, 2/4, 3/4 배출시점에서 채취(7일 강도용 : 1/2 시점)
   3) 28일 강도용 공시체는 3개조 9개(1개조는 3개) 제작(7일 강도용 : 1개조 3개 제작)
   4) 공시체의 탈형 후 현장 수중양생 실시[(20±2)℃]
   5) 1회 시험에 1개조(3개)의 공시체 시험, 공시체 3개의 평균값을 기준
4. 합격판정기준(압축강도에 의한 품질검사)
   1) $f_{cn} \leq 35$MPa인 경우
      연속 3회의 시험값의 평균이 호칭강도(f_{cn}) 이상 & 1회 시험값 $\geq f_{cn} - 3.5$
   2) $f_{cn} > 35$MPa인 경우
      연속 3회의 시험값의 평균이 호칭강도(f_{cn}) 이상 & 1회 시험값 $\geq f_{cn} \times 0.9$
   3) 현장양생공시체에 의한 품질검사 시 품질기준강도(f_{cq}) 기준으로 판단
5. 불합격 시 조치
   1) 관리재령의 연장
   2) 비파괴시험 실시
   3) 코어압축강도 시험
      ① 3개의 시험 Core를 채취하여 강도시험 실시
      ② 3개의 시험 평균강도가 품질기준강도의 85% 초과 & 공시체 각각의 강도가 75% 초과
         → 합격
   4) 재하시험에 의한 구조물 성능시험
   5) 구조물 보강 또는 재시공

05 합격자의 One Point Lesson

1. 철근콘크리트 구조에서 콘크리트의 강도는 매우 중요한 관리항목이다. 따라서 콘크리트 관련 문제가 나오면 시험항목 또는 합격판정기준을 간단히 언급해 줄 수 있도록 이번 문제에 대한 서브노트를 반드시 준비하자.
2. 합격판정기준은 크게 2가지로 분류된다. 따뜻한 수조 안에 고이 모셔둔 표준양생공시체와 추운 겨울의 현장양생공시체의 판정기준이 다르다. '핵심그림 & 다이어그램'의 표준시방서를 참조하여 꼭 표로 정리해두자.
   ① 표준양생공시체 → 평균이 호칭강도 이상
   ② 현장양생공시체 → 평균이 품질기준강도(f_{cq}) 이상
3. 시험기준은 계속적으로 강화되는 경향이 있으므로 과거의 책을 보고 그대로 쓴다면 엄청난 감점을 받을 수 있다. 특히 법이 개정되는 시기에는 반드시 1~2회차 내에 관련 문제가 출제된다는 것을 명심하자.

답안을 입체화하는 핵심그림 & 다이어그램

압축강도 시험순서

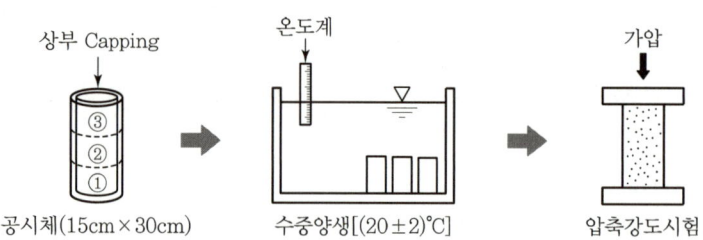

압축강도에 의한 콘크리트의 품질검사(표준시방서 KCS 14 20 10/3.5.3.2항)

[표 3.5-3 압축강도에 의한 콘크리트의 품질검사]

종류	항목	시험·검사 방법	시기 및 횟수	판정기준	
				$f_{cn} \leq 35MPa$	$f_{cn} > 35MPa$
호칭강도로부터 배합을 정한 경우	압축강도 (재령 28일의 표준양생공시체)	KS F 2405의 방법[1]	1회/일, 구조물의 중요도와 공사의 규모에 따라 120m³마다 1회, 또는 배합이 변경될 때마다	① 연속 3회 시험값의 평균이 호칭강도 이상 ② 1회 시험값이 (호칭강도 -3.5 MPa) 이상	① 연속 3회 시험값의 평균이 호칭강도 이상 ② 1회 시험값이 호칭강도의 90% 이상
그 밖의 경우				압축강도의 평균값이 품질기준강도[2] 이상일 것	

주 1) 1회의 시험값은 공시체 3개의 압축강도 시험값의 평균값임
2) 현장 배치플랜트를 구비하여 생산·시공하는 경우에는 설계기준압축강도와 내구성 설계에 따른 내구성기준압축강도 중에서 큰 값으로 결정된 품질기준강도를 기준으로 검사

현장양생공시체에 의한 콘크리트의 품질검사(표준시방서 KCS 14 20 10/3.5.5.6항)

[표 3.5-7 현장양생공시체에 의한 콘크리트의 품질검사]

종류	항목	시험·검사 방법	시기 및 횟수	판정기준	
				$f_{cq}[3] \leq 35MPa$	$f_{cq}[3] > 35MPa$
현장양생공시체의 품질검사	압축강도 (재령 28일의 현장양생공시체)	KS F 2405의 방법[1]	1회/일, 1회/층[2], 1회/타설구획[4], 배합이 변경될 때마다 또는 현장양생조건이 상이한 경우마다 1회	① 연속 3회 시험값의 평균이 품질기준강도(f_{cq}) 이상 ② 1회 시험값이 품질기준강도(f_{cq}) -3.5MPa 이상	① 연속 3회 시험값의 평균이 품질기준강도(f_{cq}) 이상 ② 1회 시험값이 품질기준강도(f_{cq})의 90% 이상

주 1) 1회의 시험값은 공시체 3개의 압축강도 시험값의 평균값
2) 층은 타설층 기준
3) 품질기준강도(f_{cq})는 콘크리트의 설계기준압축강도(f_{ck})와 내구성기준압축강도(f_{cd}) 중 큰 값으로 정함
4) 타설구획별로 타설량의 2/3 시점에서 실시하며, 레미콘 혼용타설 시 레미콘 공급업체별 1회 시험

SECTION 19

[일반콘크리트]
콘크리트 탄산화 Mechanism 및 방지대책

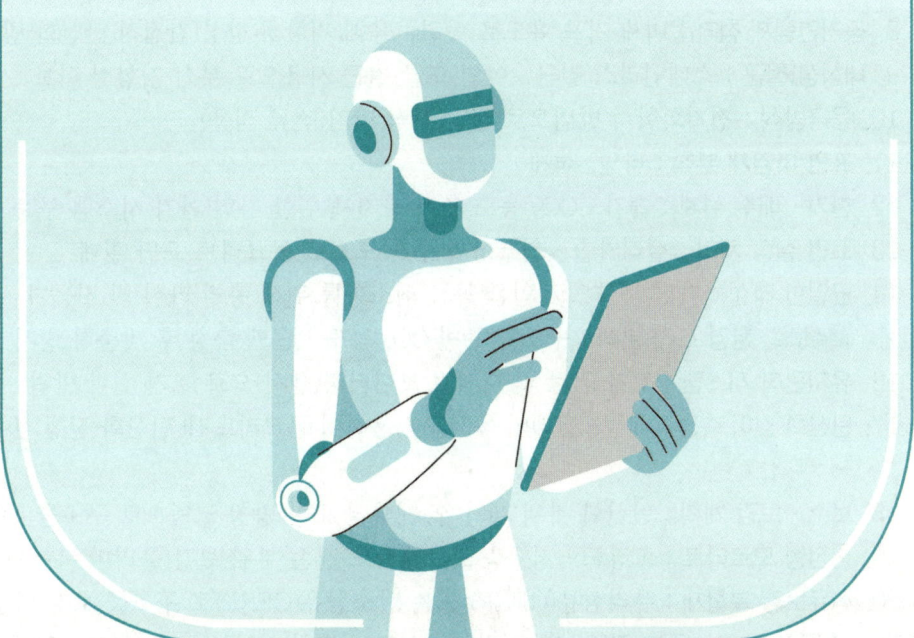

AI가 알려주는 Basic Concept & 핵심 Keyword

01 Basic Concept

1. 콘크리트 탄산화는 이산화탄소와의 접촉에 의한 화학적 변화 과정으로 자연적으로 복구가 불가하여 방지대책이 중요하다. 따라서 콘크리트 탄산화를 어떻게 방지하고, 지연시킬 수 있는지가 답안의 핵심이 된다.
2. 콘크리트의 강도에 '품질기준강도'라는 개념이 새롭게 도입되었다. 이는 설계기준압축강도뿐만 아니라 '내구성 확보를 위한 요구조건'을 고려해서 콘크리트 타설 강도를 더 높이라는 것이다. 여기서 내구성기준압축강도의 결정항목에 탄산화(EC)가 평가항목에 포함된다는 것을 주목해야 한다.
   ① EC1 : 건조하거나 수분으로부터 보호되는 또는 영구적으로 습윤한 콘크리트
      예 공기 중 습도가 낮은 건물 내부의 콘크리트, 물에 계속 침지되어 있는 콘크리트
   ② EC4 : 건습이 반복되는 콘크리트로 매우 높은 탄산화 위험에 노출되는 경우
      예 비를 맞는 콘크리트 외벽, 난간 등
3. 즉, 아주 건조하거나 물에 잠겨 있으면 안전하고, 건물의 외벽처럼 건조와 습윤 상태가 반복되는 경우 가장 위험하다. 따라서 방지대책에 건물의 외벽에 물의 침투 및 접촉을 막는 방안이 포함되지 않는다면 고득점을 얻을 수 없다.

02 생성형 AI의 핵심 Keyword Top 20

1. 방지대책 고성능 콘크리트 : 수밀성과 내구성이 우수, 탄산화 저항성 향상(실리카퓸, 고로슬래그 첨가)
2. 피복두께 확보 : 철근 피복두께를 설계기준 이상으로 증가시켜 CO_2 침투시간 지연
3. 물결합재비(W/B) 저감 : 물결합재비를 낮춰 콘크리트의 공극률 감소
4. 적절한 양생 관리 : 습윤 양생을 통해 수화 반응 촉진 및 균열 방지(7일 이상 표준 양생)
5. 방수 코팅 : 에폭시·실리콘 코팅으로 콘크리트 표면의 CO_2·수분 침투 차단
6. 실리카퓸 첨가 : 미립자 혼화재로 공극을 채워 수밀성 증가(시멘트 중량의 5~10% 첨가)
7. 균열 방지 : 수축 균열 방지를 위해 신축 이음 설치 또는 섬유보강 콘크리트 적용
8. 공기연행제 첨가 : 미세 기포 유도로 동결·융해 저항성 향상(간접적 탄산화 방지)
9. 내식성 철근 : 스테인리스 철근·아연 도금 철근 사용으로 부식 저항성 확보
10. 음극방식 : 전기화학적 방법으로 철근 부식 방지(전류 적용)
11. 표면 마감재 부착 : 타일, 석재
12. 환기·배수 설계 : 습기·CO_2 농도 축적 방지를 위한 자연 환기 시스템 구축
13. 표면 실링 처리 : 실리카졸·침투성 방수재 도포로 콘크리트 표면 밀폐
14. 균일한 타설 : 다짐 불량으로 인한 공극 최소화를 위해 층별 타설 및 진동기 사용
15. 보수보강 환경 조건 분석 : 구조물 주변 CO_2 농도·습도 측정 후 맞춤형 방지 대책 수립
16. 유지관리 시스템 : 정기 점검 및 디지털 모니터링(센서)으로 조기 결함 발견
17. 탄산화 깊이 측정 : 페놀프탈레인 용액을 사용하여 콘크리트 내 탄산화 진행 깊이 측정(붉은색 → 무색)
18. 보수·보강 계획 : 탄산화 부위 제거 후 재타설 또는 방청 코팅으로 구조물 수명 연장
19. 충전형 모르타르 : 고강도·저수축 모르타르로 결손 부위 보강(폴리머 복합재 활용)
20. 섬유보강 복합재 : 유리섬유(GFRP) 또는 탄소섬유(CFRP)로 구조물 보강(인장강도 향상)

 추출된 Keyword 중 거짓 정보는 과감히 버리고, 차별화 아이템을 선별하여 답안에 적용하자.

고득점 합격을 위한 실전연습 & One Point Lesson

03 초안작성

| 1. 정의 | 3. 문제점 | 5. 보수보강 방안 |
| 2. Mechanism | 4. 방지대책 | |

04 How to Write

1. 정의
1) 콘크리트 내부의 수산화칼슘[$Ca(OH)_2$]이 공기 중 이산화탄소(CO_2)와 반응
2) 탄산칼슘($CaCO_3$)으로 변하는 화학적 과정으로 콘크리트가 알칼리성을 상실

2. Mechanism
1) $Ca(OH)_2 + CO_2 \rightarrow CaCO_3 + H_2O$
2) 구조체 균열 → CO_2 침투 → 수산화칼슘과 반응 → PH 저하(12.5~13 → 8~9) → 철근 부동태막 파괴 → 철근의 부식 촉진 → 균열 확대 → 탄산화 가속 → 강도·내구성 저하

3. 문제점
1) 철근 부식 및 구조적 결함
2) 내구성 및 수명 단축
3) 보수비용의 증가
4) 균열로 인한 단열방음 성능 감소

4. 방지대책
1) 고성능 콘크리트 사용(수밀성, 내구성 증대)
2) 피복두께 및 부재단면 증대(CO_2 침투 시간 지연)
3) 물결합재비 저감(공극률 감소)
4) 타설 시 층별 진동 다짐 실시(공극 최소화)
5) 타일, 석재 마감(CO_2·수분 침투 차단)
6) 표면 방수 코팅(에폭시·실리콘 코팅, 발수도장)
7) 섬유보강콘크리트(균열 방지)
8) 신축이음 설치, 콜드조인트 표면 방수 처리
9) 내식성 철근 사용(스테인리스 철근·아연 도금 철근 사용 → 부식 저항성 확보)
10) 공기연행제 첨가(동결융해 저항성 향상 → 간접적 탄산화 방지)

5. 보수보강 방안
1) 탄산화 검사방법 : 페놀프탈레인 용액을 콘크리트에 분사(무색 → 탄산화 진행)
2) 균열보수(CO_2 침투 차단)
3) 고강도·저수축 모르타르 박리부위 보강
4) 섬유 보강 복합재 유리섬유(GFRP) 또는 탄소섬유(CFRP)로 구조물 보강(인장강도 향상)
5) 구조체 벽면 마감재 추가 시공(직접적 물과 CO_2 접촉 방지)

05 합격자의 One Point Lesson

1. '방지대책'만 묻는 문제에 방지대책만 작성하면 높은 점수를 받기 어렵다. 방지대책 위주로 작성하되, 앞뒤로 Extra를 추가하여 레이아웃할 필요가 있다.
2. 이러한 문제에는 본론의 앞과 뒤에 공식처럼 들어가는 내용들이 있다. 문제점(발생피해), 원인(메커니즘), 방지대책(문제질문), 발생 시 처리방안(검사방법+보수방안) 순이며, 중요도에 따라 선별적으로 작성한다. 기술사 답안은 대제목을 늘려서 얇고 넓게 작성해야 고득점이 가능하다.

[일반콘크리트] 콘크리트 탄산화 Mechanism 및 방지대책

답안을 입체화하는 핵심그림 & 다이어그램

탄산화 발생 모식도

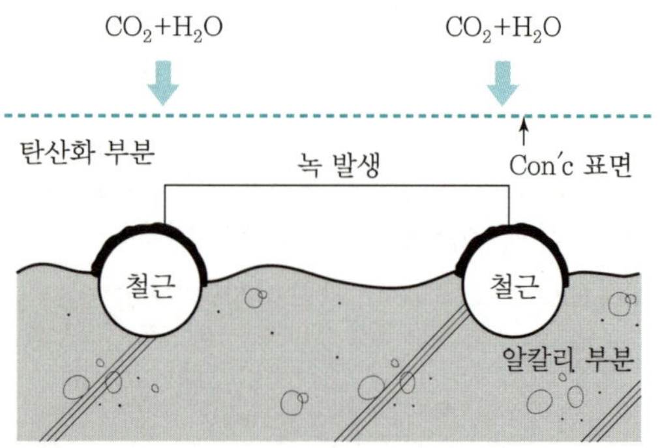

물결합재비와 탄산화 진행속도

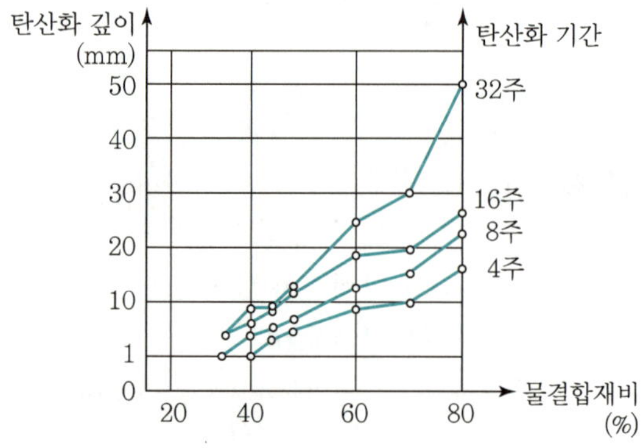

철근의 부식

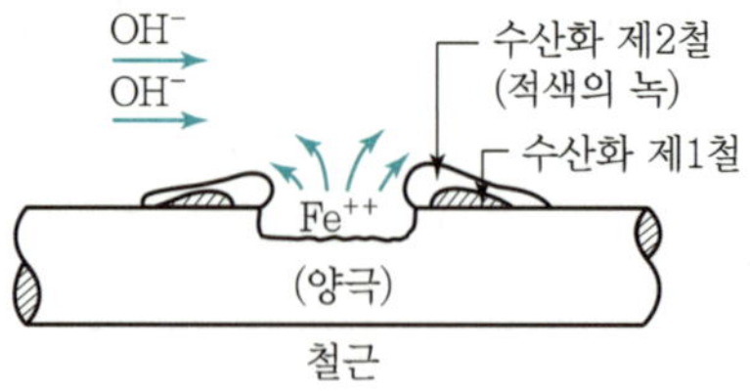

탄산화 검사방법

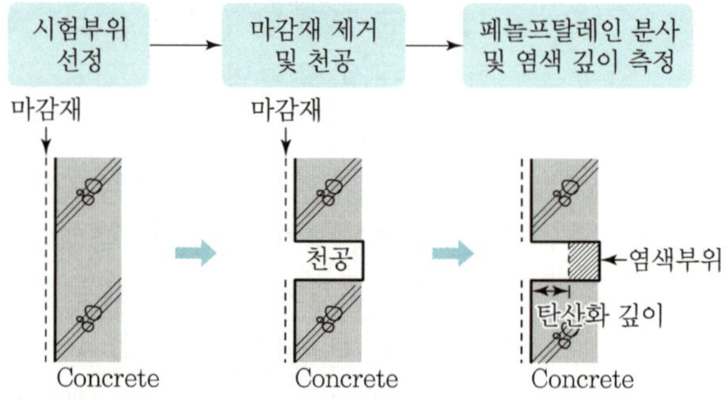

내구성 확보를 위한 요구조건(표준시방서 KCS 14 20 10/1.9.3항)

항목		노출범주 및 등급														
		일반	EC (탄산화)				ES (해양환경, 제설염 등 염화물)				EF (동결융해)				EA (황산염)		
		E0	EC1	EC2	EC3	EC4	ES1	ES2	ES3	ES4	EF1	EF2	EF3	EF4	EA1	EA2	EA3
내구성 기준압축강도 f_{cd}(MPa)		21	21	24	27	30	30	30	35	35	24	27	30	30	27	30	30
최대 물-결합재비		–	0.60	0.55	0.50	0.45	0.45	0.45	0.40	0.40	0.55	0.50	0.45	0.45	0.50	0.45	0.45
최소 단위 결합재량 (kg/m³)		–	–	–	–	–	KCS 14 20 44 (2.2)				–	–	–	–	–	–	–
최소 공기량(%)		–	–	–	–	–	–				(표 2.2-6)				–	–	–
수용성 염소이온량 (결합재 중량비 %)	무근 콘크리트	–	–				–				–				–		
	철근 콘크리트	1.00	0.30				0.15				0.30				0.30		
	프리스트레스트 콘크리트	0.06	0.06				0.06				0.06				0.06		
추가 요구조건		–	KDS 14 20 50(4.3)의 피복두께 규정을 만족할 것								결합재 종류 및 결합재 중 혼화재 사용비율 제한 (표 2.2-7)				결합재 종류 및 염화칼슘 혼화제 사용 제한 (표 1.9-4)		

SECTION 20

[일반콘크리트]
콘크리트 타설 시 현장에서 준비할 사항 및 콘크리트 타설계획

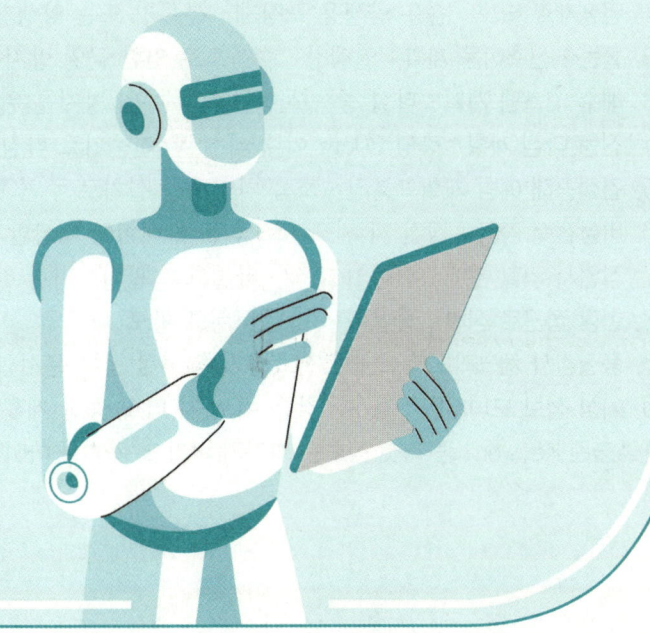

AI가 알려주는 Basic Concept & 핵심 Keyword

Basic Concept

1. 적절한 타설계획과 양생계획의 수립은 콘크리트의 강도 및 내구성 확보를 위해서 중요하다. 현장마다 여건이 다르며, 타설구간마다 타설조건이 다르기 때문에 타설량, 타설면적, 기상여건 등을 모두 고려해서 철저한 계획의 수립이 필요하다.
2. 타설 시 품질확보를 위해서는 가장 기본적인 철근 검측부터 운반차량 동선, 장비운용 계획, 타설 순서, 기상여건을 고려한 대비, 양생계획, 줄눈설치 계획 등 전반적인 골조공사 흐름에 따라 언급해 주는 것이 좋다.
3. 기본적인 문제일수록 다른 수험자와 차별화된 답안의 작성이 중요하며, 현장에서의 경험들을 정리해 둘 필요가 있다. 현장에서는 동절기에 온도보정강도를 적용하여 발주계획을 세울 것이고, 급열계획을 수립하여 열풍기에 야간급유계획도 세울 것이다. 매스 콘크리트의 경우 Pipe Cooling 시 배관직경과 간격을 검토할 것이며, 지하주차장 무근콘크리트 타설 시 줄눈커팅시기 및 간격, 형태 등도 고려할 것이다. 또한 강우 시 콘크리트 관련 기준이 개정되어 강우대비계획도 수립할 것이다. 이러한 것들을 그림과 함께 준비하자.

생성형 AI의 핵심 Keyword Top 20

1. 준비사항 거푸집 점검 : 비틀림, 누수 방지를 위해 거푸집 수평·수직 정렬 및 버팀대 강도 확인
2. 철근 검측 : 철근 배근간격, 피복두께, 이음길이 준수 여부 확인(설계도면 대조)
3. 콘크리트 배합 확인 : 설계강도(W/B, 슬럼프)와 도면 일치 여부 확인
4. 운반 차량 일정 조율 : 연속타설을 위해 레미콘 공급 차량 도착 간격 관리(콜드조인트 방지)
5. 진동기 준비 : 공극 제거를 위한 진동기 가동 상태 점검 및 고장 시 대체 장비 확보
6. 기초면 청소·습윤 : 먼지·이물질 제거 및 건조 방지로 콘크리트 접합력 향상
7. 안전장비 구비 : 작업자 안전화·안전대·안전모 착용 의무화 및 낙하물 방지망 설치
8. 측량·기준점 확인 : 레이저 측량기로 구조물 위치·고도 정확도 검증(허용오차 ±5mm 이내)
9. 타설계획 슬럼프·공기량 시험 : 현장 도착 콘크리트의 작업성·내구성 평가
10. 온도관리 계획 : 콘크리트 초기 온도 5~35℃ 유지
11. 양생재료 확보 : 습윤 양생용 포장재·분무기 또는 양생재, 줄눈 커팅장비 준비
12. 줄눈·신축이음 계획 : 열팽창·수축으로 인한 균열 방지를 위해 신축줄눈 위치·간격 설계
13. 배수 시스템 계획 : 타설 중 빗물·지하수 유입 방지를 위해 배수로·펌프 설치
14. 진동 다짐 계획 : 층당 30cm 이내 타설 후 진동기로 다짐(공극 방지)
15. 건설공해 예방 계획 : 분진·소음 차단장치 설치로 주변 환경 보호 및 법적 기준 준수
16. 비상전력 공급 : 정전 시 펌프·조명 등에 대비한 비상발전기 준비
17. 작업자 역할 분배 : 진동기 조작·타설호스 관리·마감 작업 등 역할 명확히 지정
18. 현장 접근로 정비 : 중장비·차량 통행로 확보
19. 품질검사 체크리스트 : 타설 전·중·후 점검 항목 문서화(거푸집, 철근, 콘크리트 배합 등)
20. 기상 정보 모니터링 : 강우·강풍 예보 시 타설 중단 계획 수립 및 방수포 준비

 추출된 Keyword 중 거짓 정보는 과감히 버리고, 차별화 아이템을 선별하여 답안에 적용하자.

고득점 합격을 위한 실전연습 & One Point Lesson

03 초안작성

1. 개요	3. 타설계획
2. 타설 시 현장 준비사항	4. 타설작업 시 유의사항

04 How to Write

1. **개요** : 콘크리트의 강도 및 소요성능을 확보하기 위해서 타설계획 수립 및 시행
2. **타설 시 현장 준비사항**
    1) 거푸집 시공상태 점검
       수직·수평 정렬상태, 강도 확인, 거푸집 치수, 동바리 간격, 박리제 도포상태, 지수판 설치
    2) 철근 배근 상태 점검
       철근 배근 도면 일치 여부, 철근의 간격, 이음 및 정착길이, 피복두께, 결속상태
    3) 기초면 청소 및 부착면 살수(결합력 향상)
    4) 콘크리트 배합 확인 및 시공성 고려한 혼화재료 검토(설계강도, W/B, 슬럼프, 혼화재료)
    5) 운반차량 일정 조율 및 운반로 확보(연속타설 유지, 콜드조인트 방지)
    6) 고장 대비 여분의 타설장비 준비(예비 펌프, 진동기)
    7) 설비, 전기공사의 매입관, 고정철물 등의 매설물 누락 여부 점검
    8) 작업자 안전보호구, 통제 구역 설정, 안전시설물 설치(안전모, 경고표지, 낙하물 방지망, 안전난간)
    9) 기상 대비(우천 시 타설 중단 계획, Pipe Cooling, 보양비닐, 보양천막, 열풍기)
    10) 계측장비 준비(슬럼프·공기량 측정기, 콘크리트 온도계)
3. **타설계획**
    1) 타설구획, 타설량 : 공장출하능력, 펌프카 타설능력, 타설인원, 건축물 형상, 거푸집 전용계획 고려
    2) 구역별 타설 순서 : 벽체 → 슬래브, 먼 곳 → 가까운 곳, 벽체분할타설높이, 콜드조인트 방지
    3) 타설방법 : 콘크리트 분배기, CPB, Tremie Pipe, Bucket, V.H 분리타설공법
    4) 줄눈계획 : 신축줄눈 위치 및 간격 설계(균열 방지)
    5) 양생 계획 : 양생기간(최소7일), 습윤 양생(피막, 살수장비, 차광막), 급열 양생(급열장비, 보양천막)
    6) 다짐계획 : 진동기 종류, 예비 진동기, 진동 다짐 방법(공극률 최소화)
    7) 비상대책 : 장비 고장 시 대체장비 계획, 갑작스러운 강우 시 우수 유입방지 계획(방수포)
4. **타설 작업 시 유의사항**

05 합격자의 One Point Lesson

1. 이런 문제는 누구나 작성이 가능하여 쉬운 문제에 속하지만, 채점관의 입장에서는 다 비슷한 답안이므로 변별력이 없다고 느낄 수 있다. 따라서 고득점을 기대하기 어려우며, 누가 차별화 아이템을 효과적으로 작성하느냐에 따라 극히 일부의 수험자만 60점 이상의 점수를 받을 수 있다.
2. 'Basic Concept'에서 잠깐 언급했지만 차별화 아이템이라는 것은 어려운 것을 찾아오는 것이 아닌, 현장에서 하는 업무 중 디테일한 무언가를 끄집어내는 것이다. 예를 들어, 열풍기는 외기 온도에 따라 다르지만 보통 4~6시간마다 급유를 하고, 급유를 위한 야간 당직근무자가 있을 것이다. 등유 보관장소, 소화기, 야간작업을 위한 조명도 준비되어야 할 것이고, 질식을 방지하기 위한 밀폐공간작업 프로그램도 시행해야 할 것이다. 작업 전에는 산소농도도 측정하고, 작업 허가서의 제출 여부도 확인할 것이다. 답안 작성에 이러한 내용을 제시해야 한다.
3. 서술문제에 있어서의 차별화 아이템은 용어기출문제 리스트를 보고 찾으면 효과적이다. 현장경험이 없더라도 용어기출문제를 차별화 아이템으로 활용하면 충분히 고득점이 가능하다.

답안을 입체화하는 핵심그림 & 다이어그램

현장 준비사항 Flow Chart

- 거푸집 및 동바리 검사
  - 치수 및 선형의 유지
  - 거푸집의 청소 상태
  - 박리제의 도포 여부
  - 지보공의 안전성
  - 타설 시 변형 유무 점검
  - Form Tie 등 거푸집 안정성 검사
- 철근 검사
  - 이음 부위 및 길이, 절곡 부위
  - 철근의 순간격
  - 결속선의 조임
  - 피복 유지
  - 설계와 일치성
- 기타 부분 검사
  - 시공 이음부 처리상태
  - 지수판 매입상태
  - 각종 매입물의 고정상태
- 교통상황 확인
  - 주변 교통상황
  - 현장 내 차량의 이동
- 타설장비 Check
  - 장비의 종류 및 배치
  - 가동대수 및 예비대수
- 타설 보조 장비
  - 양생포, 비닐, 살수 장비
  - 열풍기 종류 및 용량
  - 차단막 설치계획
- 기상예보 확인
  - 강우, 강설 예상 시의 대책
  - 강우 예상 시 타설 중단
  - 기상청 주간단위 일기예보 확인

콘크리트 타설 순서

먼 곳에서 가까운 곳으로

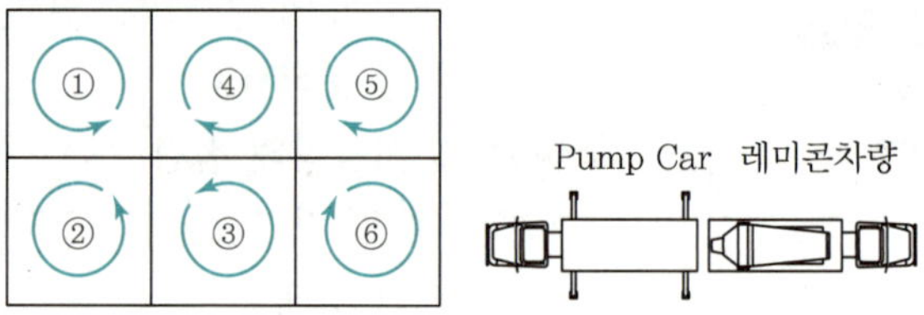

| ① | ④ | ⑤ |
| ② | ③ | ⑥ |

Pump Car 레미콘차량

타설구획 결정 시 고려사항

- 공장 출하능력
- Pump Car 타설능력
- 타설 인원
→ 타설구획 결정 ←
- 건축물 형상
- 거푸집 전용계획
- 표면마감 공정 인원

Cold Joint 발생도

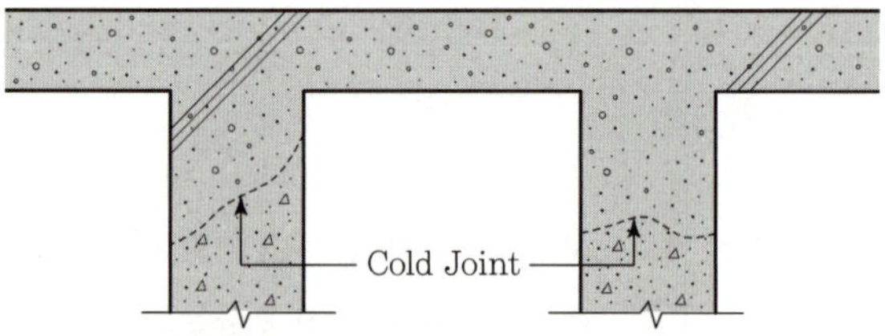

(Cold Joint 도해)

강우·강설 시 콘크리트 타설 관련 개정 내용(표준시방서 KCS 14 20 10/3.3.1항)

3.3.1 준비

(1) 콘크리트를 타설 전에 철근, 거푸집 및 그 밖의 것이 설계에서 정해진 대로 배치되어 있는가, 운반 및 타설 설비 등이 시공계획서와 일치하는가를 확인하여야 한다.

(2) 콘크리트 타설일의 기상상황을 사전에 확인하여 타설작업 가능 여부를 파악하고, 운반, 타설, 초기 양생 등의 과정에서의 강우, 강설에 대한 보호 대책과 관리방안을 수립하여 책임기술자의 승인을 받아야 한다.

(3) 콘크리트를 타설 전에 운반차 및 운반장비, 타설설비 및 거푸집 안을 청소하여 콘크리트 속에 이물질이 혼입되는 것을 방지하여야 한다.

(4) 콘크리트가 닿았을 때 흡수할 우려가 있는 곳은 미리 습하게 해두어야 하며, 이때 물이 고이지 않도록 주의하여야 한다. 콘크리트를 직접 지면에 쳐야 할 경우에는 미리 밑창 콘크리트를 시공한다.

(5) 터파기 안의 물은 타설 전에 제거하여야 한다. 또 터파기 안에 흘러 들어온 물에 이미 타설한 콘크리트가 씻기지 않도록 적당한 조치를 취하여야 한다.

(6) 레디믹스트 콘크리트 타설을 위해 다음 사항을 고려하여야 한다.
   ① 콘크리트 타설을 원활하게 하기 위하여 콘크리트 타설에 앞서 납품 일시, 콘크리트의 종류, 수량, 배출 장소 및 운반차의 대수 및 이동계획 등을 생산자와 충분히 협의해 둔다.
   ② 콘크리트 타설 중에도 생산자와 긴밀하게 연락을 취하여 콘크리트 타설이 중단되는 일이 없도록 한다.
   ③ 콘크리트를 배출하는 장소는 운반차가 안전하고 원활하게 출입할 수 있으며, 배출하는 작업이 쉽게 될 수 있는 장소로 한다.

SECTION 21

[일반콘크리트]
콘크리트 표면에 발생하는 결함의 종류와 원인 및 방지대책

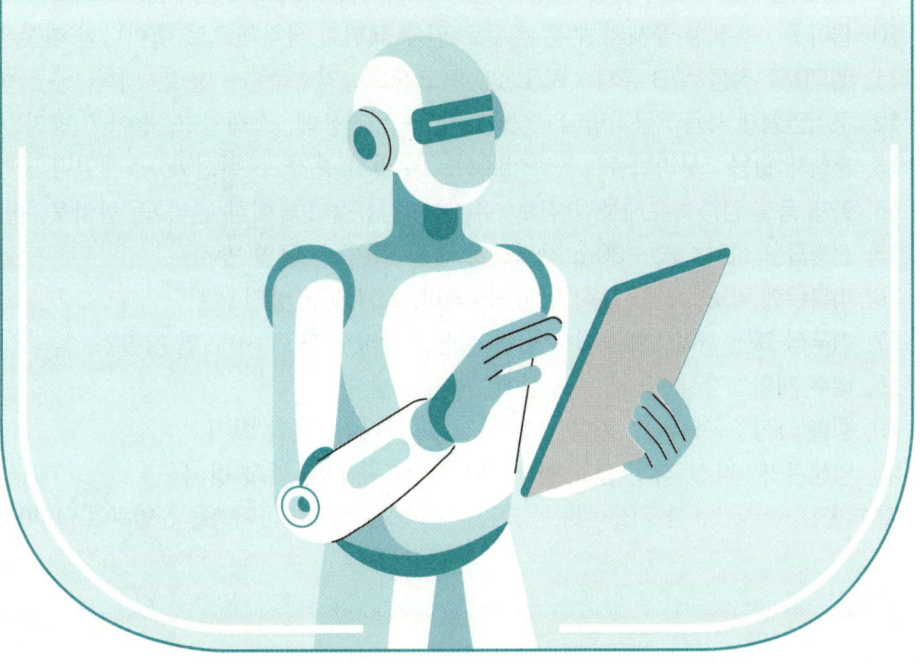

AI가 알려주는 Basic Concept & 핵심 Keyword

Basic Concept

1. 콘크리트 표면결함은 쓸 내용이 너무 많아서 레이아웃이 어려운 문제이므로, 문제를 잘 보고 출제자의 의도가 무엇인지를 먼저 파악해야 한다. 출제자가 콘크리트 표면결함의 종류별 원인 및 대책을 적으라고 했다면 ① 균열+균열원인+균열방지대책, ② 허니컴+허니컴 원인+균열방지대책, ③ 백화+백화원인+백화방지대책이라는 레이아웃으로 작성해야 한다.
2. 그러나 지금처럼 '종류별'을 묻는 것이 아니라면 방지대책은 별도의 대제목으로 분류하여 '포괄적인 표면결함 방지대책'으로 작성할 것을 권장한다. 종류별로 작성하면 채점관의 시선을 끌만한 레이아웃이 나오기 힘들다. 그 이유는 결함 종류가 많으니 9가지를 쓴다고 가정하면, 9가지가 똑같은 패턴으로 반복되어 지루한 데다 원인에는 'W/B 과다, 다짐불량, 양생불량' 등의 내용이 공통적으로 포함되는데, 바로 이어서 'W/B 최소화, 다짐철저, 양생철저' 등의 내용이 무려 9번이 반복된다면 매우 단조로운 답안이 될 수 있기 때문이다.
3. 쉬운 문제는 차별화에 중점을 주어야 한다. 백화를 쓰더라도 화학식을 같이 써주는 것이다. 원인을 쓰더라도 양생불량을 반복해서 쓰기보다는 알칼리골재 반응, 팽창성 골재와 같은 단어를 섞어 써 줄 수 있도록 학습해 보자.

생성형 AI의 핵심 Keyword Top 20

1. 종류 균열 : 콘크리트 내·외부 응력으로 인해 표면에 생긴 선형 또는 망상 형태의 갈라짐
2. 허니컴 : 다짐 불량으로 인해 골재 사이에 공극이 남아 벌집 모양의 요철이 형성된 결함
3. 스케일링 : 동결융해 또는 염화물 침투로 표면이 박리되며 얇은 층으로 떨어져 나가는 현상
4. 블리스터 : 콘크리트 표면에 공기방울이 고여 돌기 형태로 나타난 결함
5. 백화 : 수분 이동 시 용출된 칼슘·염분이 표면에 백색 결정체로 침착되는 현상
6. 박리 : 철근 부식 팽창 또는 외력으로 인해 콘크리트 조각이 떨어져 나가는 현상
7. 색상 불균일 : 양생 불균일, 이물질 혼입 등으로 표면 색상이 고르지 않게 나타나는 현상
8. 공극 : 다짐 부족 또는 골재 분리로 콘크리트 내부에 형성된 빈 공간
9. 표면 거칠기 : 거푸집 마감 불량 또는 과도한 진동으로 표면이 거칠고 요철이 생긴 상태
10. 팝아웃 : 팽창성 골재의 수분 흡수로 인해 표면이 국부적으로 튀어나와 파손된 현상
11. 방지대책 적정 W/B 유지 : W/B≤0.5(고강도·저수축) → 균열, 백화, 공극 방지
12. 공기연행제 사용 : 공기량 4~6% 유지 → 동결융해, 스케일링, 팝아웃 방지
13. 혼화재 활용 : 실리카퓸·플라이애시로 수밀성 증가 → 탄산화, 스케일링 방지
14. 골재 품질 검증 : 유해물질(점토, 유기물) 함유율 1% 이하 관리 → 팝아웃, 허니컴 방지
15. 신축줄눈 설치 : 20~30m 간격으로 줄눈 설치 → 균열 방지
16. 피복두께 확보 : 철근 부식 방지 → 박리, 스케일링 방지
17. 거푸집 표면 처리 : 매끄러운 합판 사용+박리제 도포 → 표면 거칠기, 블리스터 방지
18. 배수 계획 : 경사면·배수로 설계 → 백화 방지
19. 층별 다짐 : 콘크리트 층별 진동 다짐 → 허니컴, 공극 방지
20. 양생관리 : 타설 직후 습윤 양생 7일 이상 → 균열, 백화 방지

 추출된 Keyword 중 거짓 정보는 과감히 버리고, 차별화 아이템을 선별하여 답안에 적용하자.

고득점 합격을 위한 실전연습 & One Point Lesson

03 초안작성

| 1. 개요 | 3. 방지대책 |
| 2. 결함의 종류 및 원인 | 4. 표면결함 보수방법 |

04 How to Write

1. 개요
2. 결함의 종류 및 원인
   1) 균열 : 콘크리트 내·외부 응력으로 인해 표면에 생긴 선형 또는 망상 형태의 갈라짐
      원인 건조수축, 온도 변화, AAR, 과도한 하중, 거푸집 조기 해체, 다짐 부족, 양생 불량
   2) Honey Comb(곰보) : 콘크리트 표면에 조골재가 노출되고 그 주위에 모르타르가 없는 상태
      원인 다짐 부족, 시공연도 불량, 거푸집 페이스트 누출, 재료분리 발생
   3) 백화 : 콘크리트의 표면에 흰색의 가루가 발생하는 현상
      원인 수산화칼슘과 탄산가스의 반응, 층간 조인트 물 침투, 우수처리 미비
   4) Dusting : 콘크리트 표면이 먼지와 같이 부서지고, 껍질이 벗겨지는 현상
      원인 거푸집 청소 불량, 전용 한도 초과, Silt 함유 골재 사용, Laitance
   5) Air Pocket : 수직이나 경사진 콘크리트의 표면에 10mm 이하의 구멍이 발생하는 현상
      원인 공기량 과다, 거푸집면의 진동 다짐 부족
   6) 얼룩 및 색 차이 : 콘크리트 표면에 거푸집 조임철물 등에 의한 녹물 또는 이색
      원인 거푸집 해체 시 조임용 철물 방치, 철근 노출, 제조사가 다른 시멘트 사용
   7) Cold Joint : 신구콘크리트 사이에 완전히 일체화가 되지 않은 이음
      원인 신구콘크리트 간의 이어치기 시간 초과, 진동기의 사용 부족, 레미콘 수급 차질
   8) 블리스터 : 공기, 블리딩수가 밀실한 표면마감층에 의해 외부로 배출이 되지 않아 부풀어 오름
      원인 미건조 상태 밀실 마감, 블리딩수의 배출이 느릴 때, 블리딩수의 과도한 증발
   9) 팝아웃 : 팽창성 골재(점토 등)의 수분 흡수로 인해 표면이 국부적으로 튀어나와 파손된 현상
      원인 팽창성 골재 사용, 화재, AAR
3. 방지대책
   1) 적정 W/B 유지   5) 신축줄눈 설치   9) 슬럼프 기준 준수
   2) 공기연행제 사용   6) 피복두께 확보   10) 연속타설
   3) 혼화재료 투입   7) 거푸집 표면 청소 11) 양생관리
   4) 골재품질 검사(유해물질×) 8) 층별 다짐 실시
4. 표면결함 보수방법
   1) 에폭시 주입 보수   3) 탄소섬유시트 보강공법   5) 시멘트 그라우팅
   2) 고강도 모르타르 충전 4) 단면 증대   6) 표면처리

05 합격자의 One Point Lesson

1. 'Basic Concept'에서 백화의 화학식을 적어줌으로써 차별화할 것을 강조했다. 백화의 화학식은 'Ca(OH)$_2$ + CO$_2$ → CaCO$_3$ + H$_2$O'의 탄산화 화학식으로 대체할 수 있으며, 표면에 생기는 하얀 가루는 수산화칼슘이 이산화탄소와 반응해서 탄산칼슘의 형태로 묻어 나오는 것이기 때문이다. 이것은 콘크리트 표면뿐만 아니라 조적벽의 백화에서도 동일하게 적용된다.
2. 앞에서 배운 내용을 다른 문제에도 적용할 수 있는 요령을 익히는 것이 중요하다. 핵심내용을 파악하고 그 원리를 이해하면, 이미 알고 있는 내용을 100% 답안에 활용할 수 있는 능력이 생긴다.

답안을 입체화하는 핵심그림 & 다이어그램

결함의 특성요인도	Honey Comb
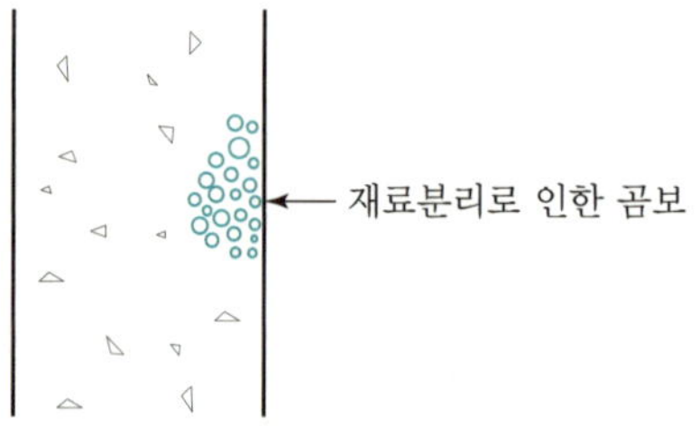	재료분리로 인한 곰보

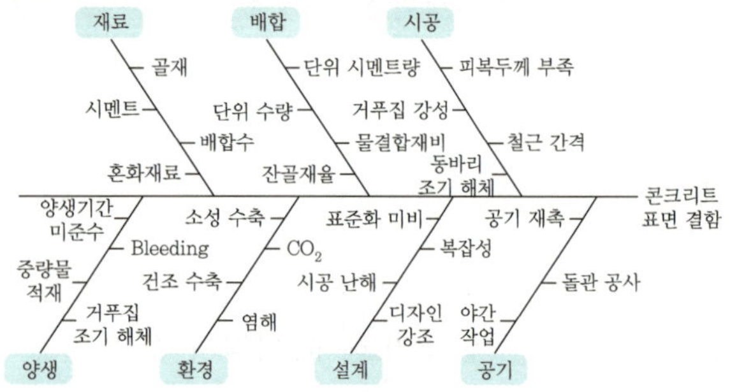

백화	Cold Joint
층이음부 물 침투 / 백화 발생	Cold Joint

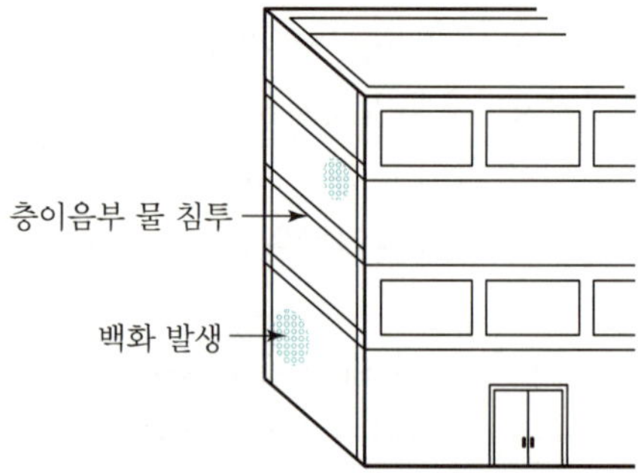

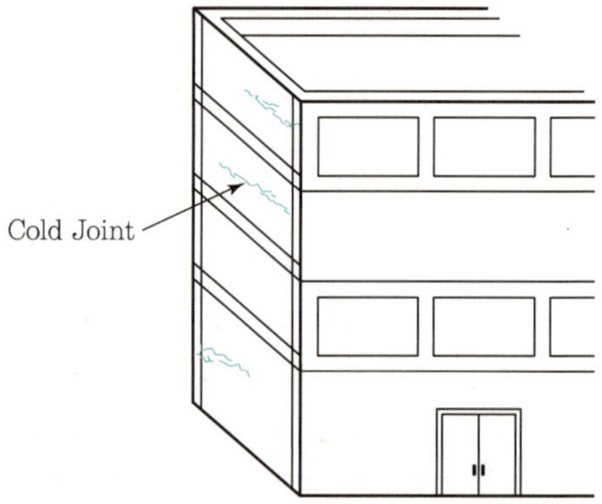

콘크리트 블리스터	탄소섬유시트 보강공법
공극 발생 / 블리스터 / 밀실한 표면마감층 / 공기 및 블리딩수 상승 / 미건조된 구조층	탄소섬유Sheet 보강 / 콘크리트(면처리) / 프라이머 / 초벌 접착제 / 탄소섬유Sheet / 정벌 접착제 / 마감

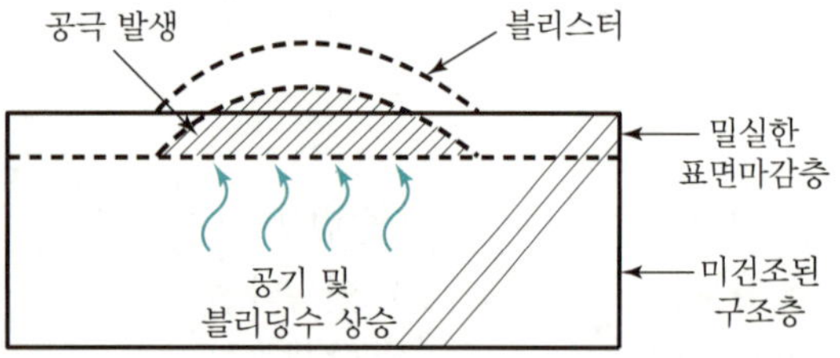

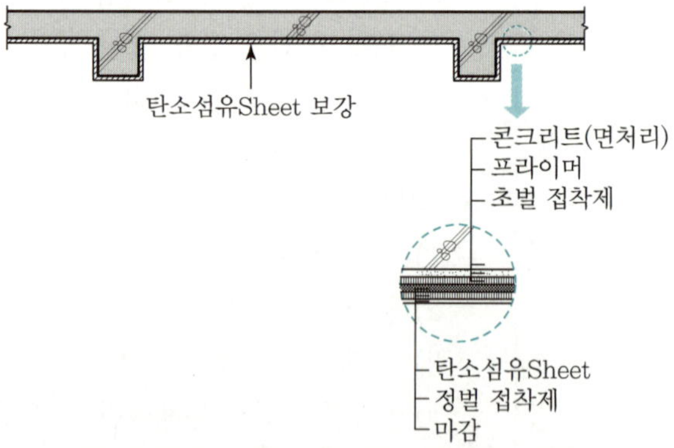

단면증대공법	콘크리트 결함 처리 Flow Chart
Anchor / 보강 철근 / 덧댐 콘크리트 / 균열 / 결함 발생면	결함 발생 → 방수적 결함 → 내구적 결함 → 대책 수립 / 원인 규명 / 누수, 외관 손상, 철근 부식 / 탄산화 촉진, 구조 안전 위협, 내구성 저하 / 표면 처리, 충전 공법, Epoxy 주입, 단면 증대, 탄소섬유Sheet 보강

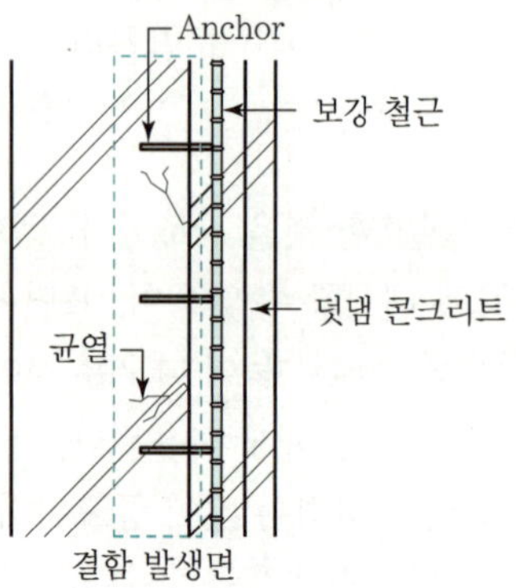

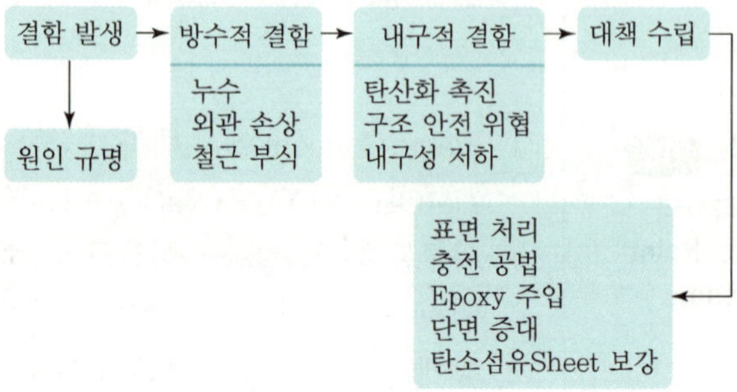

SECTION 22

[일반콘크리트]
콘크리트 압송타설 시 품질 저하 원인 및 방지대책

AI가 알려주는 Basic Concept & 핵심 Keyword

Basic Concept

1. 미경화 콘크리트의 8가지 성질에는 워커빌리티(시공연도)와 반죽질기 등이 있고, 마지막에 펌퍼빌리티(압송성)가 있다. 표준시방서에 따르면 콘크리트 받아들이기의 품질검사에도 펌퍼빌리티가 있으며, 펌프에 걸리는 최대압송부하를 확인하여 압송부하가 토출압보다 크지 않도록 규정하고 있다. 압송부하가 중요한 이유는 공동주택이나 초고층 건축물처럼 압송관의 길이가 긴 경우 슬럼프 저하, 마찰 증가에 따른 폐색현상이 자주 나타나기 때문이다. 결국 콘크리트에 충진 불량, 재료분리, 콜드조인트 등의 결함을 발생시키므로 대책을 수립하는 것이 필요하다.

2. 방지대책은 크게 재료적 측면과 시공적 측면으로 나눌 수 있다. 콘크리트는 충분한 슬럼프를 가지면서도 점성이 있어야 하고, 재료분리가 발생하면 안 된다. 골재가 압송관 대비 과대할 경우 쉽게 내부에서 막히기 때문에 G_{max}를 조정해야 한다.

3. 반면, 시공적 측면은 압송부하를 최소화하고 연속타설이 될 수 있도록 관리한다. 압송관의 길이는 가능한 한 짧게 하고, 곡률 반경은 크게 한다. 하절기나 동절기에는 배관 내부의 온도로 인해 콘크리트가 응결되거나 결빙될 수 있으므로 조치해야 한다. 또한 레미콘 수급계획을 세워 중단 없이 타설해야 한다.

생성형 AI의 핵심 Keyword Top 20

1. 원인 골재 입도 불균형 : 굵은 골재와 잔골재의 비율이 적절하지 않아 펌프 배관 내 재료분리 및 막힘 발생
2. 물결합재비(W/B) 과다 : 물 비율 증가로 인한 재료분리 증가
3. 슬럼프 관리 부족 : 설계 슬럼프[(150±25)mm] 미준수로 작업성 저하 또는 재료 분리
4. 펌프 압력 과다 : 과도한 압력으로 인한 골재와 모르타르 분리
5. 배관 곡률 반경 미준수 : 배관 굽힘 반경＜1m로 유속 저하 및 마찰 증가
6. 배관 직경 대비 G_{max} 과대 : G_{max}가 배관 직경의 1/3 이상 시 막힘 우려
7. 초기 선송 모르타르 생략 : 펌프 시작 전 모르타르 주입 생략으로 배관 내 마찰 증가 및 분리 가속화
8. 펌프 라인 길이 과대 : 펌프 라인 길이＞150m로 압력 손실 및 재료 분리
9. 타설 중단 발생 : 배관 내 콘크리트 응결 발생
10. 고온 환경 : 고온(35℃ 초과)에서 배관 내 콘크리트 급속 응결 및 슬럼프 저하
11. 이음부 불량 : 배관 연결부 틈새로 콘크리트 누수 및 공기 유입
12. 펌프 장비 고장 : 펌프 작동 중단으로 인한 타설 지연 및 응결 발생
13. 작업자 숙련도 부족 : 펌프 압력 조절·배관 관리 미숙으로 품질 변동성 증가
14. 펌프 라인 청소 소홀 : 잔여 콘크리트 응결로 배관 내경 축소 및 유속 저하
15. 시공계획 오류 : 배관 경로·타설 순서 미준수로 유속 불균일 및 재료 분리
16. 방지대책 콘크리트 품질관리 : 골재 입도 관리 강화, W/B 엄격 관리, 고성능 감수제, 유동화제
17. 실시간 품질 모니터링 : 슬럼프 측정기로 (150±25)mm 유지(수시 측정)
18. 펌프 압력 최적화 : 압력계 장착, 최대 25MPa 이내 유지(과압 시 경보 시스템 연동)
19. 배관 곡률 반경 기준 준수, 펌프 라인 길이 제한(수평 150m, 수직 80m 이내)
20. 펌프 라인 주기적 청소, 배관 연결부 정기 점검, 예비 펌프 장비 확보

 추출된 Keyword 중 거짓 정보는 과감히 버리고, 차별화 아이템을 선별하여 답안에 적용하자.

고득점 합격을 위한 실전연습 & One Point Lesson

초안작성

```
1. 개요                          3. 방지대책
2. 압송타설 시 품질 저하 원인      4. 압송관 폐색 시 조치사항
```

How to Write

1. 개요
2. 압송타설 시 품질 저하 원인
   1) 선송 Mortar 부족 및 배합 불량 : 배관 내 마찰 증가 및 재료분리 가속
   2) 서중 타설 시 압송관 온도 상승 : 압송관 내 수분 흡착 및 증발
   3) 설계 슬럼프 미준수 : 작업성 저하, 충진 불량, Honey Comb
   4) 저강도 선송 Mortar의 구조체 유입 : 구조체 강도 저하
   5) G_{max} 과대 : 배관 직경의 1/3 이상 시 압송관 막힘 가능성 증대
   6) 압송관 내부 청소 불량 및 이물질 혼입
   7) 과도한 압송관의 길이, 이음부 불량, 압송관 절곡부 다수 및 배관 곡률 반경 과소
   8) 펌프 압력 과다 : 과도한 압력으로 인한 골재와 모르타르 분리
   9) 펌프 장비 고장 : 타설 지연 및 압송관 내 응결 발생
   10) 골재 입도 불균형 및 물결합재비(W/B) 과다
   11) 콘크리트 배관의 맥동현상 : 철근간격의 변화, 결속 풀림, 거푸집 변형, 강성 저하
3. 방지대책
   1) 타설 전 선송 Mortar의 배관 통과(통과된 선송 Mortar는 회수 후 폐기)
   2) 잔골재율, G_{max}, 물결합재비 등의 배합관리 철저
   3) 운송차량 및 레미콘 수급량 확보로 연속타설
   4) 압송관 길이가 최소화되도록 타설계획 수립
   5) 타설완료 후 콘크리트 압송관 청소 철저
   6) 하절기 압송관 표면 물축임, 동절기 압송관 보온 실시
   7) 펌프 적정압력 설정 및 숙련자 투입
   8) 콘크리트 분배기 또는 CPB 사용(철근 변형 방지)
4. 압송관 폐색 시 조치사항

합격자의 One Point Lesson

1. 이 문제에서는 '펌퍼빌리티'라는 단어가 언급되지 않으면 고득점이 어렵다. 여러 방지대책의 궁극적인 목적은 펌퍼빌리티 확보이기 때문이다. 원인과 방지대책은 누구나 쓸 수 있을 만큼 단순하기 때문에, 다음과 같이 공학적 용어를 최대한 사용하여 작성하는 것이 좋다.
   ① 슬럼프 감소로 배관 막힘 → 압송관 내 콘크리트 수분 손실로 유동성 저하(Plug 현상 발생)
   ② 슬럼프 증대 → 선송 모르타르, 유동화콘크리트의 적용(압송부하 저감)
   ③ 배관 흔들림 과다 → 압송관 맥동 현상으로 거푸집 변형 및 동바리 좌굴(CPB 사용 권장)
2. 차별화할 아이템이 없거나, 공학적 용어를 사용할 자신이 없을 때에는 합격을 위해서 쉬운 문제는 고르지 않는 것을 추천한다. 많은 사람들이 비슷한 생각과 경험을 가지고 있고, 비슷한 그림을 그려서 표현하기 때문에 변별력이 없다. 그래서 본인은 잘 썼다고 생각하는데, 채점관의 입장에서는 58~59점밖에 주지 못하는 것이다. 어쩔 수 없이 작성해야 하는 사항이라면, 엔지니어임을 명심하고 공학적 용어를 많이 쓰도록 노력한다.

답안을 입체화하는 핵심그림 & 다이어그램

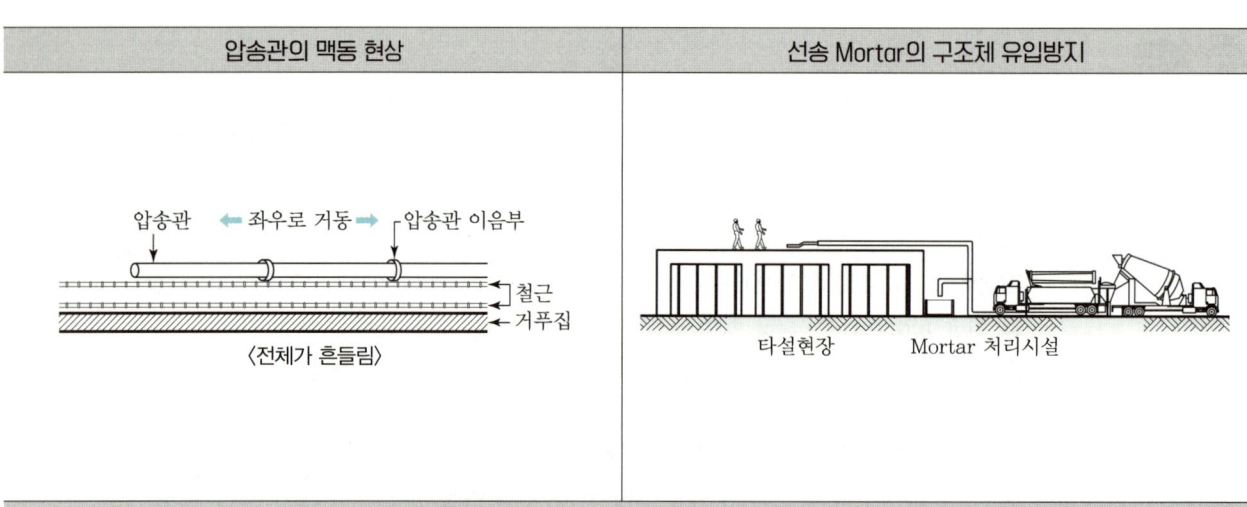

| 압송관의 맥동 현상 | 선송 Mortar의 구조체 유입방지 |

콘크리트의 받아들이기 품질검사(표준시방서 KCS 14 20 10/3.5.3.1항)

항목		시험·검사 방법	시기 및 횟수	판정기준
굳지 않은 콘크리트의 상태		외관 관찰	콘크리트 타설 개시 및 타설 중 수시로 함	워커빌리티가 좋고, 품질이 균질하며 안정할 것
슬럼프		KS F 2402의 방법	최초 1회 시험을 실시하고, 이후 압축강도 시험용 공시체 채취 시 및 타설 중에 품질변화가 인정될 때 실시	KS F 4009의 슬럼프 허용오차 이내
슬럼프 플로		KS F 2594의 방법		KS F 4009의 슬럼프 플로 허용오차 이내
공기량		KS F 2409의 방법 KS F 2421의 방법 KS F 2449의 방법		허용오차 : ±1.5%
온도		온도측정		정해진 조건에 적합할 것
단위용적질량		KS F 2409의 방법	필요한 경우 별도로 정함	정해진 조건에 적합할 것
염화물 함유량		KS F 4009 부속서 A의 방법	바닷모래를 사용한 경우 2회/일, 그 밖에 염화물 함유량 검사가 필요한 경우 별도로 정함	KS F 4009에 따름
배합	단위수량[1]	한국콘크리트학회 제규격(KCI-RM101)에 따른 굳지 않은 콘크리트의 단위수량시험[1]	1회/일, 120m³마다 또는 배합이 변경될 때마다	시방배합 단위수량 ±20kg/m³ 이내
	단위 결합재량	결합재의 계량값	전 배치	KS F 4009의 재료 계량오차 이내
	물-결합재비	굳지 않은 콘크리트의 단위수량과 단위결합재의 계량값으로부터 계산	필요한 경우 별도로 정함	참고 자료로 활용함
	기타, 콘크리트 재료의 단위량	콘크리트 재료의 계량값	전 배치	KS F 4009의 재료 계량오차 이내
펌퍼빌리티		펌프에 걸리는 최대 압송 부하의 확인	펌프 압송 시	콘크리트 펌프의 최대 이론 토출압력에 대한 최대 압송부하 이하

주 1) 각 현장마다 구비된 측정기기와 시험인원 등을 고려하여 한국콘크리트학회 제규격(KCI-RM101)에 규정된 시험방법 중 한 가지 시험방법을 정하여 시행한다.

SECTION 23

[일반콘크리트]
소성수축균열과 건조수축균열의 원인과 대책

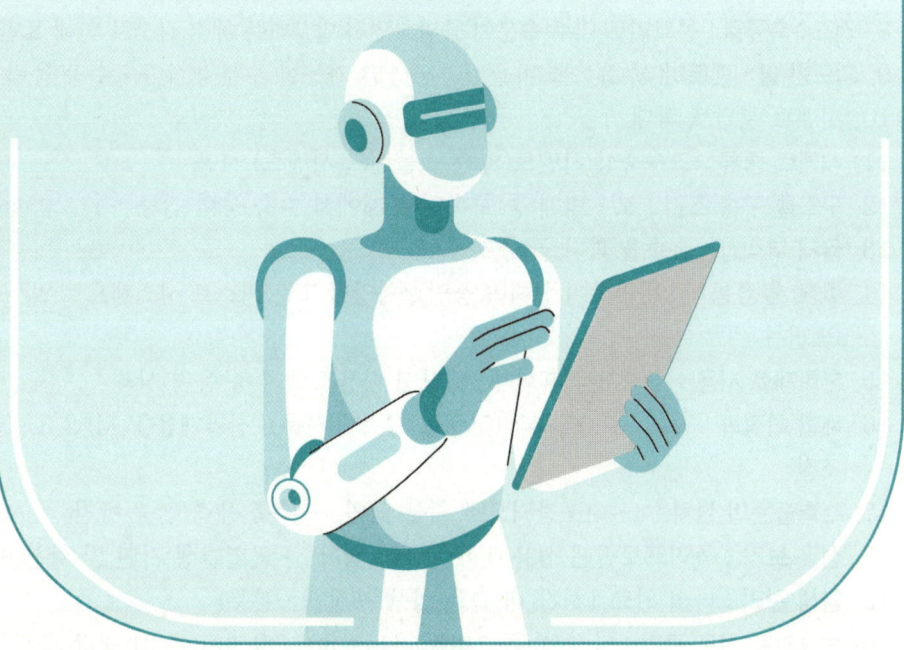

AI가 알려주는 Basic Concept & 핵심 Keyword

Basic Concept

1. 콘크리트는 타설 이후 응결·경화 단계에 따라 각각의 다른 이유로 인하여 수축이 발생하고, 균열을 초래하게 된다. 이 과정은 타설 후 오랜 시간이 지난 탄산화 단계까지 계속 이어지며, 지속적인 균열 발생의 원인이 된다.

2. 소성수축균열과 건조수축균열의 차이는 '가뭄과 폭염에 쩍쩍 갈라지는 논바닥'을 상상하면 쉽게 이해할 수 있다. 논에 갓 물을 뺀 직후, 뜨거운 햇살과 강풍이 불면 논바닥 표면이 순식간에 마르며 얕은 갈라짐이 생긴다. 이때의 갈라짐은 진흙이 말랑말랑할 때 발생하는 표면균열로, 물이 완전히 마르기 전 논에 물을 다시 공급하면 균열을 방지할 수 있다.
   ① 물 뺀 직후(타설 직후) → 햇살, 강풍(블리딩 속도<수분증발 속도) → 얕은 갈라짐(소성수축균열)
   ② 논에 물 공급(습윤 양생) → 균열 방지

3. 가뭄이 장기화되면 논바닥 전체가 완전히 말라 수축하며, 바닥이 쩍 갈라지고 깊은 균열이 생긴다. 이때에는 균열의 폭이 크고, 균열 틈에 볏잎이나 이물질 등이 껴 물을 공급하더라도 원상태로 복구가 되지 않는다.
   ① 가뭄 장기화(경화 후) → 완전건조(장기 수분 손실) → 수축(체적 감소) → 깊은 갈라짐(건조수축균열)
   ② 건조수축균열 구조체의 물 공급 : 누수 발생(균열방지 효과 없음)

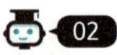
생성형 AI의 핵심 Keyword Top 20

1. 원인 소성수축균열 : 콘크리트가 초기 응결 단계에서 빠르게 수분을 잃으면서 표면에 발생하는 균열
2. 급격한 수분증발 : 고온, 강풍, 저습도 환경에서 콘크리트 표면 수분이 빠르게 증발 → 수축 응력 증가
3. 된비빔 : 블리딩이 적게 발생, 표면 건조
4. 골재 물축임 미실시 : 건조 가속화
5. 부적절한 양생 : 초기 양생 지연 또는 미흡 → 표면 건조 촉진
6. 콘크리트 온도 과대 : 타설 시 콘크리트 온도 35℃ 초과 → 수화열로 인한 증발률 증가
7. 증발속도 : 블리딩 속도보다 표면증발 속도 빠름
8. 건조수축균열 : 콘크리트 내부 수분이 증발하면서 발생하는 체적 감소로 인해 표면에 생기는 균열
9. 과도한 물시멘트비(W/C) : 물 비율↑ → 증발 가능한 수분량↑ → 수축 응력 증가
10. 시멘트 분말도 과대
11. 시멘트 종류 : 고수축성 시멘트(일반 포틀랜드 시멘트) 사용
12. 구조물 구속 조건 : 보·벽체 등 구속된 부재에서 수축 응력 집중
13. 골재 부적합 : 흡수율 과다 골재 사용
14. 대책 환경 통제 : 바람막이 설치(방풍망), 차양막 또는 미스트 시스템으로 일사량·습도 조절, PE필름
15. 혼화재료 사용 : 수축저감 혼화재, 팽창재 사용으로 수축 응력 상쇄
16. 배합 최적화 : W/C ≤50% 유지(고성능 감수제 사용), 잔골재율(F.M) 2.3~3.0으로 블리딩 조절
17. 수축줄눈의 설치 : 4~6m 간격으로 줄눈 삽입 → 수축 응력 집중 방지
18. 섬유 보강 : 폴리프로필렌 섬유 0.1~0.3% 첨가 → 균열발생 지연 및 확산 방지
19. 양생 관리 : 타설 완료 1시간 내 습윤 양생(포장재·분무)
20. 콘크리트 온도 관리 : 타설 시 콘크리트 온도≤30℃ 유지(고온 시 냉각 골재 사용)

💡 추출된 Keyword 중 거짓 정보는 과감히 버리고, 차별화 아이템을 선별하여 답안에 적용하자.

고득점 합격을 위한 실전연습 & One Point Lesson

03 초안작성

1. 개요
2. 균열 발생 문제점
3~4. 소성수축균열의 원인, 방지대책
5~6. 건조수축균열의 원인, 방지대책
7. 균열 발생 시 보수 방안

04 How to Write

1. 개요
1) 소성수축균열 : 미경화 콘크리트가 건조한 바람, 고온저습 환경에서 급격한 증발 건조로 체적이 감소하며 발생하는 균열
2) 건조수축균열 : 콘크리트 경화 후 콘크리트 속의 잉여수가 증발하면서 콘크리트의 체적이 감소하며 발생하는 균열

2. 균열 발생 문제점

3. 소성수축균열 원인
1) 고온, 강풍, 저습도 환경
2) 블리딩 속도 < 수분증발 속도
3) 된비빔 배합
4) 배합 전 골재 물축임 미실시

4. 소성수축균열 방지대책
1) 차양설비, 바람막이 설치
2) 배합 전 골재 물축임
3) 피막 양생, PE필름, 살수양생
4) 적절한 배합설계(잔골재율 조정)
5) 하절기 거푸집 물축임
6) 표준습윤양생

5. 건조수축균열 원인
1) 분말도가 높은 시멘트 배합
2) 불량한 입도, 흡수율 큰 골재 사용
3) W/C 과다
4) 단위수량 과다

6. 건조수축균열 방지대책
1) 수축저감 혼화재, 팽창재 사용
2) 배합 최적화(W/C≤50%, 고성능 감수제 사용)
3) 수축줄눈
4) 섬유보강재 첨가
5) 중용열 시멘트 사용
6) 철근 배근간격 및 피복두께 준수

7. 균열 발생 시 보수 방안
1) 표면처리공법(시멘트 페이스트)
2) 주입공법(에폭시)
3) 그라우팅 공법
4) 강판 보강, 탄소섬유시트 보강공법

05 합격자의 One Point Lesson

1. 소성수축균열과 건조수축균열의 차이점을 모르는 사람이 의외로 많다. 발생시기를 이해하지 못하면 원인과 대책을 서로 엇갈려 쓸 수도 있으며, 채점관은 이를 평가기준으로 삼는다. 그러나 'Basic Concept'의 '논바닥 이야기'를 읽은 사람은 이보다 더 쉬운 문제가 없을 것이다.
2. 이 문제를 공학적으로 작성하기 위해서 표준시방서나 기출문제의 용어를 쓰는 습관을 들이자. 표면의 건조는 수축을 발생시키고, 균열로 이어지기 때문에 방지대책이 필요하다. 이때 사용하는 단어를 예를 들어 설명해 보자.
   ① 타설 후 비닐 덮기 → 타설면 PE필름 시공(표면건조 방지)
   ② 타설면 물 축이기 → 스프링클러를 통한 자동살수시설 구축(표준습윤양생기간 준수)
   ③ 천막 설치 → 일광차폐시설 설치(그늘막)
   ④ 피막양생 실시 → 콘크리트 노출면 피막양생제 균일 살포(살포량, 살포 시기 준수)

답안을 입체화하는 핵심그림 & 다이어그램

소성수축균열 발생도	건조수축균열 발생도(구속이 있는 경우)
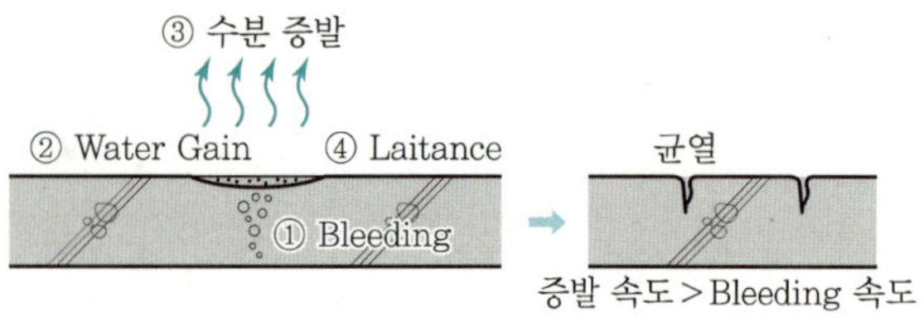 ③ 수분 증발 ② Water Gain ④ Laitance ① Bleeding → 균열 증발 속도 > Bleeding 속도 Bleeding 속도보다 수분증발 속도가 빠를 경우 소성수축균열 발생	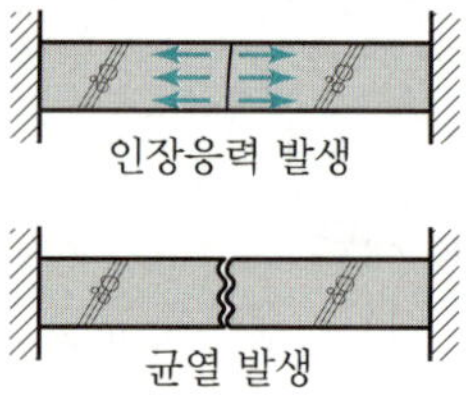 인장응력 발생 균열 발생

균열 발생 시기	팽창시멘트 사용
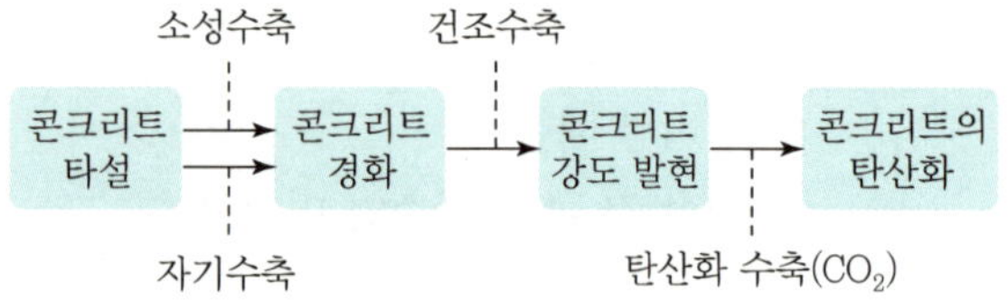 소성수축 / 건조수축 콘크리트 타설 → 콘크리트 경화 → 콘크리트 강도 발현 → 콘크리트의 탄산화 자기수축 / 탄산화 수축(CO_2)	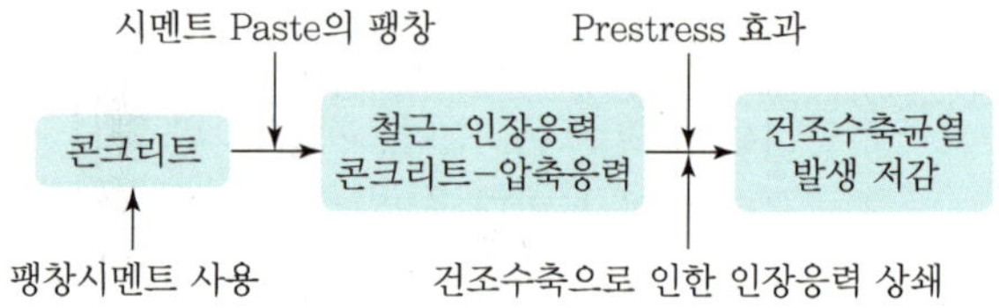 시멘트 Paste의 팽창 / Prestress 효과 콘크리트 → 철근-인장응력, 콘크리트-압축응력 → 건조수축균열 발생 저감 팽창시멘트 사용 / 건조수축으로 인한 인장응력 상쇄

주입공법	강판부착공법
보 / 기둥 주사기바늘 / 주입액 / 고무줄 ※ 균열폭 0.2mm 이상의 균열 보수에 적용	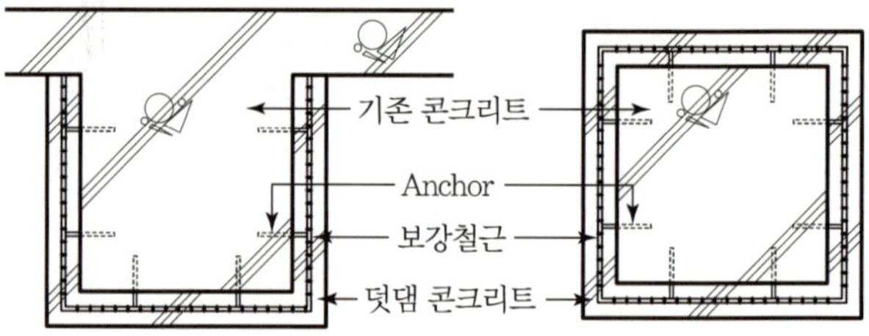 기존 콘크리트 / Anchor / 보강철근 / 덧댐 콘크리트 〈보의 보강〉 〈기둥의 보강〉

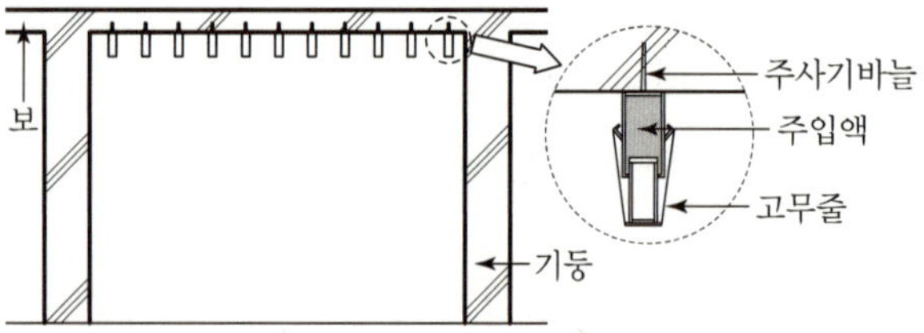

표준습윤양생기간(표준시방서 KCS 14 20 10/3.4.2항)

3.4.2 습윤 양생
(1) 콘크리트는 타설한 후 경화가 될 때까지 양생기간 동안 직사광선이나 바람에 의해 수분이 증발하지 않도록 보호하여야 한다.
(2) 콘크리트는 타설한 후 습윤 상태로 노출면이 마르지 않도록 하여야 하며, 수분의 증발에 따라 살수를 하여 습윤 상태로 보호하여야 한다. 습윤 상태로 보호하는 기간은 표 3.4-1을 표준으로 한다.

[표 3.4-1 습윤 양생 기간의 표준]

일평균기온	보통포틀랜드 시멘트	고로슬래그 시멘트 2종 플라이애시 시멘트 2종	조강포틀랜드 시멘트
15℃ 이상	5일	7일	3일
10℃ 이상	7일	9일	4일
5℃ 이상	9일	12일	5일

(3) 거푸집판이 건조될 우려가 있는 경우에는 살수하여야 한다.
(4) 막양생을 할 경우에는 충분한 양의 막양생제를 적절한 시기에 균일하게 살포하여야 한다. 막양생으로 수밀한 막을 만들기 위해서는 충분한 양의 막양생제를 적절한 시기에 살포할 필요가 있으므로 사용 전에 살포량, 시공 방법 등에 관해서 시험을 통하여 충분히 검토하여야 한다.

SECTION

24

[특수콘크리트]
서중콘크리트 타설 시 유의사항 및 양생관리

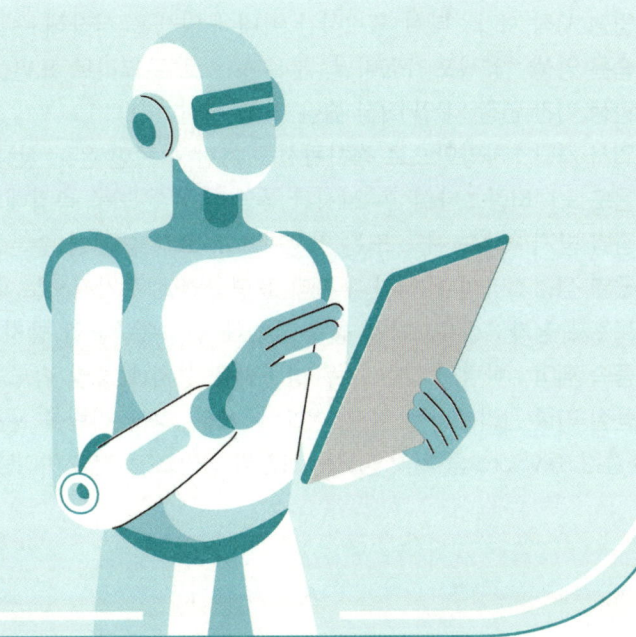

AI가 알려주는 Basic Concept & 핵심 Keyword

Basic Concept

1. 서중콘크리트 타설 시 유의사항을 도출하기 위해서는 '고온'에서 콘크리트가 어떻게 반응하는지를 생각해 보면 쉽다. '고온'에서는 모든 화학반응이 빨라지는데, 시멘트와 물이 반응하는 '수화반응'도 빨라지게 된다. 수화반응이 빠르다는 것은 강도증진이 빨리 된다는 장점이 되지만, 타설이 완료되기 전의 수화반응은 응결로 인한 슬럼프 저하, 콜드조인트 등의 문제를 발생시킨다.
2. 같은 방식으로 문제점부터 유의사항까지 순차적으로 도출해 보자.
   ① 여름(고온) → 수화반응 촉진 → 응결 촉진 → 슬럼프 저하 → 충진 불량, 배관 폐색, 타설 지연, 콜드조인트
   ② 직사광선, 고온바람, 수화열 → 표면증발 속도 증가 → 소성수축균열
3. 문제점이 나왔으니 순차적으로 유의사항을 도출하는 연습을 하자.
   ① 콘크리트 온도제어 : 재료냉각, Pipe Cooling, 거푸집 물축임, 중용열 시멘트
   ② 슬럼프 유지 : 응결지연제, 유동화제, 고성능 감수제, 운반시간 관리
   ③ 균열방지 : 차양막, 스프링클러, 습윤양생, 피막양생, 온도 모니터링

생성형 AI의 핵심 Keyword Top 20

1. 재료 냉각 : 골재, 물, 시멘트를 냉각하여 콘크리트 온도를 35℃ 이하로 유지
2. 혼화제 : 응결지연제, 감수제 등을 추가해 슬럼프 손실과 조기 응결 방지
3. 타설 시간 조정 : 이른 아침 또는 저녁 등 기온이 낮은 시간대에 타설
4. 슬럼프 관리 : 슬럼프값을 (150±25)mm 범위로 유지해 작업성 확보
5. 콜드 조인트 방지 : 연속타설을 원칙으로 하며, 중단 시 재타설 전 결합면 처리
6. 수화열 제어 : 저열 시멘트 또는 혼합재(플라이애시 등)를 사용해 수화열 감소
7. 타설 두께 제한 : 단층 두께를 50cm 이내로 제한해 열 축적 방지
8. 거푸집 냉각 : 타설 전 거푸집에 물 뿌려 표면 온도 저하(30℃ 미만 유지)
9. 이송 시간 : 플랜트 → 현장 90분 이내 완료
10. 타설 간격 : 이전 타설층과의 시간 간격 1시간 이내 유지
11. 양생 시작 시기 : 타설 후 2시간 이내에 양생을 시작해 수분증발 차단
12. 습윤 양생 : 양생포, PE비닐, 분무 등으로 콘크리트 표면을 지속적으로 습윤 상태로 유지
13. 양생 기간 연장 : 7일 이상 습윤 양생 실시
14. 일사 차단 : 차양막으로 직사광선을 차단해 표면 온도 상승 억제
15. 온도 모니터링 : 타설 후 24시간 동안 내부 온도를 측정해 계획온도 미만으로 관리
16. 증발 방지 : 방수 시트 또는 양생막으로 표면을 덮어 수분증발 최소화
17. 균열 점검 : 타설 12시간 후부터 표면균열을 주기적으로 확인하고 보수
18. 보조재 첨가 : 섬유보강재 등을 혼입해 건조수축균열 방지
19. 풍속 제어 : 바람이 강한 경우 방풍막을 설치해 증발 속도를 낮춤
20. 품질 기록 관리 : 타설 일지, 온도 데이터, 양생 이력을 문서화해 품질 이슈 추적

 추출된 Keyword 중 거짓 정보는 과감히 버리고, 차별화 아이템을 선별하여 답안에 적용하자.

고득점 합격을 위한 실전연습 & One Point Lesson

03 초안작성

1. 개요
2. 서중콘크리트 타설 시 유의사항
3. 서중콘크리트 양생관리
4. 표준습윤양생기간
5. 서중콘크리트와 한중콘크리트의 비교

04 How to Write

1. 개요
1) 하루 평균기온이 25℃를 초과하는 경우
2) 높은 외부기온으로 인하여 콘크리트의 슬럼프 저하나 수분의 급격한 증발 우려

2. 서중콘크리트 타설 시 유의사항
1) 타설온도 관리 : 타설장소에서 35℃ 이하로 관리(재료의 Precooling 실시)
2) Slump 저하 방지 : 단위수량 증가 시 강도 저하로 배합설계 유의
3) 연행공기량 감소 우려 : 콘크리트 온도 10℃ 증가 시 공기량 약 20% 감소
4) 콘크리트 비빔에서 타설 종료까지 90분 이내가 되도록 관리
5) 타설접합면은 콘크리트 타설 직전 습윤 상태 유지
6) 거푸집에 살수하여 수분증발 방지
7) 응결지연제 첨가로 응결시간 조절
8) 소성수축균열 및 온도균열 발생 유의(Bleeding수의 증발속도 제어)
9) 이전 타설층과의 시간 간격 1시간 이내 유지(콜드조인트 방지)
10) 수화열 제어를 위한 플라이애시 또는 저열시멘트 사용

3. 서중콘크리트 양생관리
1) 습윤양생 : 5일 이상 습윤 상태 유지(타설 후 24시간 동안 노출면 건조 방지)
2) Sprinkler(스프링클러) : 표면을 Sheet로 덮고 살수하여 표면건조 억제
3) 피막양생 : 피막양생제 사용
4) 차양막 설치 : 콘크리트 표면을 직사광선에 의한 건조로부터 보호
5) Pipe Cooling 실시 : 25mm Pipe를 수평으로 배치하고 냉각수를 통과
6) 콘크리트 내부 온도 실시간 모니터링

4. 표준습윤양생기간
5. 서중콘크리트와 한중콘크리트의 비교

05 합격자의 One Point Lesson

1. 서중콘크리트나 한중콘크리트는 계절적인 문제로 빈출 문제이다. 특히 1년 중 절반을 차지하는 겨울과 여름에는 극단적인 기온적 특성을 보이며, 콘크리트의 품질관리에 큰 영향을 줄 수 있기 때문이다.
2. 유의사항에 대한 문제는 다양한 방향에서 설명하면 고득점을 기대할 수 있다. 단순히 시공적 측면만 나열하는 것이 아니라, 시공 전과 시공 후의 유의사항을 꼭 언급할 수 있도록 기억하자.
   ① 시공 전 : 재료 배합(수화열 저감 시멘트, 재료 냉각), 타설계획(차량 배차, 돌림타설, 압송관 길이)
   ② 시공 후 : 양생관리계획, 온도 모니터링
3. 이러한 규칙은 서중콘크리트뿐만 아니라 한중콘크리트에도 적용된다. 가장 마지막에는 서중콘크리트와 한중콘크리트를 비교하여 특수콘크리트에 대한 이해 정도를 어필할 수 있다.

답안을 입체화하는 핵심그림 & 다이어그램

Precooling 방식

재료	특징	효과
냉수(배합수)	비빔온도 저하	물온도 −4℃에 콘크리트 온도 −1℃ 저하
얼음 사용	비빔온도 저하	10kg의 얼음으로 콘크리트 온도 −1℃ 저하
굵은 골재 냉수살수	재료온도 저하	굵은 골재온도 −2~3℃에 콘크리트온도 −1℃ 저하
액체질소분사	비빔 후 콘크리트에 분사	액체질소 12~16kg/m³에 콘크리트온도 −1℃ 저하
액체질소 잔골재 냉각	잔골재의 표면수 냉각 비빔온도 저하	잔골재온도를 50~80℃ 저감시켜 콘크리트의 온도 20℃ 저감 가능

콜드조인트 발생도

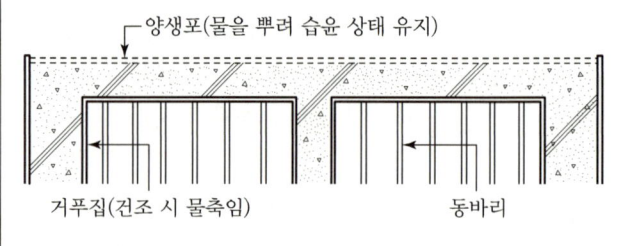

온도균열 발생 Flow

콘크리트 타설 ─── 수화열
↓
콘크리트 내부온도 상승
↓
콘크리트 외부 수축작용 ─── 내부 콘크리트의 구속
↓
콘크리트 표면에 인장응력 발생 ─── 인장응력이 콘크리트의 인장강도 초과
↓
균열 발생

습윤양생

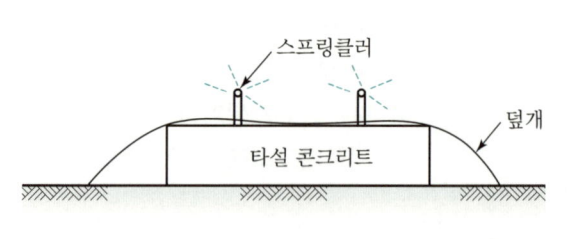

차양막 설치도

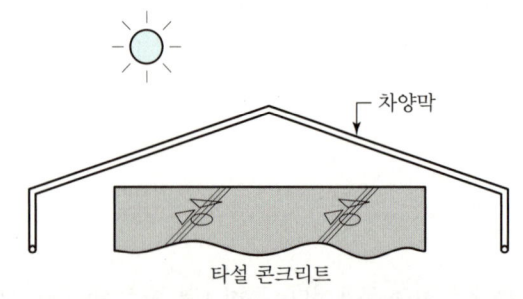

스프링클러 설치도

서중콘크리트의 품질검사(표준시방서 KCS 14 20 41/3.5항)

항목	시험·검사방법	시기·회수	판단 기준
외기온도	온도측정	공사시작 전 및 공사 중	하루 일평균기온이 25℃를 초과하는 경우
재료온도		계획한 온도 범위 내	
비빔온도		계획한 온도 범위 내	
타설온도		공사 중	35℃ 이하 및 계획한 온도의 범위 내(3.3 타설에 적합할 것), 매스 콘크리트의 경우는 KCS 14 20 42(3.3)에 준할 것
운반시간	시간 확인	공사시작 전 및 공사 중	비비기로부터 타설 종료까지의 시간은 1.5시간 이내 및 계획한 시간 이내일 것

SECTION 25

[특수콘크리트]
매스 콘크리트 타설 시 균열발생 원인과 온도균열 저감대책

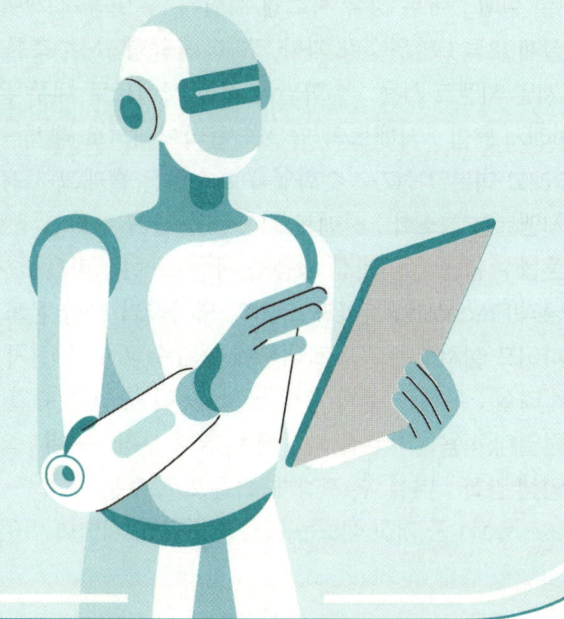

AI가 알려주는 Basic Concept & 핵심 Keyword

Basic Concept

1. 매스 콘크리트는 주로 구조체의 기초, 옹벽, 댐 등에 적용된다. 즉, 매스 콘크리트는 주요 구조부재에 사용되는 중요한 역할의 콘크리트이기 때문에 균열 방지를 위한 시공관리 방안이 필요하다.
2. 매스 콘크리트의 수화열로 인하여 발생하는 균열을 온도균열이라고 한다. 온도균열은 크게 2가지의 형태로 발생한다.
   ① 내부구속에 의한 균열 : 쉽게 정의하면 매스 콘크리트 덩어리 자체를 중심부와 외곽부로 나누었을 때, 서로 간의 온도차로 발생하는 균열이다. 즉, 콘크리트 내부 문제로 발생한 균열인 것이다.
   ② 외부구속에 의한 균열 : 매스 콘크리트를 하나의 전체 덩어리로 보았을 때 수화열에 의해서 전체적으로 온도 상승 및 부피 팽창이 발생한다. 이후 수화반응이 종료되면서 온도 하강 및 수축으로 균열이 발생한다. 즉, 기존에 타설된 구조체가 수축하려는 매스 콘크리트의 양팔을 잡고 구속하고 있으니, 살이 찢어지는 것처럼 균열이 생긴다.
3. '내외부 온도차가 최대로 되는 시기'와 '온도 하강이 되는 시기'가 다르기는 하지만, 실질적으로는 이 2가지를 명확히 구분하기는 어렵다. 그러나 기술사 시험에서 원인을 구분하여 작성하는 이유는 원인에 맞는 저감대책을 각각 작성하기 위한 빌드업이라고 생각하면 된다.

생성형 AI의 핵심 Keyword Top 20

1. 원인 수화열 축적 : 매스 콘크리트 내부의 수화열로 외부와 온도차 발생 → 열응력 균열 유발
2. 냉각속도 불균형 : 표면 급랭 vs 내부 서랭 → 열수축 차로 인한 표면균열
3. 구속 조건 : 기초부나 기존 구조물에 구속된 상태 → 열팽창 시 인장응력 집중
4. 소성수축 : 타설 직후 수분증발로 표면이 수축 → 미세 균열 발생(고온/강풍 환경)
5. 건조수축 : 경화 후 수분증발 → 체적 감소로 인한 균열
6. 시멘트 사용량 과다 : 수화열 증가 → 내부 온도 상승 폭 확대
7. 양생 부족 : 초기 수분 공급 미흡 → 표면 건조 및 수축 균열 심화
8. 팽창재 미사용 : 건조수축 보상용 팽창재 누락 → 체적 감소 균열 발생
9. 온도 조절 실패 : 내부 냉각 시스템 미설치 → 열응력 제어 불가
10. 배합 설계 오류 : 단위수량 과다, W/C 불균형 → 수축률 증가
11. 대책 저열 시멘트 사용 : 수화열이 적은 시멘트로 내부 온도 상승 억제
12. 플라이애시 혼합 : 시멘트의 일부를 플라이애시로 대체 → 수화열 감소 및 장기 강도 향상
13. 고로슬래그 미분말 첨가 : 수화열을 흡수하는 슬래그 사용 → 내부 온도 조절 및 내구성 증가
14. 단위 시멘트량 최소화 : 시멘트 사용량을 줄여 수화열 총량 감소
15. 얼음 혼합수 활용 : 물 대신 얼음을 사용 → 콘크리트 초기 온도 저하
16. 골재 냉각(Precooling) : 골재를 미리 냉각시켜 타설 온도 조절
17. 냉각 파이프 설치 : 콘크리트 내부에 냉각수 파이프 설치 → 수화열 제거
18. 단계적 타설 : 두께를 얇게 층별 타설 → 각 층별 수화열 분산
19. 표면 단열재 적용 : 거푸집 외부에 단열재 부착 → 내·외부 온도차 완화
20. 습윤 양생 강화 : 타설 후 포장재/습윤포로 수분 유지 → 건조수축 및 표면균열 방지

추출된 Keyword 중 거짓 정보는 과감히 버리고, 차별화 아이템을 선별하여 답안에 적용하자.

고득점 합격을 위한 실전연습 & One Point Lesson

03 초안작성

| 1. 개요 | 2. 균열발생 원인 | 3. 온도균열 저감대책 | 4. 온도균열지수 |

04 How to Write

1. 개요
부재의 단면이 800mm 이상이거나 하단에 구속이 있을 경우에는 두께 500mm 이상의 벽체에 과도한 수화열 발생으로 균열이 발생

2. 균열발생 원인
1) 내부구속에 의한 균열 : 구조체의 내외부 온도차에 의해 발생하는 균열
2) 내부구속에 의한 균열발생 과정 : 타설 → 콘크리트 내부 온도 상승 → 콘크리트 표면온도 저하 → 표면 인장응력 발생 → 균열 발생
3) 외부구속에 의한 균열 : 온도 상승 및 팽창 후, 온도 하강 및 수축 시 지반 또는 기타설된 콘크리트에 의해 구속되어 발생
4) 외부구속에 의한 균열발생 과정 : 타설 → 콘크리트 내부 온도 상승/팽창 → 콘크리트 온도 하강/수축 → 기타설 콘크리트 구속 → 균열 발생

3. 온도균열 저감대책
1) 재료의 Precooling 실시 : 물온도 −4℃ 또는 골재온도 −4℃ → 콘크리트 온도 −1℃ 저하
2) Pipe Cooling 실시 : 25mm Pipe를 수평으로 배치하고, 냉각수 통과
3) 콘크리트 내부 실시간 온도 모니터링 : 내외부 온도차 25℃ 이하 관리
4) 콘크리트 분할타설 : 1차 타설 및 수화열 저감 후 2차 타설 실시
5) 표면냉각 방지 : 대기에 면하는 표면의 보온(스폰지)
6) 수축이음 설치 : 설치간격은 4~5m(단면감소율은 20% 이상)
7) 중용열 시멘트 또는 저열 시멘트 사용
8) 적정 혼화제의 첨가 : AE감수제 지연형, 고성능 AE감수제 지연형, 감수제 지연형
9) 온도철근의 배근

4. 온도균열지수
1) 균열을 방지할 경우 : $I_{cr} \geq 1.5$
2) 균열 발생을 제한할 경우 : $1.2 \leq I_{cr} < 1.5$
3) 유해한 균열 발생을 제한할 경우 : $0.7 \leq I_{cr} < 1.2$

05 합격자의 One Point Lesson

1. 매스 콘크리트 문제에서는 쓸 수 있는 아이템이 너무 많지만, 이 중에서도 필수적으로 들어가야 하는 공식이 있다. 이 공식이 없으면 절대 합격점수를 받을 수 없다. 그것은 바로 온도균열지수이다.
2. 매스 콘크리트의 문제점은 '수화열 축적'과 '열응력'에 의한 온도균열이다. 온도균열을 방지하기 위한 기본 원리는 온도응력을 작게 하면서 콘크리트의 인장강도는 크게 하는 것이다. 이러한 원리가 사전에 검토되고 계획되기 위해서는 온도균열지수를 필히 산정해야 하며, 이것이 답안의 필수 키워드가 된다.
3. 흙막이문제에서는 계측관리, 매스 콘크리트에서는 온도균열지수, 철골공사에서는 볼트조임검사처럼 빠뜨리면 절대 안 되는 아이템이 있다. 서브노트에 그림과 함께 차별화시켜 준비해 두자.

답안을 입체화하는 핵심그림 & 다이어그램

내부구속에 의한 균열	외부구속에 의한 균열
〈콘크리트 단면 내 온도분포〉 〈콘크리트 단면 내 응력분포〉 〈균열발생 시기〉	온도하강이 발생하는 시기 이 시기에 균열 발생 가능성이 높음

균열유발줄눈 설치	온도균열지수
벽두께(D), 균열유발줄눈, 벽높이(H), 0.8D 이하, 기초콘크리트	온도균열지수(I_{cr}) = 인장강도 / 온도응력 최댓값 ① 균열을 방지할 경우 : $I_{cr} \geq 1.5$ ② 균열 발생을 제한할 경우 : $1.2 \leq I_{cr} < 1.5$ ③ 유해한 균열 발생을 제한할 경우 : $0.7 \leq I_{cr} < 1.2$

분할타설	표면 보온
Construction joint, 1,200, 400/400/400, 3차 타설구간 / 2차 타설구간 / 1차 타설구간	스폰지 등 보온재, 거푸집(내부 온도 하강 시까지 지속)

온도균열의 제어(표준시방서 KCS 14 20 42/1.6항)

(1) 매스 콘크리트를 시공할 때는 구조물에 필요한 기능 및 품질을 손상시키지 않도록 온도균열을 제어하여야 하며, 이를 위하여 콘크리트의 품질 및 시공 방법의 선정, 수축·온도철근의 배치 등의 적절한 조치를 취하여야 한다.
(2) 매스 콘크리트를 설계하고 시공할 때 유의사항은 온도균열의 제어이기 때문에 건설되는 구조물의 용도, 필요한 기능 및 품질에 대응하도록 균열방지 대책을 수립하거나 균열의 폭, 간격, 발생 위치에 대한 제어를 실시하여야 한다.
(3) 매스 콘크리트를 시공할 때는 시멘트, 혼화 재료, 골재 등의 재료 및 배합의 적절한 선정, 블록분할과 이음 위치, 콘크리트 타설의 시간간격의 선정, 거푸집 재료 및 종류와 구조, 콘크리트의 냉각 및 양생 방법의 선정 등을 검토하여야 한다.
(4) 구조물을 설계할 때에 신축이음이나 수축이음을 계획하여 균열 발생을 제어할 수도 있으며, 이때 구조물의 기능을 고려하여 위치 및 구조를 정하고 필요에 따라서 배근, 지수판, 충전재를 설계한다. 특히, 외부구속을 많이 받는 벽체 구조물의 경우에는 수축이음을 설치하여 균열 발생 위치를 제어하는 것이 효과적이므로 이를 검토하여야 한다.
(5) 그 밖의 균열방지 및 제어방법으로는 콘크리트의 선행 냉각, 관로식 냉각 등에 의한 온도저하 및 제어방법, 팽창콘크리트의 사용에 의한 균열방지방법 또는 수축·온도철근의 배치에 의한 방법 등이 있는데, 그 효과와 경제성을 종합적으로 판단하여야 한다.

SECTION

26

[특수콘크리트]
건축물의 내진, 면진, 제진구조의 특징 및 시공 시 유의사항

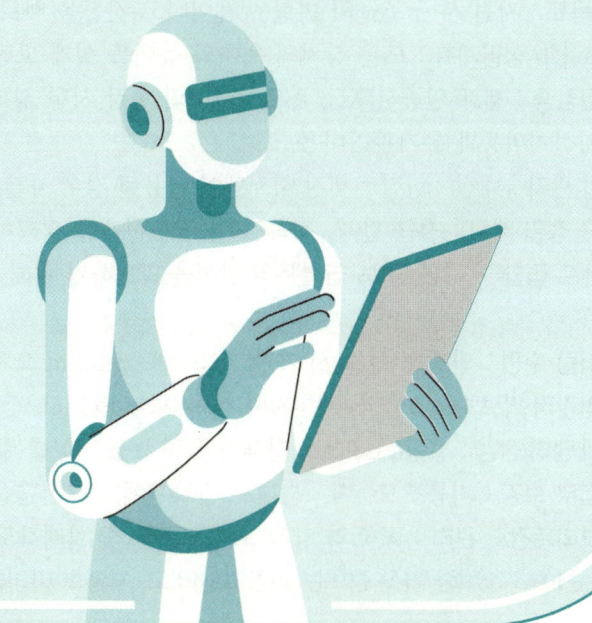

AI가 알려주는 Basic Concept & 핵심 Keyword

Basic Concept

1. 지난 10년간 경주, 포항, 울진 등에서 크고 작은 지진이 발생되면서 더 이상 우리나라도 지진의 안전지대가 아님이 증명되었다. 또한 2025년 대만 지진에서도 알 수 있듯이, 지진으로 인한 건물 붕괴 시 대규모 인명피해가 발생할 수 있으므로 건축물을 지진으로부터 안전하게 보호할 수 있는 설계와 시공이 필요하다.
2. 지진에 대응하는 구조 방식은 크게 내진구조, 면진구조, 제진구조 3가지로 구분할 수 있다. 이 3가지 방식을 비유를 들어 아주 쉽게 설명하고자 한다. 트럭으로 꽃병을 운반하려고 하는데, 울퉁불퉁한 비포장도로를 지나야 하는 상황이다. 요동치는 트럭은 지진이고, 꽃병은 건축물이며, 꽃병이 깨지지 않고 비포장도로를 무사히 지나 목적지까지 도착하는 것이 목표이다.
   ① 내진구조 ┌ 꽃병 자체를 더 강한 재질로 만드는 방식 예 일반유리 → 강화유리
              └ 작은 충격에는 강하지만, 재질의 강도보다 큰 충격에 쉽게 파손
   ② 면진구조 ┌ 꽃병과 트럭 사이에 푹신한 고무매트를 까는 방식
              └ 진동 흡수 및 충격 완화(지속적인 고무매트 교체 필요로 유지보수비용 발생)
   ③ 제진구조 ┌ 상자 안에 꽃병을 넣고, 용수철로 상자에 고정하는 방식
              └ 용수철이 꽃병의 움직임을 반대방향으로 제어(용수철은 댐퍼 역할)

생성형 AI의 핵심 Keyword Top 20

1. **내진** 내진구조 : 지진에너지를 구조물 자체의 강성과 연성으로 흡수
2. 내진기법 : 철근콘크리트 보강, 전단벽, 가새골조, 모멘트 저항골조
3. 내진목표 : 지진 시 구조물의 붕괴를 방지하고 인명 피해 최소화
4. **면진** 면진구조 : 지반과 구조물 사이에 면진장치를 설치해 지진에너지를 차단
5. 면진기법 : 고무-강판 적층 베어링(LRB), 슬라이딩 베어링, 감쇠장치 병용
6. 면진목표 : 지진 시 구조물의 수평 가속도를 1/3~1/5 수준으로 감소
7. **제진** 제진구조 : 댐퍼(Damper)를 설치해 지진에너지를 흡수·분산
8. 제진기법 : 유체 댐퍼(점성), 금속 소성 댐퍼, 마찰 댐퍼, TMD(조종추)
9. 제진목표 : 지진 시 구조물의 변형을 제어하고 진동을 빠르게 감쇠
10. **유의사항** 정밀계측 : 모든 장치의 위치와 높이를 설계 도면과 100% 일치
11. 품질검증 : 재료 인증서(KC, ISO) 확인 및 현장 시험 성적서 작성 필수
12. 초기설치비용과 유지관리비용 고려
13. 통합 관리 : 내진·면진·제진 시스템이 병용될 경우 사전 시뮬레이션을 통한 상호 간섭 검토
14. 철근 정밀 배치 : 철근 간격, 정착길이, 겹침이음을 정확히 적용, 지진하중에 저항
15. 모멘트 접합부 : 기둥-보 연결부의 연성을 확보하기 위해 후프 철근 추가 및 콘크리트 타설밀도 관리
16. 베어링 수평 : 면진층 설치 시 레벨 게이지로 ±2mm 오차 범위 내 베어링의 평탄도 유지
17. 격리간격 확보 : 구조물과 주변 지반 사이 최소 300mm 간격을 유지해 지진 시 자유변형 허용
18. 유체 댐퍼 점검 : 실링(Sealing) 상태와 유체 누출 여부를 주기적으로 확인하여 성능 저하 방지
19. 접합부 보강 : 기둥-보, 벽-슬래브 접합부에 전단철근을 추가 배치하여 취약점 보완
20. 콘크리트강도 관리 : W/C와 양생 조건을 관리해 설계강도 충족

 추출된 Keyword 중 거짓 정보는 과감히 버리고, 차별화 아이템을 선별하여 답안에 적용하자.

고득점 합격을 위한 실전연습 & One Point Lesson

03 초안작성

| 1. 개요 | 4~5. 면진구조의 특징 및 유의사항 | 8. 내진, 면진, 제진구조 비교 |
| 2~3. 내진구조의 특징 및 유의사항 | 6~7. 제진구조의 특징 및 유의사항 | |

04 How to Write

1. 개요 : 지진을 제어하기 위한 건축물의 구조방식은 크게 내진 · 면진 · 제진구조로 구분

2. 내진구조의 특징
  1) 구조물 내에 강성이 우수한 부재를 설치하여 지진에 견딜 수 있게 하는 구조
  2) 내진구조 요소 : 라멘, 내력벽, 전단벽, 가새골조, 구조체 Tube System
  3) 강성이 강함
  4) 부재 간의 연속성 · 단일성 · 연결성 중요

3. 내진구조 시공 시 유의사항
  1) 내진설계기준을 충족하는 콘크리트 압축강도 확보(다짐 및 양생관리)
  2) 내진배근의 적용(스파이럴 후프, 폐쇄형 스트럽, 접합부 전단철근 보강)

4. 면진구조의 특징
  1) 지반과 구조물 사이에 절연체 설치, 지반의 진동에너지가 구조물에 크게 전파되지 않게 하는 구조
  2) 면진구조 요소 : 탄성 받침, 저감쇠 고무 받침, 납면진 받침, 고감쇠 천연고무 받침, 미끄럼 받침
  3) 에너지 소산 효과가 탁월
  4) 자체적으로 복원성 보유

5. 면진구조 시공 시 유의사항
  1) 지진 발생으로 손상 시 수리 및 대체가 용이한 구조로 함
  2) 구조물과 주변 지반 사이 격리 간격 확보, 지진 시 자유변형 허용(최소 300mm)

6. 제진구조의 특징
  1) 구조물 내외부의 제진장치를 통해 지진파의 반대파를 생성하여, 지진파를 감소 · 상쇄 · 소멸 시키는 구조
  2) 제진구조 요소 : 점탄성 감쇠기, 점성유체 감쇠기, 동조 감쇠기, 항복형 감쇠기, 능동형 감쇠기
  3) 초기설치비용 큼
  4) 유지보수비용 발생

7. 제진구조 시공 시 유의사항
  1) 댐퍼와 TMD 설치 후 실제 하중을 가해 에너지 흡수율과 감쇠 효과 검증(동적 성능시험)
  2) 댐퍼 · 베어링 주변에 유지보수 공간 확보(점검 통로 500mm 이상)

8. 내진, 면진, 제진구조 비교

05 합격자의 One Point Lesson

1. 시사성 문제로 지진 이슈가 있게 되면 반드시 서브노트를 준비해야 하는 문제이다. 국내외의 지진상황을 주의깊게 살펴보고, 최근 지진사례로 서론을 시작하면 좀 더 채점관에게 어필할 수 있다.
2. 답안 작성 시에는 그림과 글자의 조화가 중요하다. 내진구조는 내진배근 관련 그림을, 면진구조는 건물 사이에 고무받침 그림을, 제진구조는 TMD 그림을 준비하여 답안에 작성한다면 자연스럽게 레이아웃까지 만들어 낼 수 있다.
3. 마지막 페이지에서는 내진, 면진, 제진의 비교표를 통해서 각 구조에 대해 잘 이해하고 있음을 보여주는 것도 가점요소가 될 수 있다.

[특수콘크리트] 건축물의 내진, 면진, 제진구조의 특징 및 시공 시 유의사항

답안을 입체화하는 핵심그림 & 다이어그램

내진, 면진, 제진구조 특징

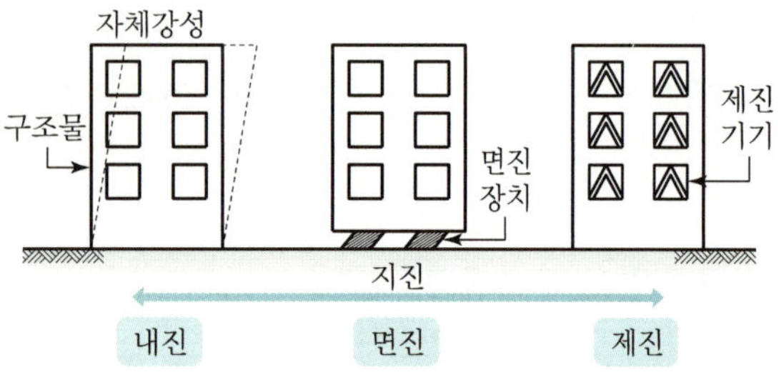

구조물 — 자체강성 / 면진장치 / 제진기기
지진 → 내진 / 면진 / 제진

내진구조 요소

요소	내용
라멘	수평력에 대한 저항을 기둥과 보의 접합 강성으로 저항
내력벽	라멘과의 연성효과로 구조물의 휨 방향 변형을 제어함
구조체 Tube System	• 내력벽의 휨 변형을 감소시키기 위해 외벽을 구체구조로 함 • 라멘구조에 비해 휨변위가 1/5 이하로 감소
D.I.B (Dynamic Intelligent Building)	구조물이 지진에 흔들려도 컴퓨터를 이용하여 흔들리는 반대방향으로 구조물을 움직여서 지진에 대한 진동을 소멸시키는 장치가 설치된 구조

Tube System

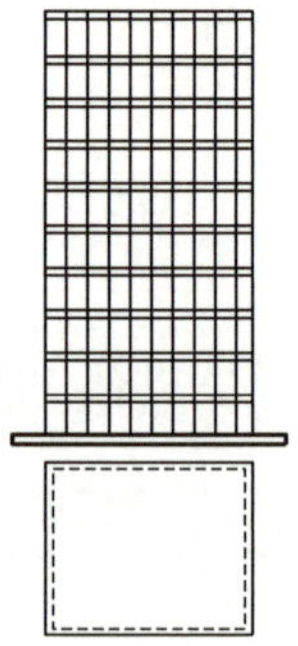

〈골조튜브(Framed Tube)〉 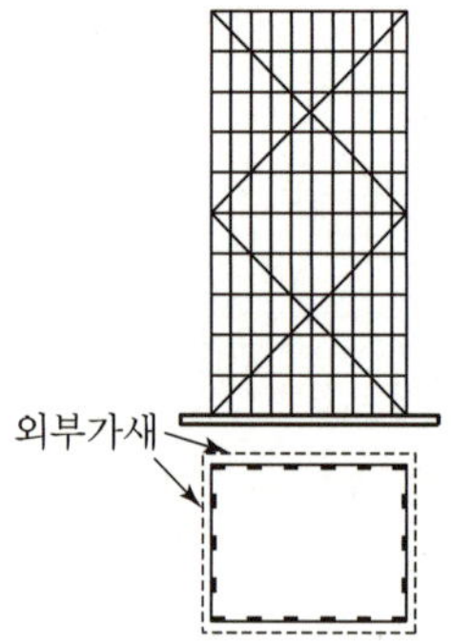 〈가새튜브(Trussed Tube)〉 외부가새

내진철근 배근도(기둥)

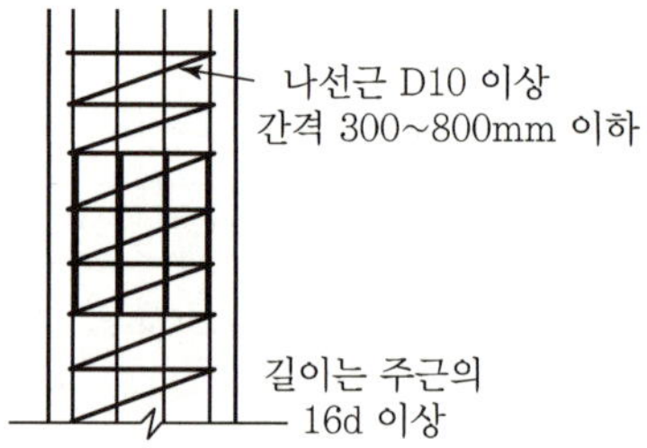

나선근 D10 이상
간격 300~800mm 이하
길이는 주근의 16d 이상

제진장치 - TMD

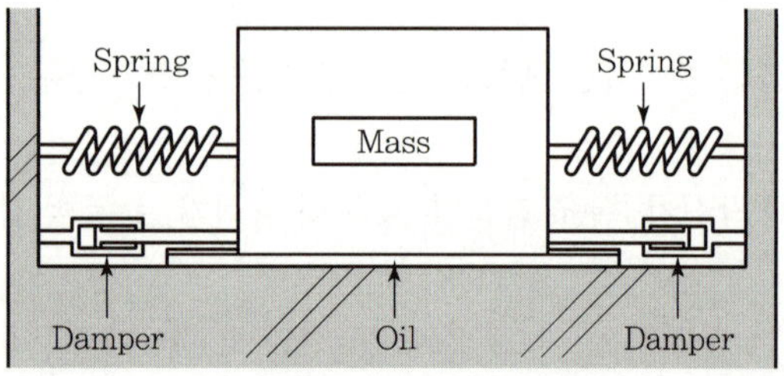

Spring, Mass, Damper, Oil

제진장치 - TLD

칸막이, Concrete Tank, 액체의 힘, 건물의 움직임 방향

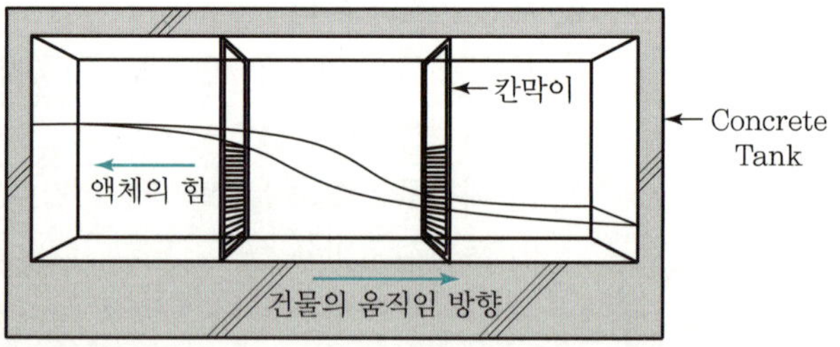

내진, 면진, 제진구조의 비교

구분	내진구조	면진구조	제진구조
개념	구조물 내에 강성이 우수한 부재(내력벽 등)를 설치하여 지진에 견딜 수 있게 하는 구조	지반과 구조물 사이에 절연체를 설치하여 지반의 진동에너지를 구조물에 크게 전파되지 않게 하는 구조	구조물에 제진기기를 부착하여 다가오는 지진파에 반대파를 작동하여 지진파를 감소, 상쇄 및 변형시켜 지진파를 소멸시키는 구조
특징	• 건축물 부재 단면 증대 • 비경제적 설계 우려 • 건축물의 자중 증가	• 안전성 향상 • 설계자유도 증가 • 거주성 향상 • 건축물 기능성 유지	• 구조물의 사용성 확보 • 중규모 이상 지진 발생 시 손상방지를 위한 설계 필요 • 건축물 비구조재 등의 보호에는 한계
장치	• 연성이 좋은 재료 • 경량의 강성 재료	• 탄성받침 • 천연 또는 합성고무 받침 • 납면진 받침 • 고감쇠 천연고무 받침 • 미끄럼 받침	• 점탄성 감쇠기 • 점성유체 감쇠기 • 동조 감쇠기 • 항복형 감쇠기 • 능동형 감쇠기

SECTION 27

[특수콘크리트]
제치장콘크리트 시공 시 품질관리사항

AI가 알려주는 Basic Concept & 핵심 Keyword

Basic Concept

1. 제치장콘크리트는 우리에게 노출 콘크리트로 많이 알려져 있다. 마감 없이 콘크리트면 자체가 노출되기 때문이다. 표준시방서상에는 '외장용 노출 콘크리트'로 별도의 시방규정을 제시하고 있다.

2. 제치장콘크리트의 시공 시 '문제점'이 무엇인지를 생각해 보면 그에 대한 관리방안도 쉽게 도출해 낼 수 있다. 제치장콘크리트의 가장 큰 단점은 별도의 도장마감이나 석재마감이 없기 때문에 표면결함 발생 시 그대로 노출된다는 점이다. 물론 시멘트 페이스트로 부분적 표면처리가 가능하지만, 보수 부위의 이색이 발생할 수 있어 미관상 매우 불량해질 수 있다.

3. 따라서 제치장콘크리트의 주요 품질관리사항은 `표면결함이 발생하지 않도록 콘크리트 배합`을 하고, 시공 시 `콜드조인트나 충진 불량`이 발생하지 않도록 관리를 하는 것이다.
   ① 슬럼프 저하 `문제점` 충진 불량, Honey Comb `방지방안` 운반시간관리, 다짐관리
   ② 타설 중단 `문제점` 콜드조인트 `방지방안` 연속타설, 레미콘 공급차량 관리
   ③ 거푸집 불량 `문제점` 표면 요철 `방지방안` 이음부 수밀성 확보, 지지대 보강
   이 밖에도 다양한 관리사항이 있으며, '핵심 Keyword'와 'How to Write'를 통해서 좀 더 공부해 보자.

생성형 AI의 핵심 Keyword Top 20

1. `원인` 부적절한 배합 설계 : 과다한 물시멘트비(W/C) → 강도 저하 및 수축 균열 발생
2. 골재 입도 불균형 : 재료분리 유발
3. 공기연행제 부족 : 동결융해 저항성 감소
4. 재료 품질 불량 : 오염된 골재(점토, 유기물) → 강도 약화, 풍화 시멘트 → 수화반응 지연
5. 장시간 운반 : 응결 시작으로 슬럼프 손실 → 작업성 저하 및 재료 분리
6. 믹서트럭 교반 불량 : 저속 회전(2rpm 미만) → 골재 침하 및 재료 분리
7. 높은 타설낙차 : 1.5m 이상 자유낙하 → 골재와 모르타르 분리
8. 과도한 진동 다짐 : 모르타르 상승 → 표면 부착력 약화 및 허니컴 발생
9. 콜드조인트 발생 : 타설 간격 과다 → 층간 결합 불량
10. 불충분한 양생 : 초기수분 증발 → 소성수축균열 및 표면 박리
11. 표면결함 발생 : 건조수축균열, 온도균열, 동결융해, 스케일링
12. 거푸집 누수 : 거푸집 틈새 → 모르타르 유출 및 허니컴 형성
13. 철근 피복두께 부족 : 철근 노출 → 부식 및 콘크리트 박리
14. `대책` 소성수축균열 방지 : 강풍 시 방풍막 설치
15. 재료분리 방지 : 슬럼프 (150±25)mm, 타설낙차 1.5m 이하, 거푸집 밀실 시공, 내부진동기 10~30초 다짐
16. 습윤 양생 : 초기 양생 2시간 이내 시작(PE필름, 스프링클러)
17. 콜드조인트 방지 : 타설 간격 30분 이내 유지, 재타설 전 결합면 세척 및 접착제 도포
18. 공기량 4~6% 유지(공기연행제 사용)
19. 방청철근 사용 및 피복두께 10mm 추가 확보
20. 콘크리트 품질관리 : W/C 준수, 압축강도 확인, 현장가수 금지

 추출된 Keyword 중 거짓 정보는 과감히 버리고, 차별화 아이템을 선별하여 답안에 적용하자.

고득점 합격을 위한 실전연습 & One Point Lesson

 **초안작성**

1. 개요
2. 제치장콘크리트 시공 시 결함 유형
3. 제치장콘크리트 시공 시 품질관리사항
4. 제치장콘크리트면의 보수

 **How to Write**

1. 개요 : 별도의 마감 없이 노출되는 콘크리트면 자체가 치장이 되는 콘크리트
2. 제치장콘크리트 시공 시 결함 유형
   1) 재료 분리 : 과도한 슬럼프, 높은 타설낙차
   2) 균열 발생 : 소성수축균열, 온도균열, 건조수축균열
   3) 콜드조인트 : 타설 중단 시간 초과
   4) 허니컴 : 진동 다짐 불충분, 거푸집 누수
   5) 표면 박리 : 동결융해 반복, 염분 침투, 피복두께 부족
   6) 저강도 : W/C 과다, 압축강도 미달
   7) 스케일링 : 표면 동결, 염해
3. 제치장콘크리트 시공 시 품질관리사항
   1) 노출면 이색 관리 : 층별 동일 레미콘, 동일 배합 시공
   2) 콘크리트 마감면 평탄도 관리 : 3m당 7mm 이하
   3) 콜드조인트 방지 : 운송차량 확보, 연속타설 실시, 출하에서 타설까지 60분 이내 관리
   4) 피복두께 확보 : 최소피복두께에서 추가 10mm 확보
   5) 격리재(Separator) 구멍 처리 : PVC Cone 위치의 방수처리 시 이색에 유의
   6) 건조수축균열 최소화 : 단위수량 감소, 팽창재나 수축저감제 사용
   7) 거푸집 면정리 철저 : 파손 및 흡집 거푸집 사용 금지, 이음부 누수 방지 처리, 거푸집 평활도 확인
   8) 타설 시 재료분리 방지 : 타설 낙하높이 1.5m 이하 관리, 합판 설치 후 부어넣기
   9) 다짐 철저 : 30cm 간격 다짐으로 콘크리트 공극 및 재료분리 방지
   10) 양생 철저 : 표준습윤양생기간 준수
   11) 배합설계 : 물결합재비 50% 이하, G_{max}=20mm, 슬럼프 150~210mm
   12) 철근 결속선에 의한 녹방지 : 결속선의 끝은 콘크리트 내측면으로 고정
4. 제치장콘크리트면의 보수

 **합격자의 One Point Lesson**

1. 표준시방서에는 노출 콘크리트의 필요성능에 대해서 배합부터 거푸집, 양생까지 자세하게 규정하고 있다. 따라서 주요사항은 표준시방서를 기준으로 작성해 준다. 여러 수치가 나오지만, 무조건 한 가지는 기억해야 한다. '물결합재비 50% 이하, G_{max}=20mm, 슬럼프 150~210mm'
2. 이유를 알면 암기가 쉽다. 노출 콘크리트에서 균열과 곰보(허니컴)는 치명적 결함이다. 따라서 건조수축균열을 방지하기 위해 물결합재비를 최소화한다. 곰보를 방지하기 위해서는 철근에 골재 걸림이 없도록 굵은 골재 치수를 줄이고, 슬럼프는 높여서 유동성을 충분히 확보할 수 있도록 배합설계를 한다.
3. 단순히 외우려고 하지 말고, 기준을 정한 이유를 알면 자연스럽게 암기할 수 있다.

답안을 입체화하는 핵심그림 & 다이어그램

노출 콘크리트 시공도	노출 콘크리트 결함
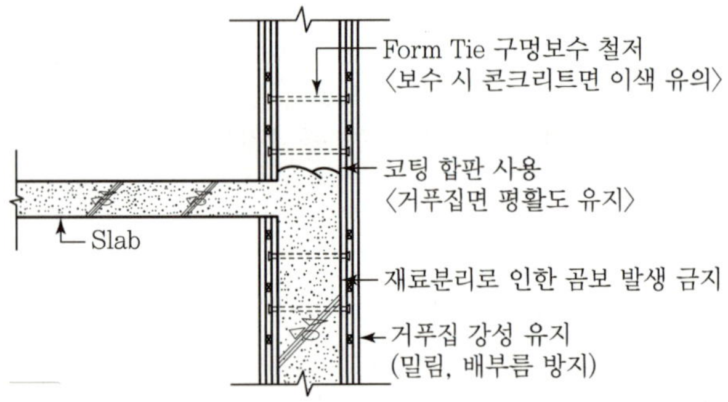 Form Tie 구멍보수 철저〈보수 시 콘크리트면 이색 유의〉 코팅 합판 사용〈거푸집면 평활도 유지〉 Slab 재료분리로 인한 곰보 발생 금지 거푸집 강성 유지 (밀림, 배부름 방지)	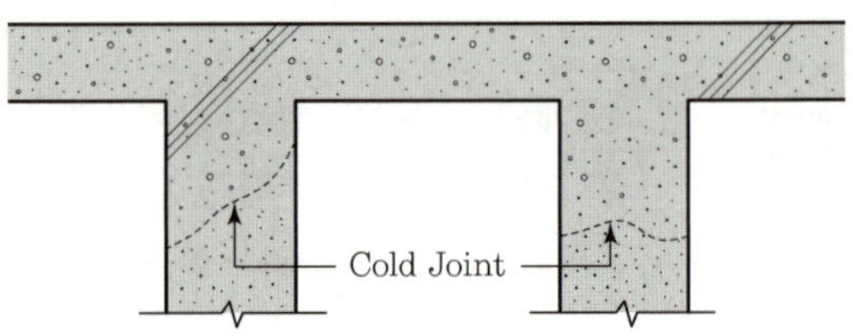 Cold Joint 〈기둥에서의 Cold Joint 발생〉
방수 Mortar 이색 발생	거푸집 시공 관리
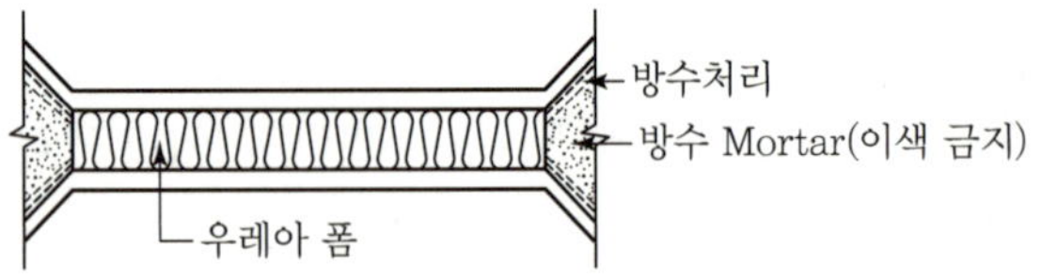 방수처리 방수 Mortar(이색 금지) 우레아 폼 〈PVC Cone〉	평활도 유지 / 코팅면 들뜸 / 교체 / 이음부 처리 철저

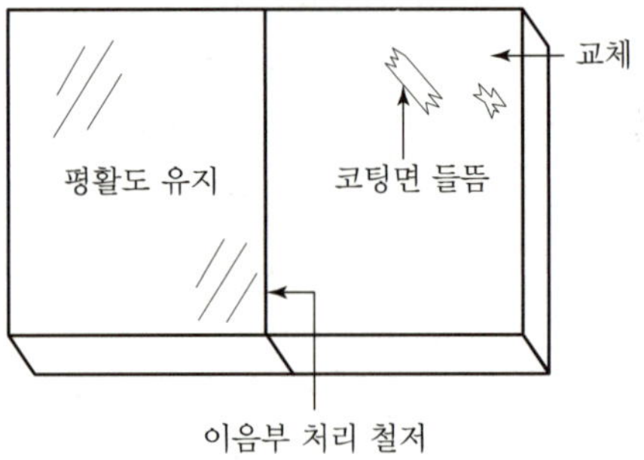

외장용 노출 콘크리트 배합(표준시방서 KCS 14 20 60/2.2항)

2.2 배합

2.2.1 일반사항

(1) 이 기준에서 노출 콘크리트의 배합에 대해 별도로 제시되지 않은 사항은 KCS 14 20 10(2.2)에 따른다.
(2) 색채 균일 성능, 균열 발생 억제 성능, 충전 성능 및 재료 분리 저항 성능, 내구성능 등을 갖추어 노출면의 품질을 확보할 수 있도록 배합에 대한 계획을 수립한다.
(3) 노출 콘크리트의 건조수축 균열을 최소화하기 위하여 단위수량을 감소시키거나, 팽창재나 수축저감제를 사용하는 등의 대책을 수립하여야 한다.
(4) 현장 도착 콘크리트의 품질관리 시험 시 규정된 슬럼프를 준수하도록 배합 관리해야 하며, 골재는 모르타르 충전성 향상 및 골재 분리 방지를 위하여 굵은 골재 최대치수 20mm 이하를 사용하고 레이턴스 및 블리딩이 적게 발생하는 배합설계를 하여야 한다.
(5) 노출 콘크리트는 직접 외부 환경에 노출에 따른 중성화, 염해에 의한 철근 부식 및 동해 등의 내구성을 고려한 배합설계 및 관리를 하여야 한다.

2.2.2 배합설계

(1) 물결합재비는 50% 이하로 한다. 단, 시험 시공을 통해 품질이 확인된 경우 물결합재비를 60%까지 증가시킬 수 있다.
(2) 단위수량은 175kg/m^3 이하로 한다.
(3) 단위결합재량은 360kg/m^3 이상으로 한다.
(4) 노출 콘크리트의 굵은 골재의 최대 치수는 20mm로 한다.
(5) 슬럼프는 150mm 이상, 210mm 이하로 한다.

SECTION 28

[PC]
Half PC 바닥판공법의 채용 시 유의사항

AI가 알려주는 Basic Concept & 핵심 Keyword

01 Basic Concept

1. PC 공법을 적용하게 되면 수많은 목수가, 톱과 망치로 거푸집을 조립할 필요도 없고, 수천 개의 서포트를 일일이 받치는 작업도 필요가 없다. 또한 철근이 내부에 매립되어 제작되므로 필요한 경우 '상부철근'과 'Topping Con'c'만으로 쉽고 빠르게 구조체를 만들 수 있다.
2. 그러나 모든 현장에 PC 공법이 적용되는 것은 아니다. 불가능은 없지만, 경제성이나 시공성, 공정관리 측면을 모두 고려하였을 때 아래와 같은 현장은 PC 공법 적용의 장점이 없다.
   ① 비정형 현장 : 직사각형 몰드에서 제작된 PC를 적용할 구간이 거의 없을 때(경제성 저하)
   ② 협소한 현장 : 자재 적재할 Stock Yard와 크레인 세팅 공간이 부족할 때(시공성 저하)
   ③ 급경사 현장 : PC 적재 트레일러가 악천후 시 현장진입로에서 진입이 불가할 때(접근성 부족)
   ④ 공기부족 현장 : 공장의 일정 상 즉시 제작, 반입이 어려울 때(Lead Time 미확보)
3. 이번 문제는 PC 공법 적용이 어려운 현장 여건을 알고 있는지, 만약 적용하고자 한다면 사전에 꼭 확인해야 하는 조건들을 알고 있는지 묻는 것으로, 현장소장으로서 공사계획 수립 및 검토 능력을 확인하는 문제이다.

02 생성형 AI의 핵심 Keyword Top 20

1. 구조설계 검토 : 하중 분배, 부재 배치, 접합부 강도(설계 적합성 및 안정성 확보)
2. 설계기준 : KS, 건축법규 등 관련 기준 준수
3. 공정일정 조정 : PC 부재 납기와 타 공종 간의 연계성(공정표상 리드타임, 버퍼 기간 검증)
4. 제작 정밀도 : 프리캐스트 부재의 치수, 형상, 강도 허용오차 관리
5. 운송 경로 및 방법 : 부재 크기·중량에 맞는 차량, 경로, 현장 접근성 검토(운송계획서)
6. 리프팅 장비 용량 : 부재 무게에 맞는 크레인 용량 및 작업 반경(장비사양과 부재하중 매칭)
7. 현장 적재 조건 : 부재 보관 시 침하·변형 방지를 위한 지반 보강(적재지반 안정성 및 적재방법 검토)
8. 임시 지지대 : 현장 조립 시 부재의 하중을 지지(배치 간격 및 안전율 검토)
9. 부재 설치 정확도 : 수평·수직 맞춤, 위치 오차 최소화를 위한 측량(설치오차 누적 시 층간 변형 위험)
10. 거푸집 설치 : 현장타설부위 형상 유지를 위한 거푸집 고정(변형 방지 설계 검토)
11. 철근 정착 : 프리캐스트와 현장타설경계부 보강 철근 설치
12. 치수 허용오차 전체 바닥판 두께 및 평탄도 관리(오차 누적 시 층고 문제 발생)
13. 접합부 상세 검증 : 현장타설부와 PC 부재의 철근 정착·일체화 방법(전단연결재)
14. 콘크리트 강도 검증 : 현장타설부의 설계 강도 및 양생 조건 준수
15. 방수 처리 : 접합부 누수 방지를 위한 실링재 적용
16. 온도·수축 균열 : 경화수축 및 온도변형 제어 균열 방지 대책 검토
17. 리스크 관리 : 기상 조건, 자재 지연 등 예상 리스크 대응 계획
18. 품질관리 계획 : 제작 → 운송 → 시공 전 단계별 검사 체계 수립(검측계획 수립 및 평가)
19. 비용 최적화 : 제작비·운송비·현장비 균형을 맞춘 경제성 분석
20. 작업자 숙련도 : PC 부재 설치·접합 경험이 있는 작업자 확보

 추출된 Keyword 중 거짓 정보는 과감히 버리고, 차별화 아이템을 선별하여 답안에 적용하자.

고득점 합격을 위한 실전연습 & One Point Lesson

03 초안작성

1. 정의	3. 시공 Flow Chart	5. 시공 시 유의사항
2. 특징	4. 채용 시 유의사항	

04 How to Write

1. Half PC Slab 공법의 정의
하부는 공장생산된 PC판을 사용하고, 상부는 현장타설 Con'c로 일체화하여 바닥 Slab를 구축하는 복합화 공법

2. 특징
1) 장점 : 거푸집 불필요, 공기단축, 기계화 시공, 노동력 절감, 품질 균일성, 날씨영향 최소화
2) 단점 : 초기 투자비용, 운송 제약, 설계유연성 부족, 제작기간·적재공간 필요, 타설접합면 일체화 부족

3. 시공 Flow Chart
1) 제작   4) 기초   7) 배선배관
2) 운반   5) PC판 설치   8) 현장 Topping Con'c 타설
3) 현장반입   6) 상부철근 배근   9) 양생

4. 채용 시 유의사항
1) PC 공법 적용구간의 결정 : 비용 및 공기, 시공성을 고려한 최적화
2) 공장제작 기간을 고려한 공정계획 수립 : 제작·양생·반입 시간 고려(Lead Time, 버퍼기간)
3) PC 부재의 구조형상 결정 : Flat Slab, Void Slab, Rib Slab, 절판 Slab
4) 부재 운송계획 수립 : 부재 크기·중량에 맞는 차량 및 경로 검토
5) Stock Yard 확보 : 공간 확보, 지반 보강(침하·변형 방지)
6) 크레인 장비 용량 검토 : 작업반경별 크레인 최대인양능력과 PC 부재 중량의 검토
7) 양중 시 안정성 확보 : Balance Beam 적용
8) PC 부재와 현장타설부의 구조적 일체성 확보
   ① 타설접합면 일체성 확보 : 거친면 마감, 전단 Key
   ② 전단연결재 설치 : Truss, Dubel, Spiral, Omnier
   ③ 프리캐스트와 현장타설 경계부 보강 철근 설치
9) 부재설치 정확도 향상 : 단계별 측량(설치오차 누적 시 층간 변형 위험)
10) 작업 숙련공의 확보 : PC 부재 설치·접합 경험 다수 작업자 확보
11) 접합부 방수 및 수밀성 확보 방안 검토

5. 시공 시 유의사항

05 합격자의 One Point Lesson

1. '채용(採用)'은 채택하여 사용하다는 뜻이다. 즉, 내가 현장소장으로서 PC 공법을 채택하여 시공성을 확보하고 공기단축을 하려고 할 때 필요한 검토를 모두 적으면 된다.
2. 적다가 기억이 나지 않는다면 공법 단점을 적은 후 다음과 같이 '~에 대한 품질 확보 방안 검토' 등으로 적으면 된다.
   ① 일체성 부족 → 일체성 확보 방안 검토/일체성 향상 방안 모색/접합부 품질관리 방안 마련
   ② 양중 시 안전사고 → 양중장비 안전확보 방안 검토/양중장비 사전계획 수립/크레인 안전관리방안 마련
3. 출제자는 PC 공법을 적용하고자 하는 의도가 있으며, 안 되는 사유를 강조하기보다는 출제자의 의도를 존중해서 힘들더라도 이렇게 하면 PC 공법이 적용 가능함을 충분히 어필해 보자.

답안을 입체화하는 핵심그림 & 다이어그램

Half PC 공법 – Half Slab

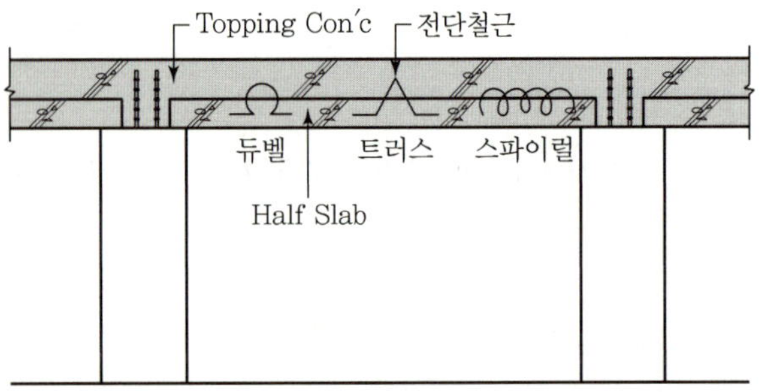

Half PC 공법 – Half Girder

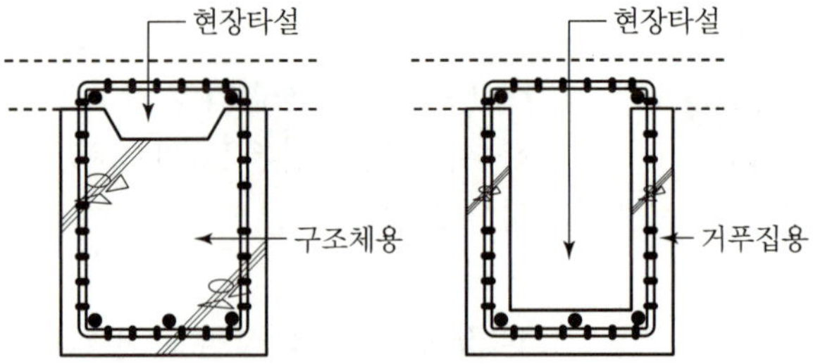

시공 Flow Chart

Balance Beam 사용 양중

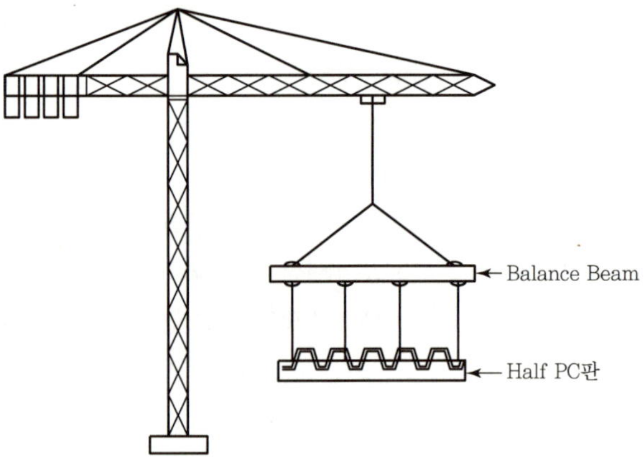

접합면 처리 방안

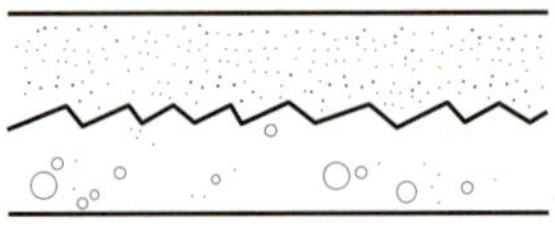

〈거친면 마감〉
〈전단 Key〉 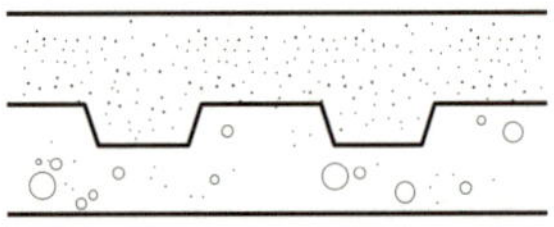

전단연결재 설치

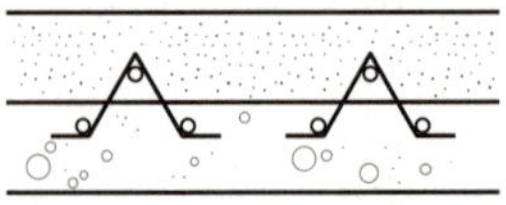

〈Truss〉 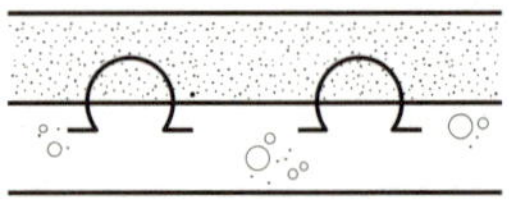 〈Dübel〉
〈Spiral〉 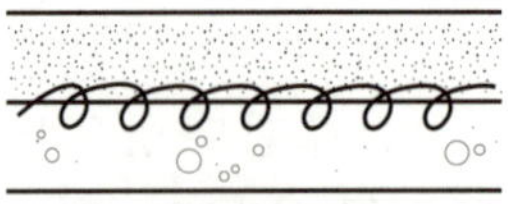

Half Slab PC 공법 특징

장점	단점
• 보 없는 Slab 가능 • 거푸집 불필요 • 장 Span의 Slab 가능 • 공기단축 가능 • 기능인력 해소를 시공의 합리화	• 타설접합면 일체화 부족 • 작업공정 증가 • 구조설계 기준 미흡

복합화 공법 필요성

건설경쟁 심화
건설임금 상승 → 복합화 공법 ← 고품질 요구
↓
• 노동생산성 향상 • 공기단축
• 설계자율성 확보 • 안전성 증대

SECTION

29

[PC]
PC판의 접합공법 및 시공 시 유의사항

AI가 알려주는 Basic Concept & 핵심 Keyword

01 Basic Concept

1. PC판의 접합공법은 '핵심 Keyword'에서 알 수 있듯이 많은 종류가 있다. 그러나 시험에서 작성할 때는 큰 틀에서 Wet Joint(습식접합), Dry Joint(건식접합)로 분류하여 설명한다.
   ① 습식접합은 지하주차장의 PC 부재를 상상하며 작성한다. PC기둥, PC보, Half PC Slab의 설치가 완료되면 Topping Con'c를 타설한다. 콘크리트 타설은 번거롭고 양생시간이 필요하다는 단점이 있지만, 구조적으로 확실하기 때문에 대형구조물에 사용된다.
   ② 건식접합은 옹벽 마감으로 사용하는 PC마감 판넬, TPC판넬(타일＋PC판넬)을 상상하며 작성한다. 옹벽에 앵글을 설치한 후 그 위에 PC판넬을 올린다. 아주 빠른 시간 내에 기상여건과 관계없이 전천후 시공이 가능하다. 단, 고중량의 구조물은 앵글로 지지할 수 없으므로, 소규모 구조물이나 경량구조물에 적용된다.

2. 큰 틀에서의 2가지 접합공법만 알고 있으면 정의부터 장단점, 적용범위까지 자연스럽게 작성할 수 있다. 또한 시공 시 유의사항을 다음과 같이 적으면 자연스럽게 3페이지의 답안 작성이 가능하다.
   ① 습식접합에는 양생 및 균열방지 등의 '콘크리트 품질확보 방안'을 적는다.
   ② 건식접합에는 앵글, 볼트 같은 철물의 '자재반입검사', '철물 시공 유의사항'을 적는다.

02 생성형 AI의 핵심 Keyword Top 20

1. 사용목적 및 작업여건을 고려한 접합공법 선정
2. Wet Joint(습식접합) : Con'c 또는 Mortar 등으로 충전
3. Dry Joint(건식접합) : 용접, Bolt, Insert 등으로 기계적 접합
4. 후설 콘크리트 타설 : 접합부에 현장타설 콘크리트 충진(바닥판 일체화)
5. 에폭시 접착제 : 접합면에 화학 접착제 도포(프리패프 패널 부착)
6. 그라우팅 : 접합부 틈새에 그라우트 주입(기초 접합부)
7. 프리스트레스 강선 : 긴장력으로 압축력 유도(대경간 구조물)
8. 인서트 박스 : 부재 내 매립형 강재로 연결(천장/벽체 체결)
9. U형 강판 연결 : 부재 끝단 U형 강판으로 일체화(기둥－보 접합)
10. 전단키 : 접합면에 전단 저항체 설치(벽체 수평 접합)
11. 방수 테이프 : 접합부 수밀성 확보를 위한 실링(지하구조물)
12. 팽창 조인트 : 온도 팽창을 흡수하는 유연 접합(교량 신축)
13. 모르타르 충전 : 미세 틈새 모르타르 메우기(표면 마감 접합)
14. 강관 삽입 : 접합부 내 강관 삽입 후 콘크리트 타설(기둥 연속 접합)
15. 복합 접합 : 2가지 이상 공법 조합 사용(복잡 구조물)
16. 접합부 청소 : 부재 접합면의 먼지, 오염물 제거(부착강도 확보)
17. 양생 관리 : 초기 양생 필수(습윤 양생 7일 이상, 강도 발현 보장)
18. 하중 분배 : 임시지지대 설치 후 24시간 이상 유지
19. 고정 장치 검증 : 볼트·앵커의 허용 하중 및 내구성 확인
20. 방음·방수 처리 : 접합부 실리콘 코킹 또는 방음 패드 적용

💡 추출된 Keyword 중 거짓 정보는 과감히 버리고, 차별화 아이템을 선별하여 답안에 적용하자.

고득점 합격을 위한 실전연습 & One Point Lesson

03 초안작성

1. 개요
2. 접합부 요구조건
3. 접합공법 종류
4. 접합 시 유의사항

04 How to Write

1. 개요
1) 공장에서 제작된 프리캐스트 콘크리트 부재를 현장에서 연결하는 기술
2) 구조적 일체화와 내구성 확보가 핵심

2. 접합부 요구조건
1) 응력전달 확실
2) 수밀성과 기밀성 유지
3) 조립시공 용이
4) 차음 성능

3. 접합공법 종류

구분	Wet Joint(습식접합)	Dry Joint(건식접합)
정의	Con'c 또는 Mortar 등으로 충전	용접, Bolt, Insert 등으로 기계적 접합
적용 부위	• 바닥판, 벽체, 기둥 • 대규모 구조물	• 소규모 패널구조물, 모듈러 건축 • 경량구조물
장점	• 구조적 일체화(강도, 내진성능 큼) • 수밀성, 방음성 우수	• 공기단축 • 기상 영향 최소화
단점	• 양생시간 필요 • 현장 작업량 증가	• 내구성 저하 우려 • 방수성, 방음성 저하
시공 예시	• 철근 겹침 + 콘크리트 타설 • 무수축모르타르 그라우팅	• 볼트, 앵커, 강제프레임, 커넥터 • 코벨지지, 앵글지지 등

4. 접합 시 유의사항
1) 접합용 콘크리트는 최소 부재강도 이상 적용(단, 28MPa 이상)
2) 팽창제 첨가(콘크리트의 수축 방지)
3) 타설 타설 및 모르타르 충진 전 접합면 청소 실시(접합강도 확보)
4) 초기 양생 유의(습윤 양생 7일 이상)
5) 접합부 실링재 또는 방수테이프 적용(수밀성 및 방수성 확보)
6) 건식 접합 시 부식방지 조치(스테인리스 재료, 방청 코팅)
7) 볼트, 앵커의 반입검사 실시(허용하중 및 내구성 확인)
8) 동적 반복하중에 의한 피로파괴 가능성 검토(교량 적용 시)
9) 에폭시 접착제 사용 시 경화시간 및 접착강도 검증(시험시공 실시)
10) 사용목적 및 작업여건을 고려한 접합공법 선정(하중 전달, 시공성, 내구성, 경제성)

05 합격자의 One Point Lesson

1. '공법을 설명하시오.'라는 문제는 포괄적인 문제이다. 이 경우 큰 틀에서 공법을 분류하고, 각각의 분류에 어떠한 소분류가 있는지를 표 등으로 보여주면 된다. 출제자는 공법의 세세한 분류보다는 숲의 차원에서 설명하기를 원한다.

2. '공법의 종류를 나열하고 공법별 유의사항을 설명하시오.'라는 문제는 공법을 여러 가지 열거하고 각각을 설명해 주어야 한다. 특히 공법별의 '별'은 한 개의 대제목으로 묶어 공통적인 유의사항을 적으면 안 된다는 뜻이다. 기술사 시험은 문제를 잘 읽고 출제자의 의도에 맞게 작성해야 합격점수를 획득할 수 있다.

[PC] PC판의 접합공법 및 시공 시 유의사항

답안을 입체화하는 핵심그림 & 다이어그램

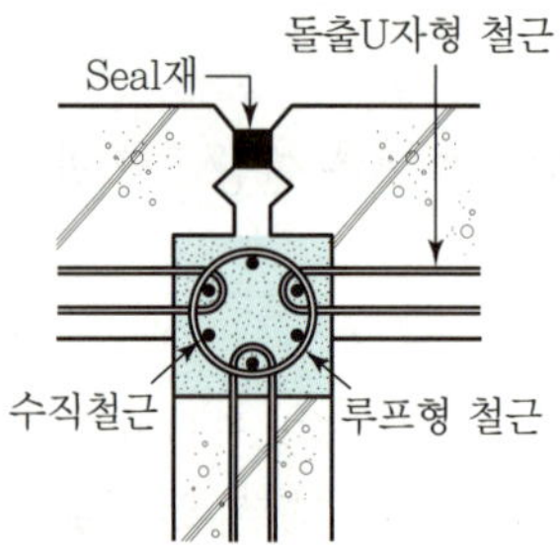

습식접합 부위별 도해	건식접합 부위별 도해
외벽접합부 방수	지붕 Slab 접합부 방수
Slab + Wall 접합부 방수	Parapet 접합부 방수

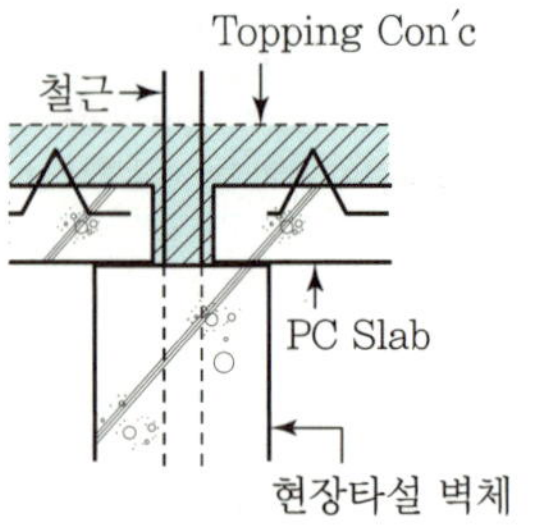

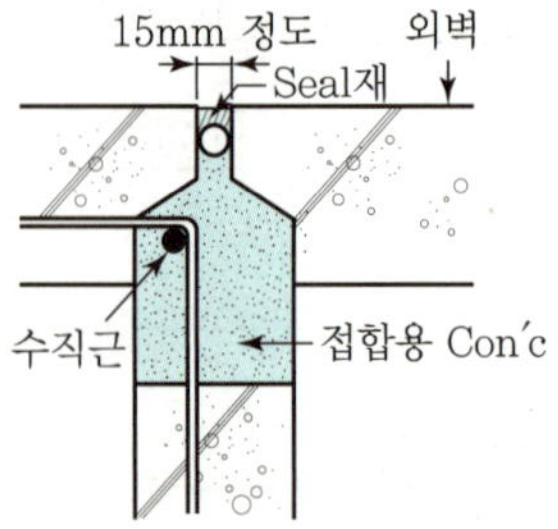

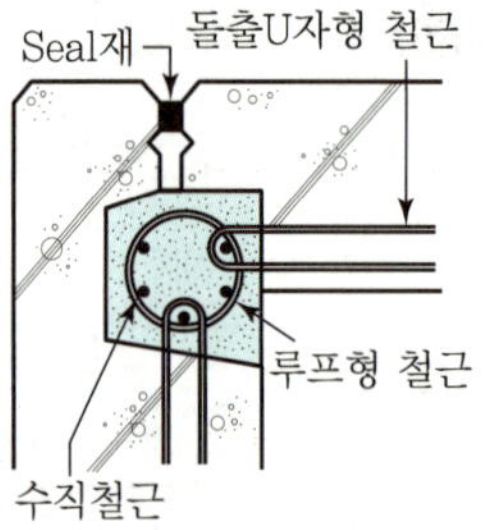

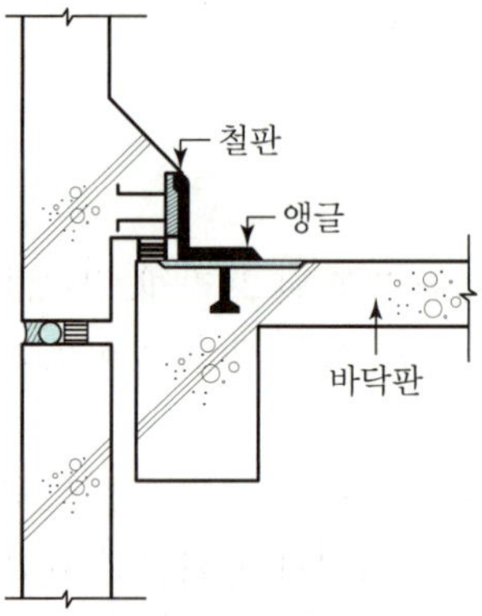

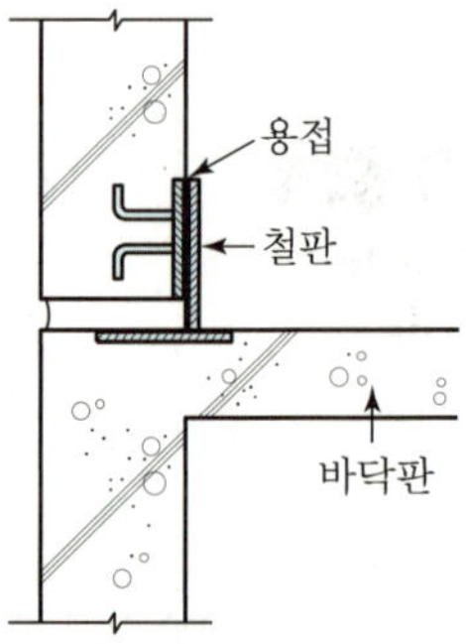

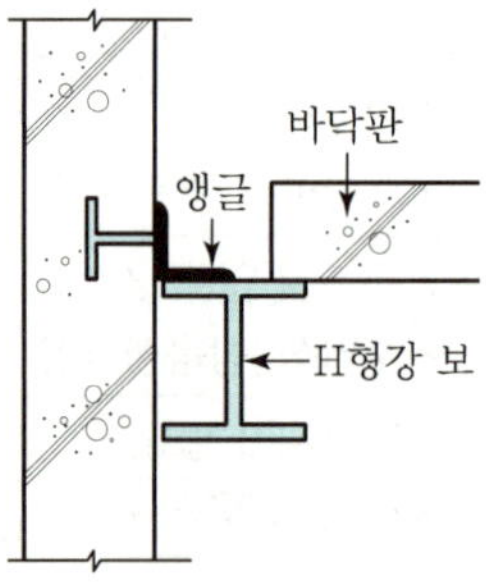

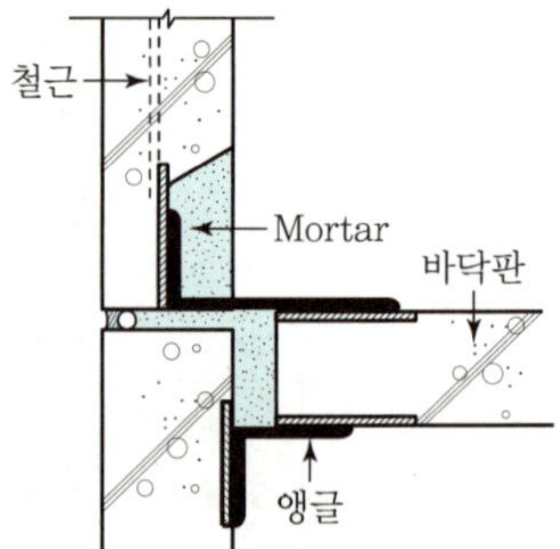

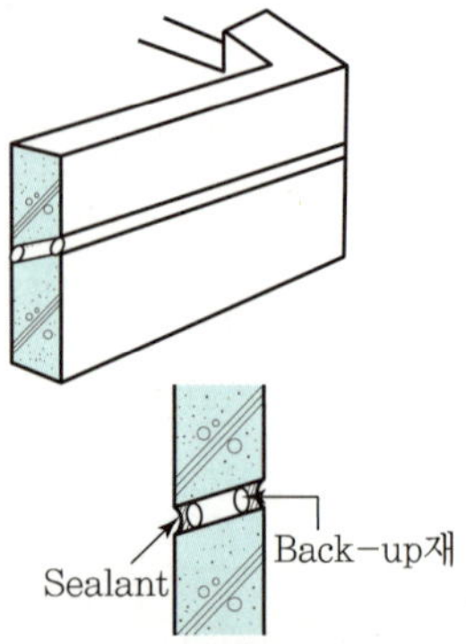

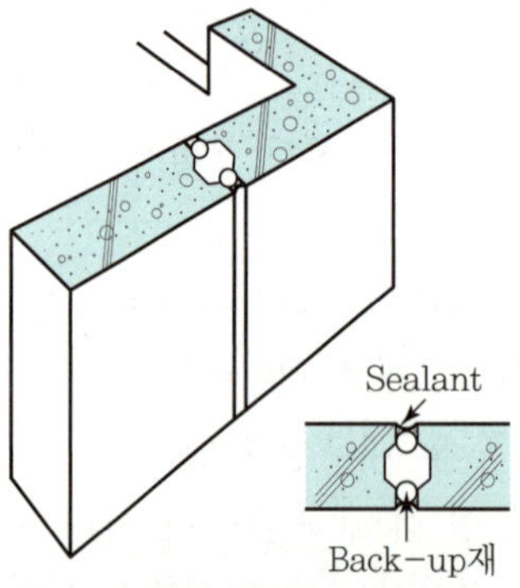

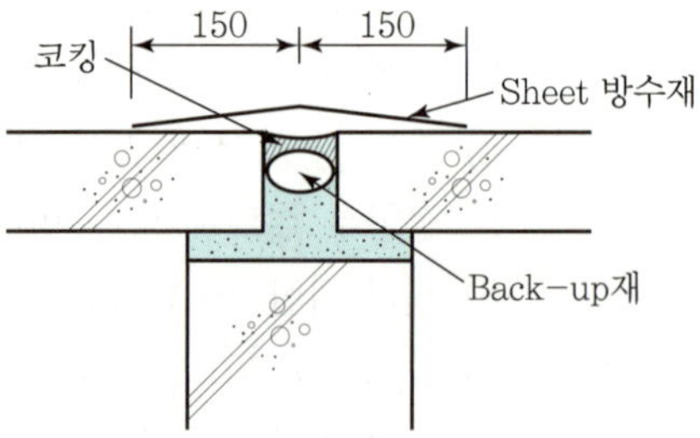

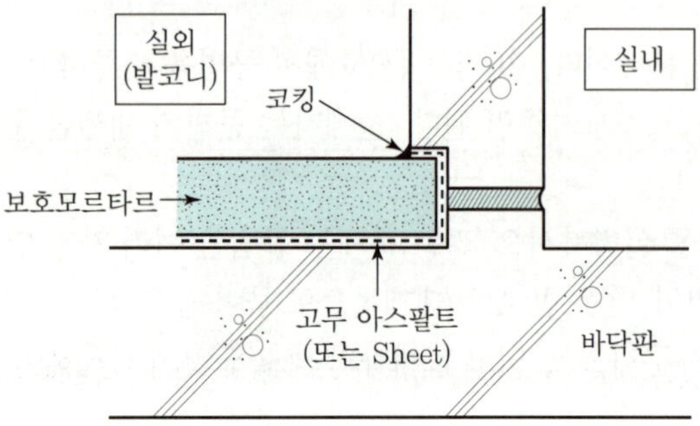

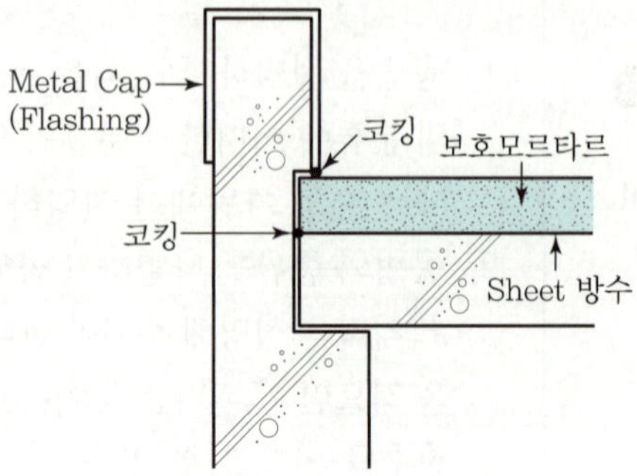

SECTION 30

[C/W]
Curtain Wall의 시험방법

AI가 알려주는 Basic Concept & 핵심 Keyword

Basic Concept

1. 커튼월은 고층건축물의 외관을 구성하는 주요공법이라는 점에서, 요구성능을 만족시키는지 확인하기 위한 성능시험을 실시한다. 가장 먼저 풍동시험을 실시하며, 커튼월은 바람에 노출되는 면적이 넓고, 고층건축물은 풍압이 매우 크기 때문에 설계단계에서부터 축소모형을 만들어 바람의 영향을 철저히 분석한다.

2. 두 번째로, '시험소'라는 별도의 장소에 실제와 동일한 커튼월을 설치하고, 최악의 설계조건에서 Mock up Test를 실시한다. 'Mock up'이라는 영어 뜻 자체가 '실물크기의 모형'이다. 태풍과 같은 비바람의 상황에서 커튼월이 물과 바람을 잘 막아주는지 확인하기 위해 인공적으로 물을 뿌리고, 바람을 불어 상태를 체크한다. 또한 강한 바람이 불었을 때 커튼월이 휘어져서 유리가 다 깨져버리거나, 프레임이 휘어서 원상태로 돌아오지 않는다면 큰 문제이기 때문에 변형량이 허용치 이내인지를 측정한다. 이 시험들은 실제 건물에 필요한 요구성능의 확보 여부를 확인하고, 문제점을 파악하여 개선하기 위한 목적이다.

3. 마지막으로 Field Test를 실시한다. 시험소에서 시험할 때 제작한 커튼월은 정밀시공을 하고, 접합도 철저히 해서 통과했으나, 이것이 현장에서 동일하게 실시공되었는지는 알 수 없다. 작업자가 다르고 기능도가 다르기 때문이다. 그래서 현장에 설치한 Curtain Wall에 물과 바람은 새지 않는지 한 번 더 시험하는 것이다.

02 생성형 AI의 핵심 Keyword Top 20

1. 풍동시험 : 구조물 또는 모형을 인공적으로 생성된 바람(풍동)에 노출시켜 공기역학적 특성을 분석
2. 풍동시험 적용분야 : 고층빌딩, 다리, 타워, 비행기, 로켓, 드론
3. 풍동시험절차 : 모형 제작 → 풍동 설정 → 하중 측정 → 데이터 분석 → 구조설계에 반영
4. 활용 사례 : 부르즈할리파(스파이럴 형태), 교량설계(유선형 단면)
5. 시험결과 활용 예시 : 과도한 풍하중 발생(각진 디자인 → 모서리 둥글게 처리한 디자인)
6. 풍동시험의 한계 : 축소 모형의 레이놀즈수 불일치, 지면효과 무시
7. Mock up Test : 커튼월의 기밀, 수밀성 등 확인을 위해 공사 전 실물크기로 제작 후 시험장치로 시험
8. 예비시험 : 설계 풍하중 정압의 50%에 해당하는 압력을 가압, 시험체 및 챔버의 이상 유무를 일차적 점검
9. 기밀성능시험 : 표준압력인 7.5Pa의 압력을 유지한 후 시험체를 통해 누기되는 공기량 측정
10. 정압수밀성능시험 : $3.4L/m^2 \cdot min$의 물을 15분 동안 살수하여 시험체의 누수 발생 여부 점검
11. 동압수밀성능시험 : 풍력기로 가압(22.05m/s)하며 살수하여 시험체의 누수 발생 여부 점검
12. 구조성능시험 : 설계 풍하중 100%로 구조부재의 최대처짐을 산정하여 적절성 검토
13. 잔류변위시험 : 설계 풍하중 150%로 구조부재의 잔류변위를 산정하여 적절성 검토
14. 결로시험 : 온도조건을 겨울철 조건으로 설정한 후 시험체 결로 생성 여부 확인
15. 커튼월 현장 시험(Field Test) : 수밀성능시험, 기밀성능시험
16. 수밀성능시험 : 외부에서 유입되는 빗물 또는 수압에 대한 누수 방지 성능 평가
17. 기밀성능시험 : 외부 공기가 커튼월을 통해 새어드는 양을 측정, 에너지 효율성과 실내 쾌적성 평가
18. 누수결함 대응 : 누수 발생 → 실리콘 코킹 추가 또는 드레인 홀 확장
19. 누기결함 대응 : 공기 누출 → 고무 개스킷 교체 또는 접합부 보강
20. 현장시험 프로세스 : 사전검사 → 시험장비 설치 → 압력 적용 → 결과 기록 → 보고서 작성

 추출된 Keyword 중 거짓 정보는 과감히 버리고, 차별화 아이템을 선별하여 답안에 적용하자.

고득점 합격을 위한 실전연습 & One Point Lesson

03
초안작성

1. Curtain Wall의 정의
2. 시험목적
3. 시험방법의 종류
4. 풍동시험
5. Mock up Test(실물대시험)
6. Field Test

04
How to Write

1. Curtain Wall의 정의
　1) 공장생산 부재로 구성되는 비내력벽
　2) 내풍압성, 수밀성, 단열성 및 차음성능 등을 확보하여야 함

2. 시험목적
　1) 예상 문제점 파악
　2) 무하자 설계 확보
　3) 건물 성능 확보
　4) 시공의 불확실성 제거

3. 시험방법의 종류
　1) 풍동시험(Wind Tunnel Test) : 설계 시 풍하중에 대한 시험
　2) Mock up Test(실물대시험) : 시험소에서 실시
　3) Field Test : 현장에서 실시

4. 풍동시험
　1) 반경 600m 이내의 축척모형을 제작, 턴테이블 위에서 회전시키면서 풍압 및 영향을 시험
　2) 시험조건 : 과거 100년간 최대 풍속
　3) 시험항목 : 외벽풍압시험, 구조하중시험, 고주파 응력시험, 보행자 풍압영향시험, 빌딩풍 시험

5. Mock up Test(실물대시험)
　1) 실물 Curtain Wall을 시험소에서 대형시험장치를 이용하여 시험
　2) 목적 : 시험결과에 따라 각 부분을 보완 수정 후 본공사 시공
　3) 시험항목 : 예비시험, 기밀시험, 정압수밀시험, 동압수밀시험, 구조시험, 층간변위시험

6. Field Test
　1) 직접 현장에서 설치되어 있는 Curtain Wall을 대상으로 하는 시험
　2) 설치된 Curtain Wall의 요구성능 확보 여부 확인
　3) 시험항목 : 수밀성능시험, 기밀성능시험

05
합격자의
One Point Lesson

1. Curtain Wall 시험은 내용이 많아 암기가 필수이며, 시험장에서 기억나는 것만 최선을 다해 쓰면 되고 책에 있는 항목을 다 쓰지 않아도 된다. 누군가는 이렇게 반문할 수 있다. "그러면 위에 적힌 Mock up Test상의 6가지 항목을 다 안 써도 합격점수가 나오나요?"
2. 질문의 전제부터가 잘못되었다. 기본서에 소개된 것이 6가지뿐인 것이지 전체 항목이 6가지인 것이 아니다. 표준시방서(KCS 41 54 02)상에는 열순환시험, 결로저항시험도 포함하고 있다. 오히려 4가지를 제외한 나머지 시험이 선택사항으로 분명히 명시되어 있다.
3. 물론 8가지가 생각나면 8가지를 써라. 단, 4가지를 쓰더라도 구체적인 숫자 하나 정도는 써준다면 가점을 받을 수 있다. 암기 TIP은 외우기 쉬운 걸 외우는 것이다. '$3.4L/m^2 \cdot min$의 물을 15분 동안 살수'. 제곱의 2까지 포함하면 1~5까지의 숫자가 모두 포함되어 있다. 커튼월 문제에 나오면 무조건 1에서 5까지 쓰고 박스까지 쳐서 강조한다. 그러면 합격할 것이다.

[C/W] Curtain Wall의 시험방법

답안을 입체화하는 핵심그림 & 다이어그램

Curtain Wall의 시험 목적

```
예상 문제점 파악 ─┐       ┌─ 무하자 설계 확보
                 시험 목적
건물 성능 확보 ───┘       └─ 교육 및 홍보 효과
                   ↓
            시공의 불확실성 제거
```

풍동시험

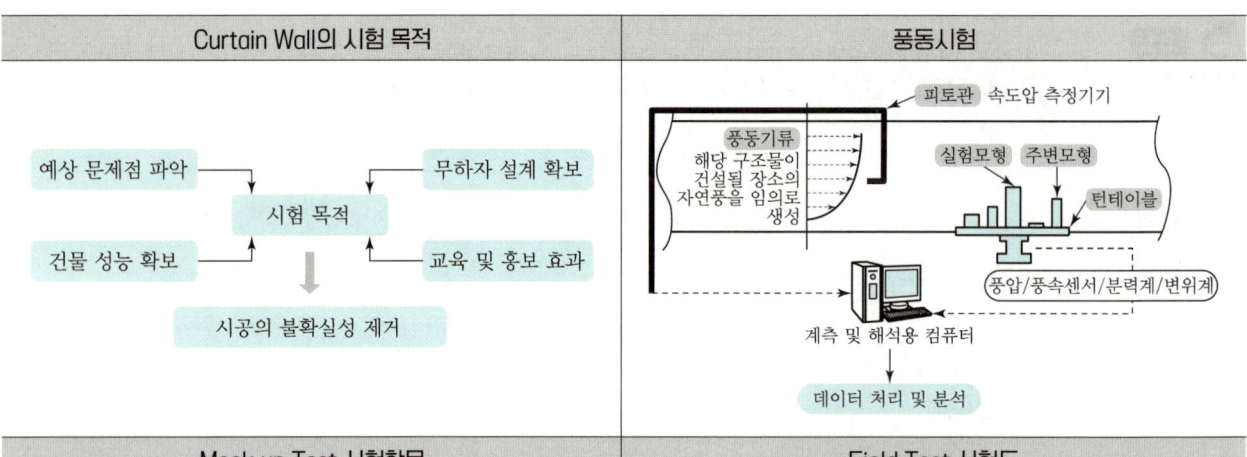

Mock up Test 시험항목

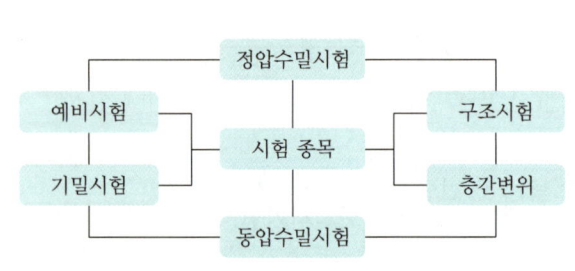

Field Test 시험도

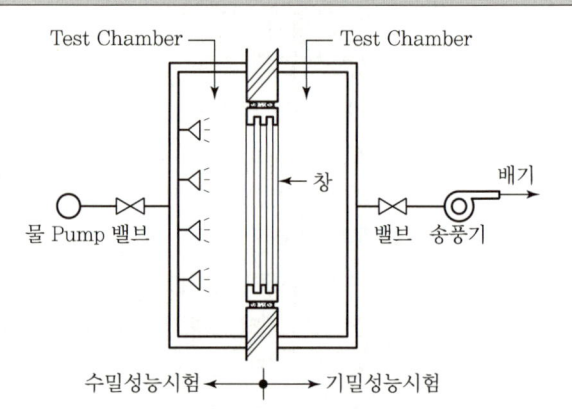

재료별 Curtain Wall 특성

구분	Metal Curtain Wall	PC Curtain Wall
구조	층간변위 추종성이 크다.	강성으로 층간변위 추종성이 적다.
기능	운반, 부착 용이	운반, 부착 난해
미	• 마감형태에 제약 • 양적으로 부족	• 마감형태에 비교적 유리 • 양적으로 유리
공기	문제 없다.	대형장비 사용 시 전체공기가 연장된다.
품질	품질에 오차가 적다.	품질 확보에 난점
경제성	부재가격은 높으나 시공비용이 적다.	부재가격은 낮으나 운반이나 시공비가 많아진다.
안전성	안전하다.	중량으로 불안전하다.
내화성	적다.	높다.
내풍성	변형을 적게 하기 위해 부재의 강성을 높여야 한다.	변형에는 문제가 없다.
내구성	부재의 녹 발생에 따른 내구성 저하	내구성 우수
내진성	경량으로 변형 성능이 높다.	중량으로 변형 성능이 낮다.
단열성	단열재 사용하여 성능을 높인다.	금속제보다 우수하다.
차음성	적다.	높다.

초고층건물 안전성 향상방안

항목		내용
풍압력	풍동시험 (Wind Tunnel Test)	건물 주변의 기류를 파악하여 풍해의 예측 및 대책 수립
	실물대시험 (Mock up Test)	풍압력에 의한 Curtain Wall의 구조적 안전성 확보
	내진 대책	• 구조의 단순화 및 내력벽의 균등한 배치 • 재료의 경량화 • TMD(Turned Mass Damper) : 건물이 지진의 영향을 받을 경우 반대방향에 진동을 주어 건물의 진동을 소멸시키는 장치
자중 경감	건물의 저층부	• 콘크리트의 고강도화 • 고강도 철근 사용 • 건축물 자중 경감
	건물의 고층부	• 경량화 및 조립화 • 공장제품 사용 및 PC화
	방진 대책	• 진동원 및 진동의 전달경로 차단

SECTION 31

[철골공사]
고장력볼트의 조임방법과 시공 시 유의사항

AI가 알려주는 Basic Concept & 핵심 Keyword

01 Basic Concept

1. 고장력볼트는 용접과 함께 철골구조물의 주요 접합방식이다. 일반볼트보다 2~3배 더 강한 강도를 가지고 있어 고층구조물이나 교량 등에는 모두 고장력볼트가 사용된다. 강판이나 철골부재를 서로 겹쳐 고장력볼트로 강하게 조이면 접합면 사이에 마찰력이 생기면서 고정이 되는 원리(마찰접합)이다.

2. 고장력볼트의 접합은 '두 권의 책을 꽉 누르는 손'으로 비유할 수 있다. 손으로 책을 꽉 누르면 누군가 한 권의 책을 빼가려고 해도 빠지지 않는다. 그러나
   ① 상대의 힘이 너무 세거나(하중 과다)
   ② 책표지가 미끄럽거나(접합면 마찰계수 부족)
   ③ 손의 힘이 점점 빠지거나(볼트 풀림/체결력 저하)
   ④ 손목뼈가 부러진다면(볼트 파단)
   책을 뺏기게 된다(구조물 붕괴).

3. 그래서 고장력볼트 문제에서는 어떠한 형태의 문제가 출제되더라도, 고장력볼트의 체결력 확보 방안과 이에 대한 검사방법을 반드시 언급해야 한다.

02 생성형 AI의 핵심 Keyword Top 20

1. 고장력볼트 : 항복강도≥700MPa인 볼트로, 강접합에 사용
2. F10T : 항복강도 900MPa, 인장강도 1,000MPa
3. 마찰접합 : 접합면 마찰력으로 하중 전달(전단력 저항)
4. 마찰계수 : 접합면의 거칠기에 따른 마찰력 효율
5. 인장강도 : 파단 전 최대하중(F10T : 1,000MPa, F8T : 800MPa)
6. 토크관리법 : 토크 렌치로 체결력 조절
7. 너트회전법 : 너트 회전각으로 체결력 조절
8. 토크 렌치 : 토크법 적용 시 사용(설계 토크값 설정 가능)
9. 임팩트 렌치 : 고속 체결용 도구
10. 체결 순서 : 균일한 프리텐션 확보를 위한 순차적 체결(중앙에서 외곽으로)
11. 토크 검사 : 체결 후 토크값 측정(설계치 대비 적합 여부 확인)
12. 직경감소법 : 와셔 두께 변화로 체결력 간접 측정(DTI 와셔)
13. 풀림 : 진동/하중 반복으로 인한 체결력 감소
14. 부식 : 환경 요인으로 인한 볼트강도 저하
15. 과체결 : 볼트 파단 또는 접합면 손상 유발
16. 수소취성 : 수소 침투로 인한 취성 파단(고강도 볼트 주요 리스크)
17. 와셔 : 접합면 균일 압축 및 마찰력 증대
18. 혐기성 액상접착제 : 금속 접합면 사이에서 경화되어 풀림 방지
19. 로크너트 : 풀림 방지를 위한 잠금 기능이 있는 너트
20. 볼트의 기계적 성질 : 항복강도, 인장강도, 연신율, 단면수축률

ⓢ 추출된 Keyword 중 거짓 정보는 과감히 버리고, 차별화 아이템을 선별하여 답안에 적용하자.

고득점 합격을 위한 실전연습 & One Point Lesson

03 초안작성

1. 정의	4. 적용분야	7. 시공 시 유의사항
2. 종류	5. 조임방법	8. 결함종류 및 대책
3. 장점	6. 조임검사	

04 How to Write

1. **고장력볼트의 정의** : 항복강도 700MPa 이상의 볼트로 강구조물을 접합하는 고강도 체결재
2. **종류** : TS Bolt, TS형 Nut, Grip Bolt, 지압형 Bolt
3. **장점** : 작업 간단, 소음 적음, 마찰력 큼, 신뢰도 높음
4. **적용분야** : 공장설비 · 중형 철골구조(F8T), 초고층건물 · 대형 교량(F10T 이상)
5. **조임방법**
   1) 1차 조임 → 금매김 → 본조임
   2) 1차 조임 : 표준볼트장력 80%
   3) 본조임 : 토크관리법(Torque Control법), 너트회전법, TS Bolt(토크-전단형 볼트) 조임
6. **조임검사**
   1) 토크관리법에 의한 경우 : 체결 후 토크값 측정(규정 토크값 ±10% 이내 합격)
   2) 너트회전법에 의한 경우 : 1차 조임 후 너트 회전량 측정[(120±30)° 합격]
   3) 조합법(토크관리법+너트회전법)
   4) TS Bolt에 의한 경우 : 핀테일 파단 여부 육안검사
7. **시공 시 유의사항**
   1) 기기의 정밀도 확보 : Torque Wrench, Impact Wrench, Caribrator
   2) 볼트 반입 시 검사 : 시험성적표, 제품검사
   3) 마찰면 처리 : 녹, 오염, 기름, 먼지, Scale 제거(와셔지름의 2배)
   4) 시공의 정밀도 확보 : 틈새는 끼움판 시공
   5) 조임순서의 준수 : 균일한 하중 분포를 위해 중앙에서 외곽 순서로 체결
   6) 볼트 재사용 금지
8. **결함종류 및 대책**

결함	원인	대책
풀림	체결력 부족, 반복하중, 진동	토크 재점검, Locking Nut, 혐기성 액상접착제
과체결	토크 초과, 회전각 과다, 체결순서 불량	정밀 토크 렌치 사용, 중앙에서 외곽 순 조임
부식	습기, 염분 노출	아연 도금, 스테인리스 볼트, 방청코팅
수소취성	제조과정 수소 침투	저수소 열처리 강재 사용
접합면 불균일	평탄도 불량, 이물질 잔류	청소 철저, 끼움판 시공

05 합격자의 One Point Lesson

1. 손으로 꽉 누르고 있는 두 권의 책을 뺏기지 않기 위한 방법을 답안의 메인으로 구성해야 고득점이 가능하다. 특히 초고층빌딩의 풍하중, 교량의 차량하중과 같은 반복하중 및 볼트 풀림 결함 사례를 예로 들어 설명하면 더욱 효과가 크다.
2. 볼트 풀림을 방지하기 위해 '혐기성 액상접착제 사용'과 같은 차별화 아이템을 강조함으로써 고득점을 받을 수 있다. 차별화 아이템에는 꼭 박스를 이용하여 채점관이 쉽게 찾을 수 있도록 하자.

답안을 입체화하는 핵심그림 & 다이어그램

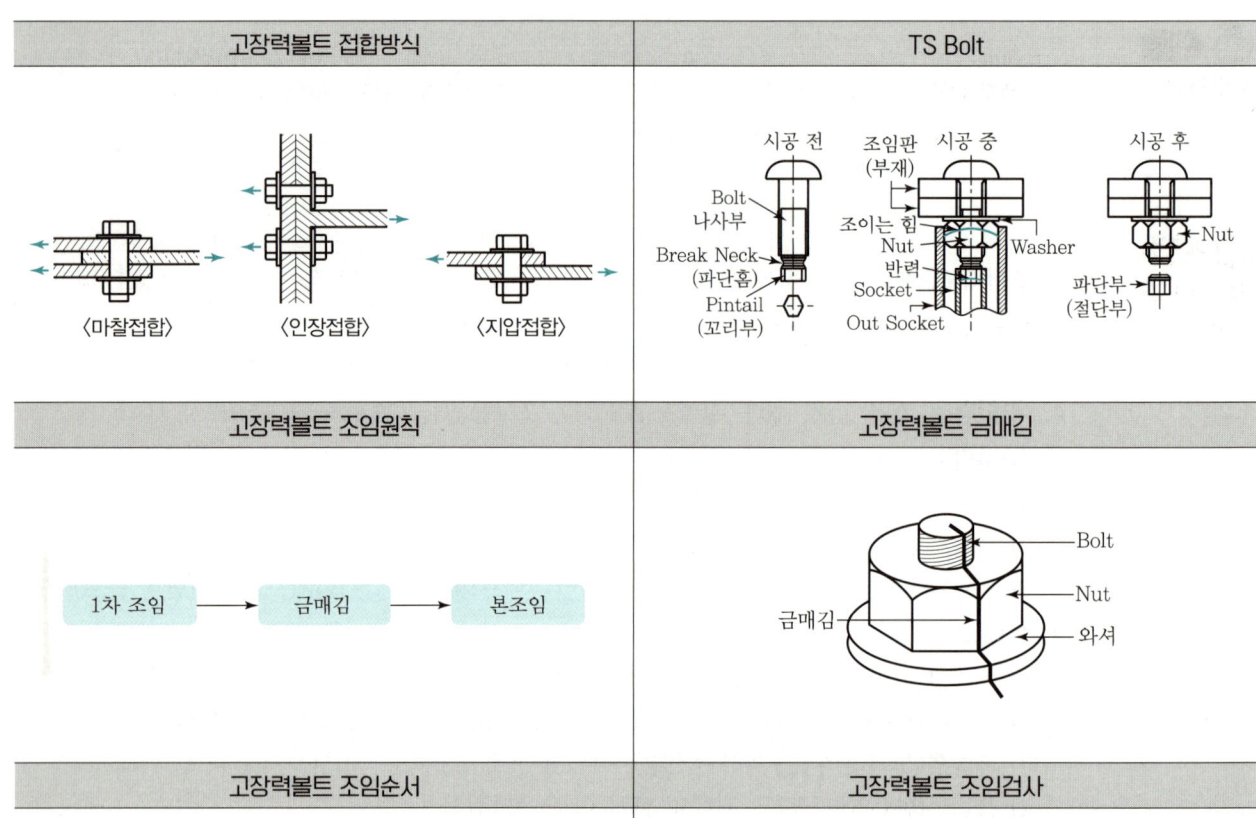

고장력볼트 접합방식	TS Bolt
〈마찰접합〉 〈인장접합〉 〈지압접합〉	시공 전 / 시공 중 / 시공 후

고장력볼트 조임원칙	고장력볼트 금매김
1차 조임 → 금매김 → 본조임	Bolt, Nut, 금매김, 와셔

고장력볼트 조임순서

〈기둥〉 〈보〉

고장력볼트 조임검사

구분	검사방법
토크 관리법 (Torque Control법)	• 조임 완료 후, 모든 볼트에 대해 1차 조임 후 표시한 금매김에 의한 볼트와 너트의 동시 회전 유무 Check • Nut 회전량 및 Nut 여장의 길이를 육안검사 • 규정 Torque값의 ±10% 이내의 것은 합격 • 조임 부족 Bolt는 규정 Torque값까지 추가로 조임
너트(Nut) 회전법	• 조임 완료 후, 모든 볼트에 대해 1차 조임 후에 표시한 금매김에 의한 볼트와 너트의 동시 회전 유무 Check • Nut 회전량 및 Nut 여장의 길이를 육안검사 • 1차 조임 후 Nut 회전량이 (120±30)°의 범위에 있는 것은 합격 • Nut의 회전량이 부족한 Nut는 규정 Nut 회전량까지 추가로 조임
조합법	• 토크관리법과 너트회전법을 조합한 방식 1차 조임 → 2차 조임 토크관리법 너트회전법
토크전단형(T/S) 고장력볼트 조임검사	• T/S 볼트 검사 시 이용 • 육안조사로 판별 가능

고장력볼트 현장반입검사

구분	방법	결과
1차 확인	1Lot마다 5Set씩 임의로 선정, 볼트 장력 평균값 산정	• 10Set의 평균값이 규정값 이상이면 합격 • 10Set의 평균값이 규정값을 벗어난 경우는 특기시방에 따름
2차 확인	1차 확인 결과 규정값에서 벗어날 경우 동일 Lot에서 다시 10개를 취하여 평균값 산정	• 정밀도의 확인 필요 • 조임기구는 조일 수 있는 적정한 개수가 있으며, 그 이상이 되면 정밀도 저하

SECTION 32

[철골공사]
용접결함 및 품질관리

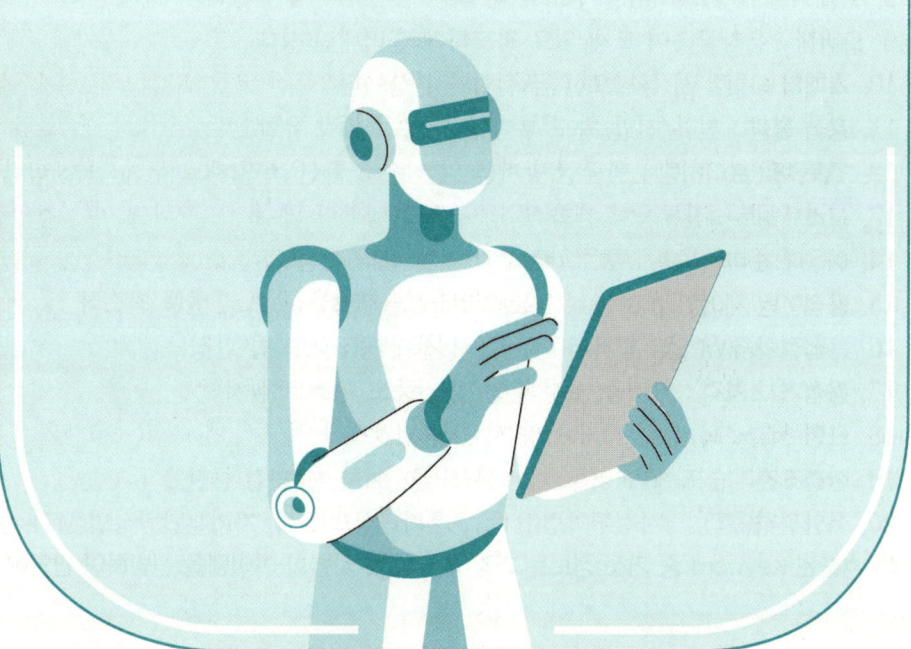

AI가 알려주는 Basic Concept & 핵심 Keyword

01 Basic Concept

1. 용접의 방법은 분류기준에 따라 매우 다양하며, 영어가 남발한다. 그러나 건축시공기술사 시험에서는 용접재료에 따라 피복 Arc 용접(수동용접), CO_2 Arc 용접(반자동용접), Submerged Arc 용접(자동용접)으로 분류하는 것이 무난하며, 수동용접을 중심으로 서술하는 것이 유리하다. 용접공의 숙련도가 부족하거나 부적합 작업환경에 무리하게 작업할 경우 용접결함이 발생할 확률이 높아 시공기술사의 관리감독이 필요하기 때문이다.
2. 용접은 모재, 필러, 열원의 상호작용을 통해 금속을 결합하는 공정이다. 2개의 비스켓 사이에 초콜릿을 넣고 전자레인지에 돌리면 하나처럼 붙어 버리는 것과 같다. 이때 초콜릿은 필러(용접봉, 와이어), 전자레인지는 열원(전기, 화염) 역할을 한다.
3. 만약
   ① 비스켓의 표면이 너무 차가울 때(예열 부족, 작업환경 부적합)
   ② 초콜릿이 부족하거나 가열 중 내부거품이 포함될 때(용입 불량, 블로우홀)
   ③ 전자레인지 열이 약하거나 너무 강해서(전류 부족, 과전류)
   ④ 초콜릿이 바닥으로 흘러내린다면(오버형)
   비스켓은 단단히 결합될 수 없다(용접결함).

02 생성형 AI의 핵심 Keyword Top 20

1. 결함종류 열균열 : 고온 응고 과정 중 발생하는 균열(주로 화학적 조성 불균형)
2. 냉균열 : 수소 취성으로 인한 저온 균열(용접 후 수일 내 발생)
3. 기공 : 용접부 내 가스 기포 잔류(보호 가스 부족 또는 오염)
4. 슬래그 혼입 : 플럭스 잔류물이 용접부에 포함된 결함
5. 언더컷 : 모재 가장자리가 과도하게 녹아내린 형태
6. 용융 부족 : 모재와 용착금속 간 결합 실패
7. 용입 불량 : 이음부 전체 두께 미달 용입
8. 변형 : 열 영향으로 인한 구조물 변형
9. 오버랩 : 용착금속이 모재 위로 과도하게 흘러내린 상태
10. 스패터 : 용접 시 불필요한 금속 입자 분산
11. 용접 불량 : 전류/전압/속도 부적합 시 용접 불량 유발
12. 품질관리 프리히팅 : 냉균열 방지를 위한 수소 확산 촉진(재료 두께/탄소 함량 기준)
13. 포스트히트 : 잔류응력 완화 및 경도 조절(템퍼링 필수)
14. 이음매 준비 : V형/U형, 그루브 각도 및 간격 기준 준수
15. 용접변형 제어 : End Tab, Back Strip, 클램프 사용으로 변형 최소화
16. 용접절차서(WPS) : 절차서 미준수 시 전체 공정 부적합 판정
17. 용접기사 자격 : 자격증 소지 확인 및 기능도 테스트 실시
18. 표면 청결 : 녹/유분 제거 불량 시 기공 발생
19. 환경조건 : 습도 80% 이상 또는 온도 0℃ 이하 시 용접 중단
20. 육안검사(VT), 방사선투과법(RT), 초음파탐상법(UT), 자기분말탐상법(MT), 침투탐상법(PT)

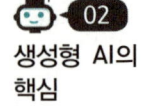 추출된 Keyword 중 거짓 정보는 과감히 버리고, 차별화 아이템을 선별하여 답안에 적용하자.

고득점 합격을 위한 실전연습 & One Point Lesson

03 초안작성

| 1. 정의 | 3. 용접결함 종류 | 5. 시공 시 유의사항 |
| 2. 종류 | 4. 결함 발생 원인 | |

04 How to Write

1. **정의** : 짧은 시간 내에 국부적으로 두 강재를 원자결합에 의해 접합
2. **종류(용접재료 기준)**
   1) 피복 Arc 용접(수동용접, 손용접)
   2) CO_2 Arc 용접(반자동용접)
   3) Submerged Arc 용접(자동용접)
   4) Electro Slag 용접(전기용접)
3. **용접결함 종류**
   1) 내부결함 : 슬래그 감싸들기, 블로우홀(Blow Hole), 용입 불량
   2) 표면결함 : 크랙(Crack), 루트(Root), 크레이터(Crater), 피트(Pit), 피쉬아이(Fish Eye)
   3) 형상결함 : 오버랩(Over Lap), 언더컷(Under Cut), 오버헝(Over Hung)
   4) 치수 불량 : 각장 부족, 목두께 불량
   5) 기타 : Lamellar Tearing, 용접변형(종횡수축, 각변형, 종굽힘변형, 비틀림변형, 좌굴변형, 회전변형)
4. **결함 발생 원인**
   1) 부적합한 시공 : 기능도 부족, 용접 자세의 불량, 용접속도 과다, 용접순서의 불량
   2) 재료의 부적합 : 예열·후열의 미실시, 홈각도 및 루트 간격 부족
   3) 용접 환경의 부적합 : 습도 과다, 낮은 기온, 온도 불균일
   4) 장비의 문제 : 전류의 과다·부족
   5) 준비작업의 불량 : 청소 불량, 모재 오염, 예열 미실시, End Tab 및 Back Strip 미설치
5. **시공 시 유의사항**
   1) 모재의 청소 및 개선 정밀도 확보(개선부 각도, 폭, 간격)
   2) 용접봉의 건조상태 확인, 주변 인화성 물질 제거 및 화재감시자 배치
   3) 악천후 시 작업 중단(강우, 강설, 강풍, 습도 80% 이상, 0℃ 이하)
   4) 용접공의 기량 검사 실시, WPS(용접절차서) 준수
   5) 전류·전압·속도의 최적화, 용접봉 각도 및 이동속도 균일화
   6) End Tab, Back Strip 설치
   7) 예열 및 후열 실시, 다층 용접 시 층간온도 관리(250℃ 이하)
   8) 용접 중첩 부위 Scallop 실시
   9) 용접 완료 후 용접검사 실시(육안검사, 절단검사, 비파괴검사 UT, MT, PT, RT)

05 합격자의 One Point Lesson

1. 용접결함의 종류만 묻는 찍힘문제라면 각각의 종류와 원인, 대책을 나열하여 상세히 설명하고, 포괄 문제일 경우에는 내부결함/표면결함/형상결함/치수 불량 등으로 묶어서 간단히 기술한 후 대책 위주로 작성한다.
2. 알고는 있지만 별개의 것으로 생각해서 누락시키는 것이 있는데, 바로 '용접변형'이다. 용접 중에 발생하는 문제로 예열, 용접순서, 잔류응력 제거 등의 시공관리 아이템을 이끌어 낼 수 있다. 시간이 남는다면 '용접결함 검사방법'과 '결함 발생 시 보수방안'을 적어 줄 수도 있다. 용어 최다 빈출인 'Scallop'을 답안 작성 아이템에 누락시킨다면 떨어졌다 생각해도 무방하다.
3. 기술사 시험은 한 가지를 상세히 적는 것도 중요하지만, **다양한 아이템들을 적어줌으로써 포괄적으로 이해하고 있다는 어필을 하는 것이 합격의 비법이다.**

답안을 입체화하는 핵심그림 & 다이어그램

용접재료에 따른 용접 종류

용접방법(재료)	Torch 운봉	봉내밀기	Flux(Shield)
피복 Arc 용접	손	손	피복
CO₂ Arc 용접	손	기계(Coil)	CO₂ Gas
Submerged Arc 용접	기계(Rail)	기계(Coil)	분말

피복 아크 용접

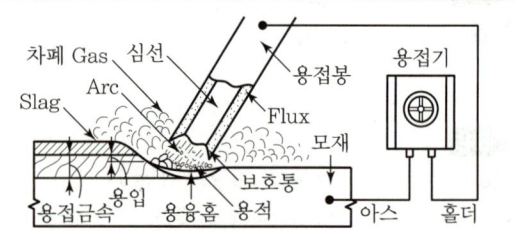

용접결함의 종류

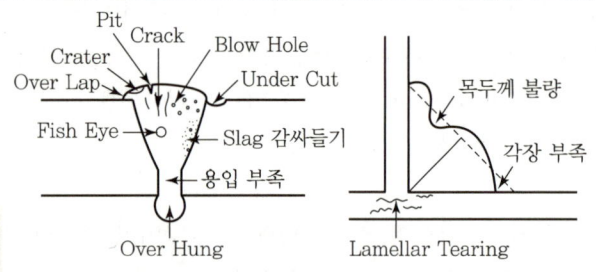

용접결함의 종류

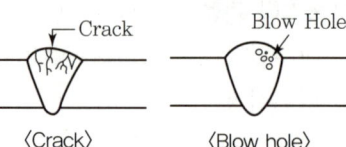
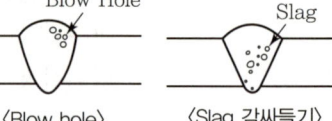

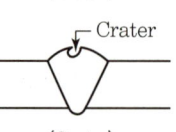 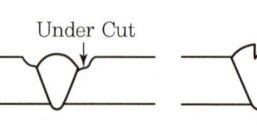 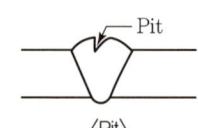
⟨Crack⟩ ⟨Blow hole⟩ ⟨Slag 감싸들기⟩

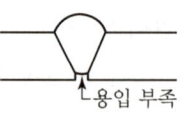 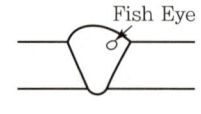 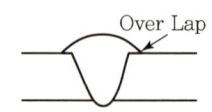
⟨Crater⟩ ⟨Under cut⟩ ⟨Pit⟩

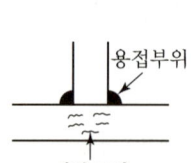 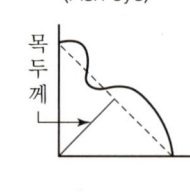 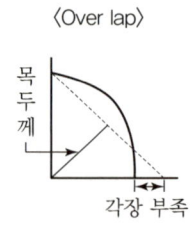
⟨용입 부족⟩ ⟨Fish eye⟩ ⟨Over lap⟩

⟨Lamellar Tearing⟩ ⟨Throat(목두께) 불량⟩ ⟨각장 부족⟩

비파괴 용접검사

종류		정의 및 특징
방사선투과법 (RT ; Radiographic Test)	정의	가장 널리 사용하는 검사방법으로 X선, γ선을 용접부에 투과하고 그 상태를 Film에 감광시켜 내부결함을 검출하는 방법
	특징	• Blow Hole, 용입 불량, Slag 감싸들기 등 내부 결함 검출 • 검사한 상태를 기록으로 보존 가능하며 두꺼운 부재도 검사가 가능 • 검사 장소에 제한을 받으며 검사관의 판단에 판정 차이가 큼
초음파탐상법 (UT ; Ultrasonic Test)	정의	용접부위에 초음파를 투입과 동시에 브라운관 화면에 용접상태가 형상으로 나타나며 결함의 종류, 위치, 범위 등을 검출하는 방법
	특징	• 넓은 면을 판단할 수 있으므로 검사속도가 빠르고 경제적 • T형 접합부 검사는 가능하나 복잡한 형상의 검사는 불가능 • 검사의 경험과 숙련이 필요하며 기록성이 있음
자기분말 탐상법 (MT ; Magnetic Particle Test)	정의	용접부에 자력선을 통과하여 결함에서 생기는 자장에 의해 결함을 발견하는 방법으로 용접부 표면이나 표면 주위 결함, 표면직하의 결함 등을 검출
	특징	• 육안으로 외관검사 시 나타나지 않는 균열, 흠집 등의 검출 가능 • 기계장치가 대형 • 용접부위의 깊은 내부결함 분석 미흡
침투탐상법 (PT ; Penetration Test)	정의	용접부위에 농적색의 침투액을 도포하여 표면을 닦아낸 후 백색의 현상제를 도포하여 검출하는 방법으로 균열이 있을 경우 백색 피막면에 적색으로 나타남
	특징	• 검사가 간단하며 넓은 범위의 표면검사 시 편리 • 비철금속도 검사가 가능하나 내부결함 검사는 불가능

용접변형의 종류

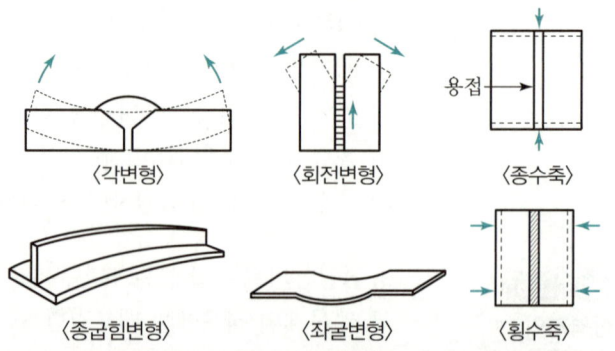

용접 시 기상조건

기상조건	고려사항
기온	• 0℃ 이하 : 원칙적 용접 금지 • 부득이 용접 필요시 : 접합부 100mm 범위 모재 36℃ 이상 가열
바람	바람 강한 날 : 바람막이 설치
습도	실내의 경우 모재의 표면 및 밑면 부근의 수분 제거 확인

SECTION 33

[철골공사]
철골 내화피복공법

AI가 알려주는 Basic Concept & 핵심 Keyword

Basic Concept

1. 철골구조물에 화재 발생 시 구조강재의 온도가 500~600℃로 되면 강도가 50%로 저하되며, 800℃ 이상이 되면 붕괴하게 된다. 따라서 철골구조물은 화재의 취약성을 보완하고자 내화재료로 철골을 피복, 즉 감싸줌으로써 화재에 견딜 수 있게 만드는 내화피복공법이 필요하다.
2. 내화구조와 방화구조를 헷갈려 하는 경우가 있는데, 뜻을 풀어보면 전혀 헷갈릴 것이 없다. 내화구조의 '내(耐)'는 '견딜 내'이다. 즉, 내화구조는 이미 큰 불이 났을 때 일정시간 이상 붕괴되지 않고 견딜 수 있는 구조이다. 보통 규모와 부재에 따라 1~3시간을 견딜 수 있도록 하며, 이 시간 동안 사람들은 대피를 하는 것이다. 반면, 방화구조의 '방(防)'은 '막을 방'이다. 즉, 불의 확산을 막을 수 있는 성능을 가진 구조이다.
3. 요약하면, 철골구조는 그 자체가 내화구조는 아니며, 내화구조가 되기 위해서는 내화성능을 가진 내화재료로 보강을 해 주어야 한다. 대표적인 내화재료는 내화뿜칠이며, 이처럼 철골을 내화구조로 만드는 보강방법에는 무엇이 있느냐가 시험문제로 출제되는 것이다.

생성형 AI의 핵심 Keyword Top 20

1. 내화피복재료 : 불연성 재료(미네랄울, 시멘트계, 내화보드 등)로 열차단층 형성
2. 스프레이 공법 : 압축 공기로 내화재료 분사 적용(시공 속도 증가, 복잡 형상 대응)
3. 내화보드 : 석고/칼슘실리케이트 보드로 피복(정밀 두께 관리, 미관 개선)
4. 발포 코팅 : 열에 팽창하는 코팅재(두께 감소, 미관 우수)
5. 콘크리트 피복 : 철골을 콘크리트로 둘러쌈(내구성 증가, 중량 증가)
6. 내화성능 : KS/ISO 기준 충족 예 1~3시간
7. 두께 관리 : 재료별 최소 두께 규정 예 스프레이 15mm 이상
8. 부착강도 : 피복재의 철골 접착력(탈락 방지, 장기 내구성 평가 핵심)
9. 시공성 : 작업 난이도, 공기, 환경 영향 예 습기·온도 제약
10. 내구성 : 환경 저항성(습기, 화학적 부식 방지, 유지관리 비용과 직결)
11. 환경 영향 : 유해물질 배출 여부 고려, 친환경 건축 추세 반영 예 석면 사용 금지
12. KS 기준 : 국내 방화 기준(KS F 2257 등) 준수
13. ASTM 규격 : 국제 시험 기준(ASTM E119 등), 글로벌 프로젝트 대응 역량 평가
14. 유지관리 : 균열·탈락 정기 점검(발포 코팅은 재도장 주기 관리)
15. 비용 효율성 : 재료비·공사비·유지비 종합평가 예 콘크리트↓, 발포 코팅↑
16. 미관 : 마감재 적용(발포 코팅은 도장 가능, 내화보드 표면 처리), 내장재와의 조화 필요
17. 방습 처리 : 수분 침투 방지(내화보드 접합부 실링), 습기 유입으로 인한 성능 저하 방지
18. 열차단 성능 : 열전도율(λ)과 비열(C_p)로 측정
19. 경량화 : 구조물 하중 감소(내화보드·발포 코팅 우수), 고층/대경간 구조물에서의 필요성
20. 친환경 소재 : 재활용 재료 사용 예 재생 미네랄울

추출된 Keyword 중 거짓 정보는 과감히 버리고, 차별화 아이템을 선별하여 답안에 적용하자.

고득점 합격을 위한 실전연습 & One Point Lesson

 초안작성

| 1. 정의 | 3. 분류 및 재료 종류 | 5. 철골의 내화피복검사 |
| 2. 목적 | 4. 시공 시 유의사항 | |

 How to Write

1. **정의** : 화재로부터 철골구조체를 보호하기 위해 내화성능을 가진 재료로 감싸는 것
2. **목적**
    1) 구조체 보호
    2) 인명 및 마감재 보호
    3) 결로 방지
    4) 단열 및 흡음
3. **내화피복공법의 분류 및 재료 종류**
    1) 습식 내화피복공법 : 타설공법, 뿜칠공법, 미장공법, 조적공법
    2) 건식 내화피복공법 : 성형판 붙임공법, 휘감기공법, 세라믹울 피복공법
    3) 합성 내화피복공법 : 이종재료 적층공법, 이질재료 적층공법
    4) 도장 내화피복공법 : 내화도료공법
4. **시공 시 유의사항**
    1) 적합한 내화재료 선택 : 형태에 맞는 재료 선정, 인증서 및 시험성적서 확인(KS F 2257, ASTM E119)
    2) 바탕처리 철저 : 철골 바탕면 녹·기름·먼지 제거
    3) 프라이머 도포 통한 접착력 강화
    4) 설계 피복두께 충족 : 두께 편차 ±3mm 이내
    5) 1회 뿜칠두께 기준 준수 : 뿜칠두께 30mm 이상 시 2회 분할로 탈락 방지
    6) 층별 도포 후 충분한 경화시간 확보 통한 박리 방지
    7) 동해 우려 시 작업 중단 및 재료 경화를 위한 환기 실시
    8) 유해물질 흡입 방지를 위한 안전보건조치 실시 : 마스크, 보안경, 장갑 착용
    9) 고소작업 시 BT비계 설치 기준 준수
    10) 시공 완료 후 연 1회 균열, 탈락검사 및 보수보강 실시
5. **철골의 내화피복검사**
    1) 내화구조의 성능기준
    2) 검사방법 : 두께 및 비중 확인(면적당, 재료 반입 시), 1회 3~5개소 실시
    3) 불합격 시 : 덧뿜칠 또는 재시공

 합격자의 One Point Lesson

1. 철근콘크리트조는 내화구조이지만, 철골조는 내화구조가 아니다. 그러나 뒤에서 공부할 초고층 공사 시 경량화할 수 있다는 철골조만의 장점 때문에 철골의 내화피복에 대한 이해는 필수인 것이다.
2. 답안 작성 시 단순히 종류를 나열하기보다는 그룹화해서 그림과 함께 간단히 기술한다. 시공 시 유의사항은 '시공 中' 사항에 비중을 두되, 설계적 측면(재료 선택)과 안전보건 측면(마스크), 유지관리 측면(연 1회 균열탈락검사) 등의 '시공 前後'에 대해서도 간단히 언급하는 것이 답안을 풍족하게 할 수 있다.
3. 내화구조 성능기준은 간단한 표로 만들어 작성하면 충분하다. 모든 기준을 다 적을 필요도 없고, 설령 1시간을 2시간으로 잘못 적어도 1~2초 만에 틀린 것을 찾아내기는 불가능하다. 기술사 시험은 지엽적인 몇 개의 숫자로 평가하는 것이 아니라, 전체적인 레이아웃과 대제목의 흐름으로 채점된다는 것을 기억하자.

답안을 입체화하는 핵심그림 & 다이어그램

내화피복공법 분류 및 재료 종류

분류	공법	재료
습식 내화피복공법	타설공법	콘크리트, 경량콘크리트
	뿜칠공법	뿜칠 암면, 습식 뿜칠 암면, 뿜칠 모르타르, 뿜칠 플라스터, 실리카, 알루미나계열 모르타르
	미장공법	철망 모르타르, 철망 펄라이트 모르타르
	조적공법	콘크리트 블록, 경량콘크리트 블록, 돌, 벽돌
건식 내화피복공법	성형판 붙임공법	무기섬유 혼입 규산칼슘판, ALC판, 무기섬유 강화 석고보드, 석면 시멘트판, 조립식 패널, 경량콘크리트 패널, 프리캐스트 콘크리트판
	휘감기공법	–
	세라믹울 피복공법	세라믹 섬유 블랭킷
합성 내화피복공법	이종재료 적층공법, 이질재료 적층공법	프리캐스트 콘크리트판, ALC판
도장 내화피복공법	내화도료공법	팽창성 내화도료

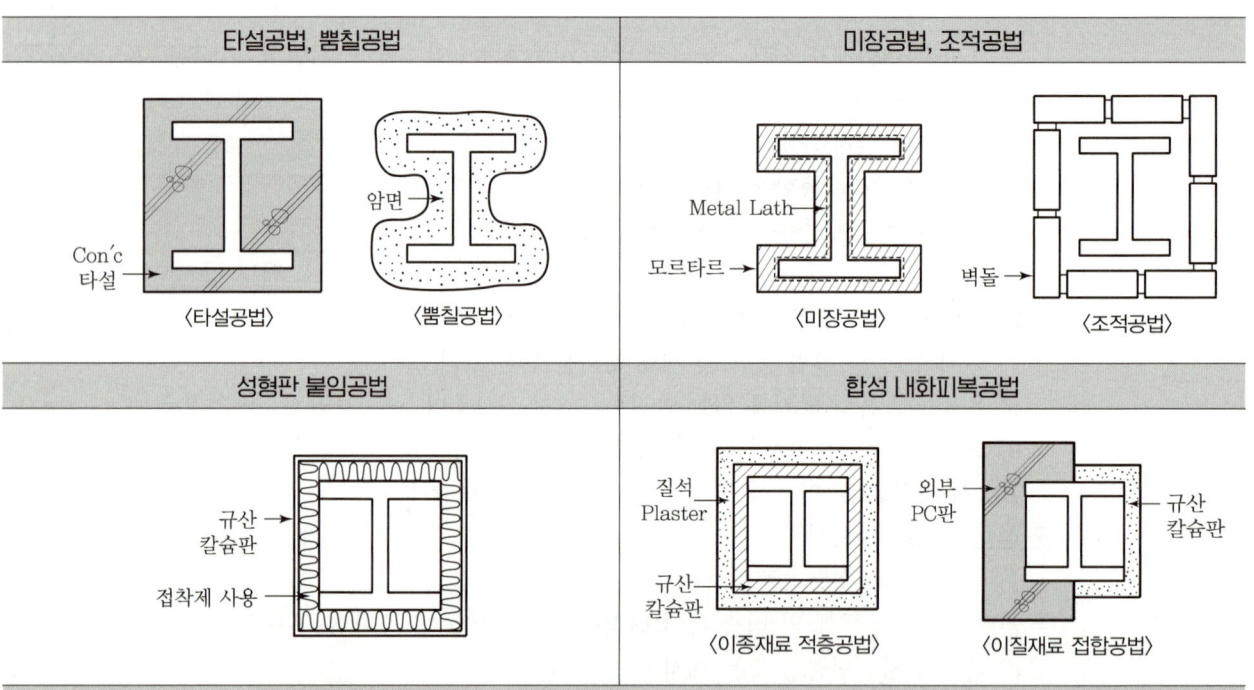

내화구조의 성능기준

구분	층수/최고높이		기둥	보	Slab	내력벽
일반시설	12/50	초과	3시간	3시간	2시간	3시간
		이하	2시간	2시간	2시간	2시간
	4/20 이하		1시간	1시간	1시간	1시간
주거시설	12/50	초과	3시간	3시간	2시간	2시간
		이하	2시간	2시간	2시간	2시간
	4/20 이하		1시간	1시간	1시간	1시간
공장·창고	12/50	초과	3시간	3시간	2시간	2시간
		이하	2시간	2시간	2시간	2시간
	4/20 이하		1시간	1시간	1시간	1시간

SECTION 34

[철골공사]
철골공사 단계별 시공 시 유의사항

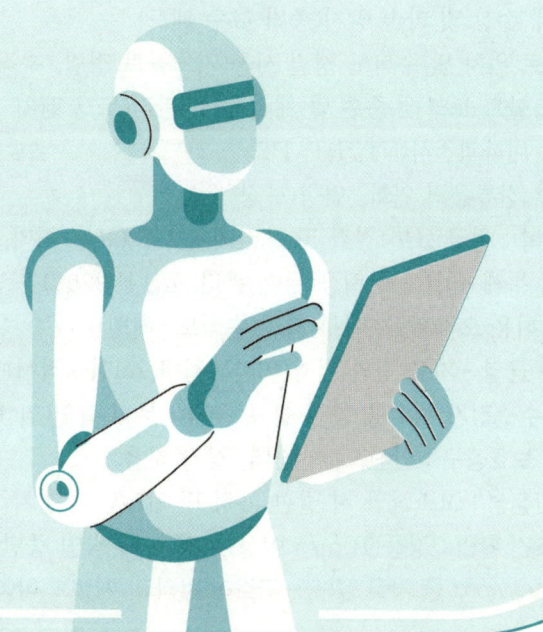

AI가 알려주는 Basic Concept & 핵심 Keyword

Basic Concept

1. 철골공사는 레고블록 조립으로 비유할 수 있다. 레고블록으로 장난감 건물을 만든다고 가정해 보자.
   ① 레고블록 제작이 크거나 작아 서로 결합이 안 될 때(공장제작 불량)
   ② 레고블록 홈 주변에 녹이 있고, 모서리가 찌그러져서 결합이 뻑뻑하거나 불완전할 때(부재 보관 불량)
   ③ 레고블록을 홈에 끼우려고 힘만 주면 모서리가 깨져 나갈 때(부재 강도 및 품질 부족)
   에는 제대로 된 건물을 조립할 수 없다.
2. 레고블록의 조립에서도 알 수 있듯이 준비단계에서 관리를 소홀히 한다면, 현장 내에서의 정밀시공 및 품질 향상은 불가능하다. 이러한 점을 고려하여, 단계별 시공 시 유의사항을 어떻게 작성해 나아갈지 아래 3가지 예시 중에서 선택해 보자.
   ① 현장 내 작업 위주 작성 : 기초앵커볼트부터 세우기 완료 후 검사까지 현장 내 작업만 작성
   ② '준비단계'부터 순서대로 작성 : 도면 검토와 자재 준비, 공장가공, 운반 등의 내용이 전면에 배치
   ③ '현장시공'+'시공 전후 유의사항' : 현장시공을 먼저 작성한 후 기타 사항을 모아 뒤에 요약해서 작성하는 방식

생성형 AI의 핵심 Keyword Top 20

1. 구조도와 시공도 일치 확인(도면 검증, 하중 계산)
2. 강재 규격 및 용접 위치 명확화(강재 규격 및 강도, 접합부 상세)
3. KS 인증 강재 사용(인장강도, 항복강도, 품질증명서)
4. 재료 보관 시 습기·녹 방지
5. CNC 절단기로 정밀 절단(±2mm 이내)
6. 용접 전 철골 표면 바탕면 처리(유막 제거, 표면 청소)
7. 철골부재 변형 방지를 위한 전용 적재대 사용
8. 철골부재 손상 및 파손 방지(충격 흡수 패드)
9. 기초 볼트 위치 및 수직도 정밀 시공(기초볼트 정렬, 수직 조정)
10. 고강도 볼트 토크값 준수 및 체결 순서 관리(토크 렌치 사용)
11. 용접부 비파괴검사(UT, RT, PT)
12. 용접 후 잔류응력 완화, 변형 보정
13. 내화피복 : 철골 표면 청결 및 프라이머 도포(표면 처리, 부착강도)
14. 내화재 두께 균일하게 시공(두께 관리, KS F 2257)
15. 검사 : 허용 오차 준수 여부 검증(수직도, 레벨)
16. 용접부 균열·기포 정밀 점검(비파괴검사, 시험성적서)
17. 유지보수 : 정기 점검을 통한 볼트 풀림·부식 확인(연 1회 점검, 방청 도장)
18. 작업자 보호장구 : 안전모, 안전대, 장갑 착용
19. 발판 안정성 : 고소작업 시 발판 고정 및 안전난간 설치
20. 기상 조건 확인 : 강풍(10m/s 이상)·강우 시 작업 중단

 추출된 Keyword 중 거짓 정보는 과감히 버리고, 차별화 아이템을 선별하여 답안에 적용하자.

고득점 합격을 위한 실전연습 & One Point Lesson

03
초안작성

04
How to Write

1. 개요	2. 시공 절차	3. 철골공사 단계별 시공 시 유의사항

1. 개요
2. 시공 절차
   1) 설계검토   3) 철골부재 가공 및 제작   5) 조립, 설치
   2) 자재 조달   4) 부재 운반 및 적재   6) 검사, 방청, 내화피복

3. 철골공사 단계별 시공 시 유의사항
   1) 설계검토
      ① 구조도와 시공도 일치 확인
      ② 상세도의 강재규격 및 용접기호 검토
   2) 공장가공
      ① KS 인증서 확인, 자재 검수(인장강도, 항복강도, 두께)
      ② CNC 절단기로 정밀 절단(±2mm)
   3) 운반, 적재, 반입
      ① 변형 방지를 위한 전용 적재대 사용
      ② 자재 입고검사(손상·부식·변형 유무, Mill Sheet 검사)
   4) 조립, 설치
      ① 볼트 마찰면 청소 및 이물질 제거(미끄럼계수는 0.45 이상)
      ② 고장력볼트 시공 시 금매김 후 본조임(1차 조임 : 80%, 본조임 : 100%)
      ③ 설계볼트 장력 확보(토크관리법, 너트회전법, 조합법, TS 볼트)
      ④ 예열 및 후열 실시, 다층 용접 시 층간온도 관리(250℃ 이하)
      ⑤ 악천후 시 작업 중단(강우, 강설, 강풍, 습도 80% 이상, 0℃ 이하)
      ⑥ 모재의 개선 정밀도 확보, End Tab, Back Strip 설치
      ⑦ 전류 및 전압 최적화, 적정한 위빙 속도, 용접 중첩 부위 Scallop 실시
      ⑧ 주변 인화성 물질 제거 및 화재감시자 배치, 고소작업 시 발판 고정 및 안전난간 설치
      ⑨ 기초 앵커볼트 정밀시공(기둥중심 ±5mm, 앵커볼트 ±2mm, 베이스플레이트 ±3mm)
      ⑩ 현장세우기 정밀 시공(기울기 관리허용오차 H/4,000+7mm 이내)
   5) 검사
      ① 조임검사, 용접검사(육안검사, 절단검사, 비파괴검사 UT, MT, PT, RT)
      ② 수직, 수평 오차 확인 및 보정(Wire Rope, Turnbuckle)
   6) 방청, 내화피복 : 도장 전 표면 청소 및 프라이머 도포, 접착력 확보

05
합격자의
One Point Lesson

1. 단계별 유의사항이라는 문제가 나오면 시공 전 '설계단계'와 시공 후 '유지관리' 아이템까지 폭넓게 언급해 주는 것이 좋다. 특히 철골구조물은 고소작업과 대형건설장비 사용이 많기 때문에 설계안전성 검토(DFS), 달대비계 설치 기준, 생명줄, 와이어로프 폐기기준 준수 등의 '안전'에 관한 사항도 언급하여 답안을 풍족하게 하자.
2. 시공 유의사항에서는 '용접'과 '고장력볼트' 2가지를 모두 언급해야 하고, 세우기 정밀도 기준 중 4가지 정도는 작은 표로 작성할 수 있도록 준비하자. 관리허용오차를 표로 적는 순간 1점은 더 받을 수 있다.

답안을 입체화하는 핵심그림 & 다이어그램

철골공사 Flow Chart

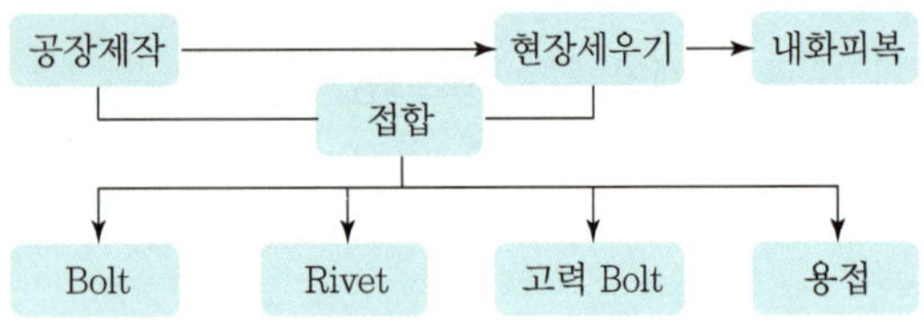

공장제작 → 현장세우기 → 내화피복
접합 → Bolt, Rivet, 고력 Bolt, 용접

단계별 시공계획

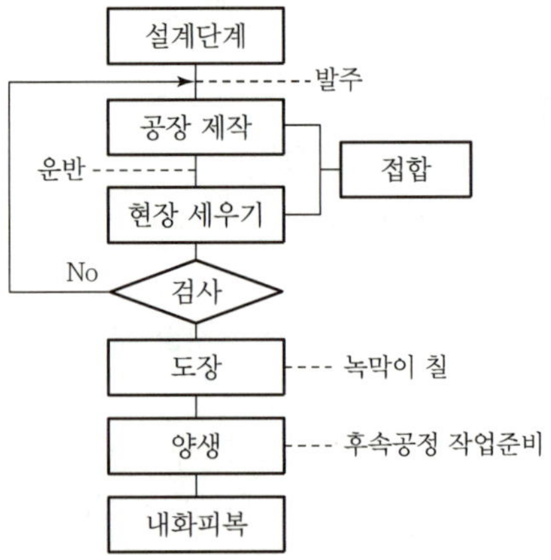

설계단계 → 발주
공장 제작 → 접합
운반
현장 세우기
검사 (No)
도장 —— 녹막이 칠
양생 —— 후속공정 작업준비
내화피복

설계단계 유의사항

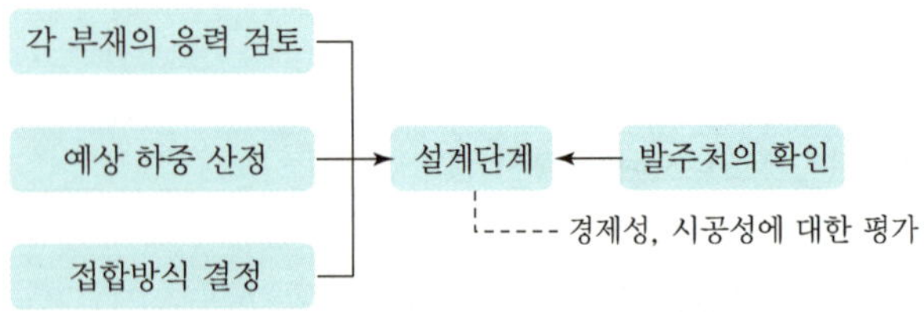

- 각 부재의 응력 검토
- 예상 하중 산정
- 접합방식 결정
→ 설계단계 ← 발주처의 확인
       └─── 경제성, 시공성에 대한 평가

공장제작 원칙

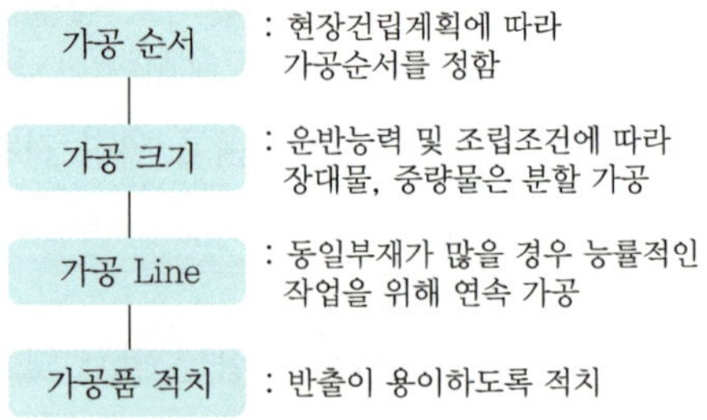

- 가공 순서 : 현장건립계획에 따라 가공순서를 정함
- 가공 크기 : 운반능력 및 조립조건에 따라 장대물, 중량물은 분할 가공
- 가공 Line : 동일부재가 많을 경우 능률적인 작업을 위해 연속 가공
- 가공품 적치 : 반출이 용이하도록 적치

현장세우기 공정

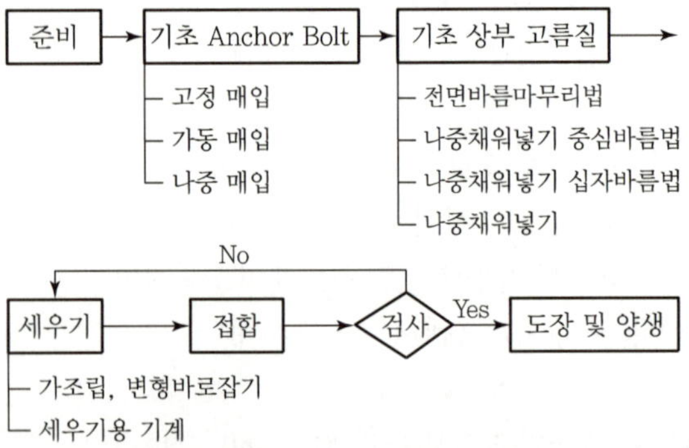

준비 → 기초 Anchor Bolt → 기초 상부 고름질
- 고정 매입
- 가동 매입
- 나중 매입
- 전면바름마무리법
- 나중채워넣기 중심바름법
- 나중채워넣기 십자바름법
- 나중채워넣기

세우기 → 접합 → 검사 (Yes) → 도장 및 양생
- 가조립, 변형바로잡기
- 세우기용 기계

세우기 수정 작업

Scale, 와이어로프, 내림추, 턴버클

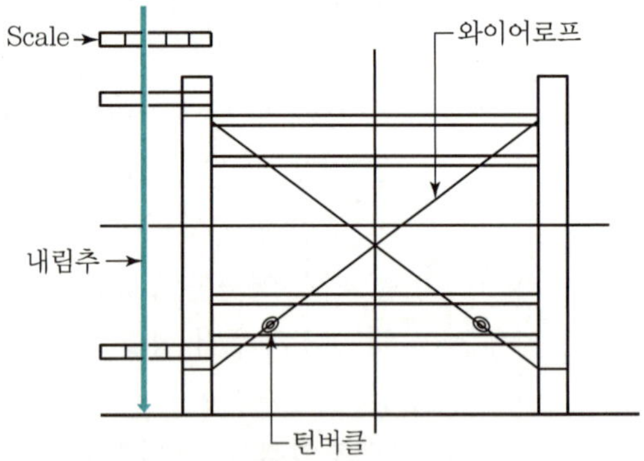

고장력볼트 접합 시 유의사항

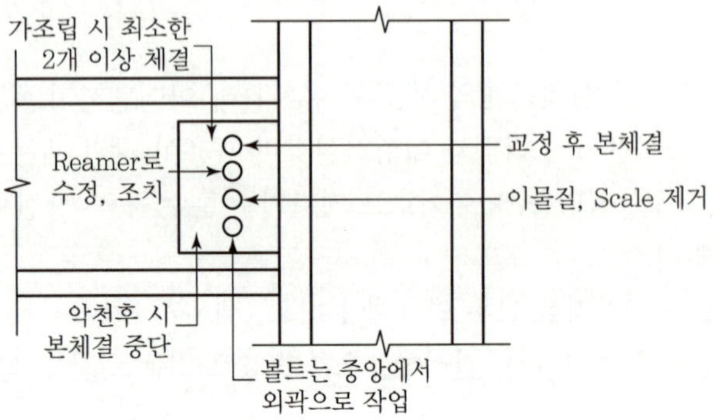

- 가조립 시 최소한 2개 이상 체결
- Reamer로 수정, 조치
- 악천후 시 본체결 중단
- 교정 후 본체결
- 이물질, Scale 제거
- 볼트는 중앙에서 외곽으로 작업

철골공사 시 안전유의사항

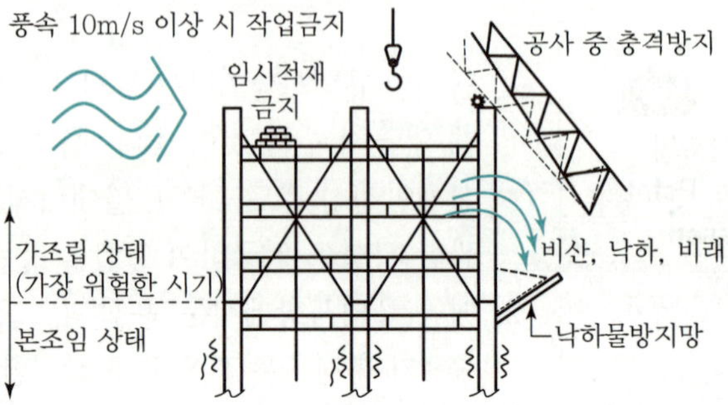

- 풍속 10m/s 이상 시 작업금지
- 임시적재 금지
- 공사 중 충격방지
- 가조립 상태 (가장 위험한 시기)
- 본조임 상태
- 비산, 낙하, 비래
- 낙하물방지망

SECTION 35

[초고층공사]
Column Shortening

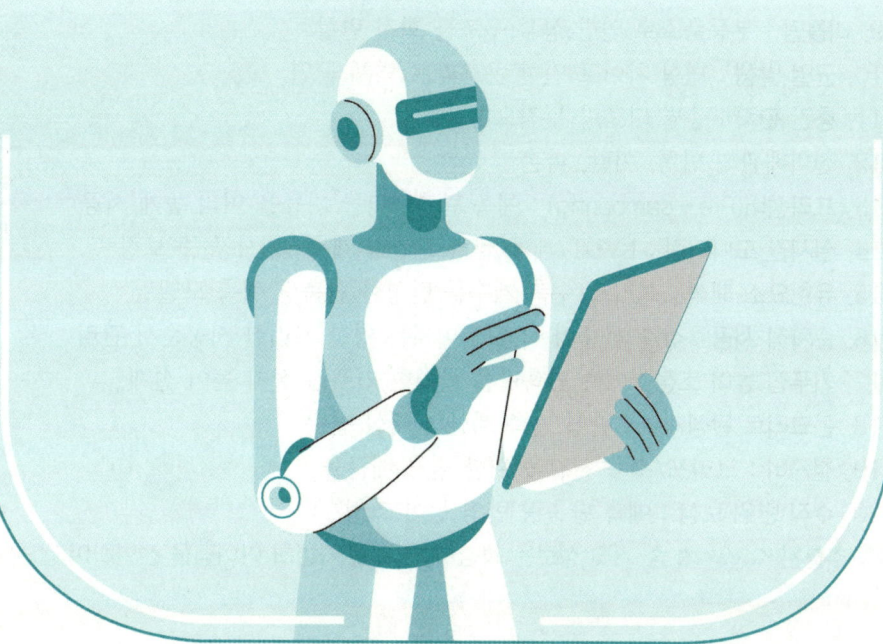

AI가 알려주는 Basic Concept & 핵심 Keyword

Basic Concept

1. 모든 부재는 힘을 받으면 변위가 생긴다. 슬래브와 같은 수평부재는 휘어지고, 기둥 같은 수직부재는 눌리면서 압축된다. 예를 들어 123층의 잠실월드타워의 1층 기둥은 상부의 123개 층의 하중을 지지해야 하며, 기초타설이 완료된 순간부터 한 개 층씩 시공이 완료될 때마다 기둥은 계속적으로 축소된다. 50층 시공 중일 때보다 100층 시공 중일 때 1층의 기둥은 더 짧아져 있다는 것이다. 이때 기둥이 축소하는 현상을 '기둥축소현상(Column Shortening)'이라고 한다.
2. 기둥축소현상이 무서운 이유는 '시기별, 위치별, 기타 조건별'로 기둥이 압축되어 축소되는 길이가 각각 다르다는 것이다. 이것이 바로 기둥의 부등축소현상(Differential Column Shortening)이다. 기초지반에서 균등침하보다 부등침하가 구조물에 더 유해한 것과 유사하다. 그러나 다른 점은 지반은 잘 다지고 개량하면 부등침하를 방지할 수 있지만, 기둥의 부등축소현상은 부재의 특성과 자연현상에 기인하기 때문에 발생 자체를 막을 수는 없다.
3. 예를 들어 기둥의 위치별 차이(고층/저층, 외곽/중심), 재질의 차이(콘크리트/철골), 자연환경적(남향/북향) 차이 등으로 인해 각각의 기둥은 축소량이 상이하다. 같은 층에 있는 2개의 기둥이 시간이 지남에 따라 길이의 편차가 점점 커진다면 어떨지 상상해 보자. 이러한 출제의도를 파악하고 답안을 작성해 나간다면 충분히 고득점이 가능하다.

생성형 AI의 핵심 Keyword Top 20

1. 탄성 수축 : 하중에 의한 즉각적 축방향 변형(탄성계수, 하중 크기 비례)
2. 크리프(Creep) : 장기 지속하중으로 인한 콘크리트 점진적 변형(시간, 응력 의존)
3. 콘크리트 체적 수축 : 콘크리트 경화 시 수분 증발로 인한 체적 감소(하중 없이 발생)
4. 축하중 : 기둥에 작용하는 수직하중(단축량 계산의 주요 변수)
5. 시간의존 변형 : 크리프+수축 복합 영향
6. 순차적 시공하중 : 상층 시공 시 하층 하중 누적 → 단축량 층별 차이
7. 부등축소 : 하중 분배 불균형 → 비틀림/균열 가능성
8. 구조적 안정성 : 단축으로 인한 응력 재분배 → 시스템 균형 유지 여부 판단
9. 비틀림 : 부등축소로 인한 상부 구조물 회전 변형
10. 균열 발생 : 변형 차이로 인한 콘크리트/벽체 균열
11. 층간 편차 : 층별 단축량 누적오차
12. 설비배관의 변형, 이탈, 파손
13. 프리캠버(Pre-cambering) : 예측 단축량만큼 기둥을 미리 높게 시공
14. 실시간 모니터링 : LVDT/레벨 센서로 변형 계측 → 시공 중 보정
15. 유한요소 해석 : 크리프/수축 계수를 반영한 단축량 예측 모델링
16. 순차적 시공 : 상층 하중이 하층에 미치는 영향 고려한 시공순서 관리
17. 거푸집 높이 조정 : 예측 단축량을 반영한 거푸집 설치 높이 설계
18. 콘크리트 탄성계수 : 탄성 단축 계산의 핵심 변수
19. 철근비 : 크리프/수축 저감을 위한 철근 배근율
20. 수직 변위 보상 : 예측 단축량 반영 높이 조정

※ 추출된 Keyword 중 거짓 정보는 과감히 버리고, 차별화 아이템을 선별하여 답안에 적용하자.

고득점 합격을 위한 실전연습 & One Point Lesson

03 초안작성

1. 정의	4. 발생 원인
2. Column shortening 도해	5. 피해방지 대책
3. 문제점	

04 How to Write

1. 정의
   1) 건물의 기둥이 시간이 지남에 따라 점차 짧아지는 현상
   2) 부등축소 시 구조적 안정성 저해 및 마감재 파손
2. Column Shortening 도해
3. 문제점
   1) 건물의 경사 및 수평 불량
   2) 비틀림 및 균열 발생
   3) 커튼월 변형
   4) 설비배관의 이탈 및 마감재 파손
   5) 문틀 비틀어짐
   6) 승강기 오작동
4. 발생원인
   1) 탄성 Shortening : 기둥부재 재질 상이, 단면적 상이, 높이 상이, 작용 하중 상이
   2) 비탄성 Shortening : 방위 차이(태양복사열/건조수축), Creep 변형 차이
5. 피해방지 대책
   1) 수직 변위 보상 : 예측 변위량을 미리 예측 산정 및 반영(설계/시공)
   2) 구간별 변위량 조절 계획
   3) 변위 발생 후 본조립 실시
   4) 실시간 계측 모니터링 : 변형계측을 통한 시공 중 보정(LVDT/레벨 센서)
   5) Level 관리 철저
   6) 콘크리트 채움강관(CFT) 적용
   7) 프리캠버 적용(Pre-cambering)
   8) 고강도 콘크리트 적용, 양생기간 확보

05 합격자의 One Point Lesson

1. 문제가 '부정적인 현상'일 때에는 문제점, 원인, 대책으로 답안을 구성한다. 특히 시공기술사 시험에서는 설계적, 시공적, 재료적 측면의 대책으로 다양하게 구성한다.
2. 컬럼쇼트닝은 단독 문제로 출제될 수도 있으며, 관련 분야의 답안 작성 시 아이템으로 활용 가능하다. 예를 들어 초고층건축물의 고려사항, 콘크리트 채움 강관 문제의 적용분야(컬럼쇼트닝 대책), 콘크리트의 수축(크리프 변형에 의한 컬럼쇼트닝)으로도 활용 가능하다. 'A=B'라면 'B=A'도 가능하다는 것을 꼭 명심하자.

답안을 입체화하는 핵심그림 & 다이어그램

발생원인 – 온도 차이	발생원인 – 기둥구조 상이
대책 – 변위량 예측	대책 – 변위 발생 후 본조립
대책 – 구간별 변위량 조절	대책 – 변위량 조절 Plate
대책 – Level 관리 철저	대책 – CFT 적용

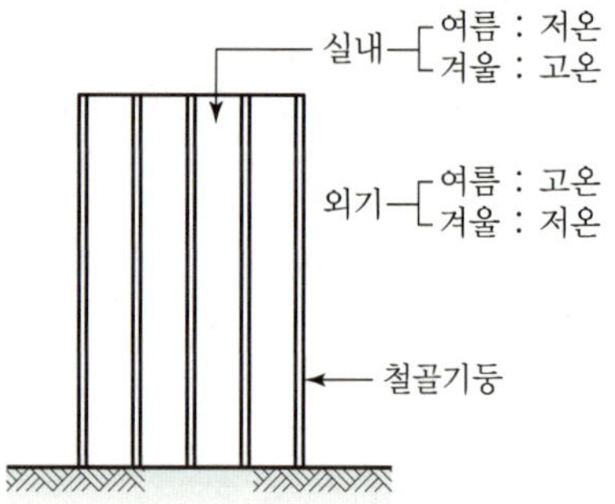

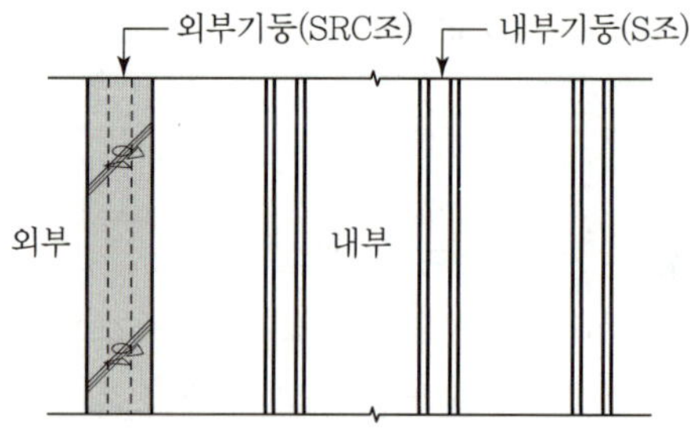

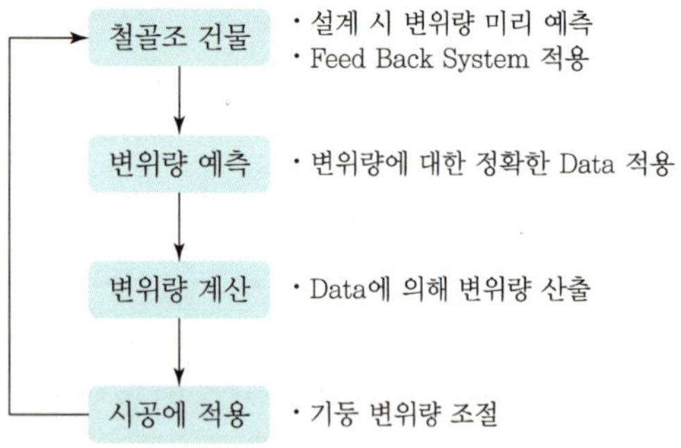

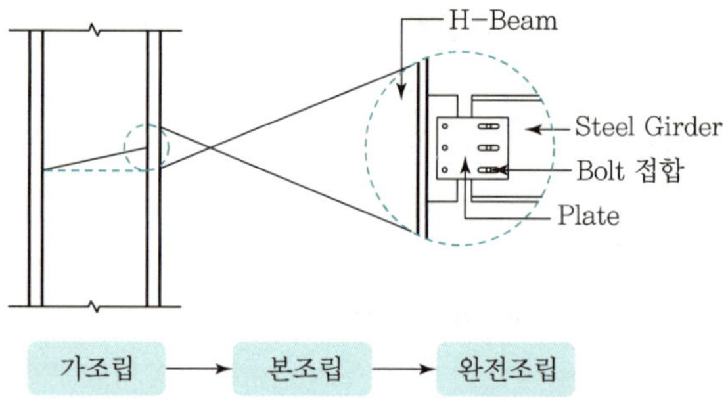

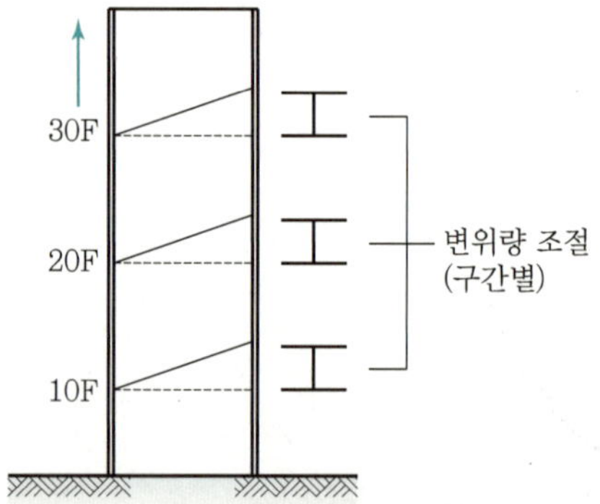

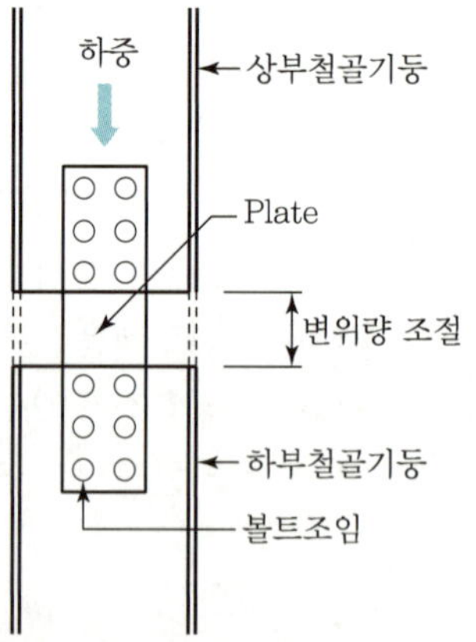

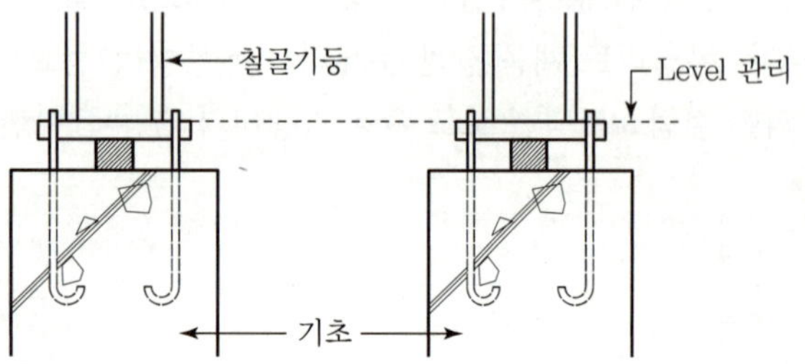

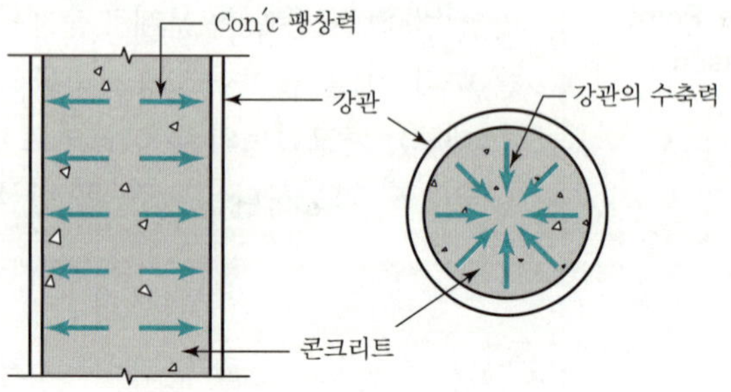

SECTION 36

[철골공사]
철골부재의 제작 시 검사계획과 현장반입 시 검사항목

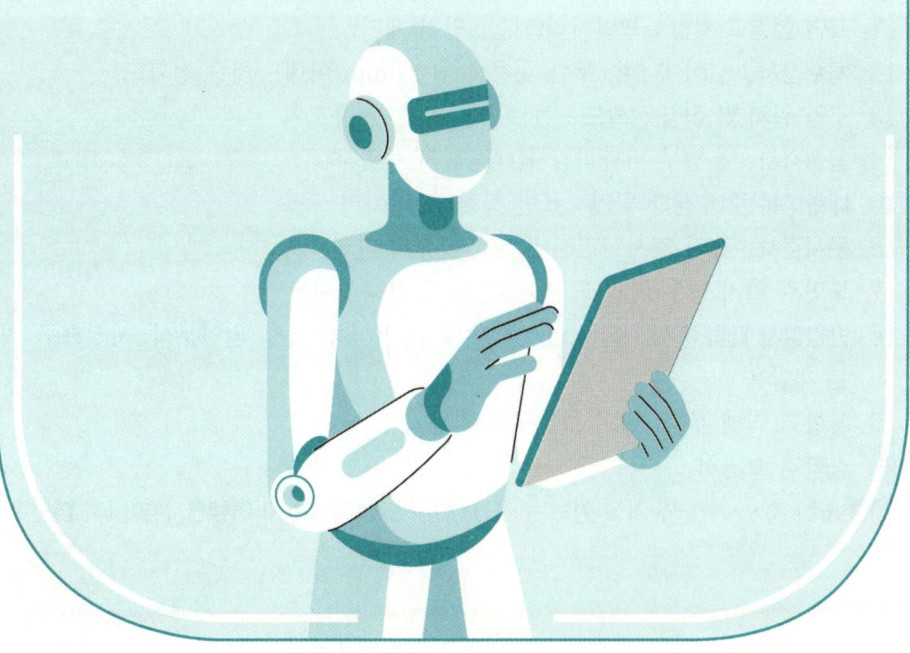

AI가 알려주는 Basic Concept & 핵심 Keyword

Basic Concept

1. 철골부재는 제작도에 입각하여 일정크기로 절단하고, 형상에 맞게 접합하는 과정을 거쳐 제작된다. 그렇다면 공장의 관리자는 철골부재가 제대로 생산될 수 있도록 검사 계획을 세우고, 기준대로 검사하여 합격 여부를 결정해야 할 것이다. 이것이 바로 철골부재의 제작 시 검사계획(ITP ; Inspection & Test Plan)이다. 글자 그대로 '검사 및 시험계획서'이다. 어디에서? 바로 공장에서!
2. 그렇다면 현장반입 시 검사항목은 무엇일까? 공장에서 공장소속의 관리자가 성실히 검사하고 확인했겠지만, 현장 반입 시 관리감독자가 또 확인하는 것이다. 무엇을? 동일 항목을. 어디에서? 바로 현장에서!
3. 그래서 공장의 'ITP'와 현장의 '반입검사' 항목이 중복된다. 부재의 폭이나 두께가 도면과 일치하는지, 용접부위는 결함이 없는지, 도장은 제대로 되었는지 등이다. 단, 공장에서만 하는 별도의 검사 항목도 있다. 공장에서는 커다란 원판을 가져와서 Shop Drawing에 맞게 절단하고 접합한다. 이 과정에서 절단면을 따라 마킹을 하고 검사, 마킹대로 절단을 하고 검사, 용접하기 전 개선부를 가공하고 검사를 추가로 하게 되는 것이다.

생성형 AI의 핵심 Keyword Top 20

1. 설계검토 : 구조도, 시공도 일치 여부(도면 대조, 하중 검증)
2. 자재검사 : 강재 규격, KS 인증서 확인, 시험성적서 검토, 시료 인장시험
3. 가공검사 : 절단 치수, 구멍 위치(±2mm 이내, 캘리퍼스, 레이저 측정기)
4. 용접검사 : 용접부 비파괴검사(UT, RT)
5. 조립검사 : 기초 볼트 위치, 수직도(±3mm 이내), 레벨기, 트랜싯
6. 설치검사 : 고강도 볼트 체결, 토크값 측정(토크 렌치)
7. 내화피복검사 : 두께, 부착강도, 두께 측정기, KS F 2257
8. 최종 검사 : 전체 구조물 허용오차 및 안전성 평가, 3D 스캐닝, 시험 하중 적용
9. 검사 유형 및 책임 주체 : 자체검사(시공사), 감리검사(감리원), 제3자검사(공인기관, KOLAS)
10. 외관검사 : 변형, 균열, 녹 발생 여부
11. 표면 청결도 확인 : 표면처리(기름, 먼지 제거)
12. 치수검사 : 길이, 너비, 두께 허용오차(±3mm 이내), 치수 정확도
13. 구멍 위치 및 직경 정확도 : 볼트구멍 위치, 허용오차
14. 품질검사 : 용접부 비파괴검사(UT, RT) 재검사
15. 내화피복 준비 상태 확인 : 표면 청결, 프라이머 도포
16. 문서검사 : 제작 검사성적서 및 KS 인증서 확인
17. 도면과 일치 여부 확인(도면 대조, 설계 요구사항)
18. 반입검사 불합격 시 처리 방안 : 격리 및 표시(사용차단), 원인분석, 시정요구, 재검사, 폐기 또는 재활용
19. 불합격 라벨 부착, 별도 보관구역 지정
20. 불합격 보고서

추출된 Keyword 중 거짓 정보는 과감히 버리고, 차별화 아이템을 선별하여 답안에 적용하자.

고득점 합격을 위한 실전연습 & One Point Lesson

03
초안작성

```
1. 개요                                      3. 현장반입 시 검사항목
2. 검사계획(ITP ; Inspection & Test Plan)    4. 품질 불량 시 처리방안
```

04
How to Write

1. **개요** : 공장제작 및 현장반입 시 부재의 품질상태를 검사
2. **검사계획(ITP ; Inspection & Test Plan)**
   1) 자재입고 검사
      ① 손상, 부식, 변형 유무 확인
      ② 자재시험성적서와 화학분석 및 기계시험 결과 일치 여부 확인
   2) 공정 간 검사
      ① Marking 검사 : 마킹이 제작도와 일치하는지 여부 확인
      ② 절단 검사 : 절단선에 따른 정확한 절단 여부 확인
      ③ 조립 및 개선 검사 : 조립상태에서 치수검사, 용접 개선각도 및 루트면의 간격 확인
   3) 용접 및 외관검사
   4) 용접부 비파괴검사
   5) 최종 검사
   6) 도장검사
   ※ 포함항목 : 공종, 검사항목, 검사시기, 검사범위, 합격기준, 검사방법, 입회 여부
3. **현장반입 시 검사항목**
   1) Mill Sheet 검사
      ① 역학적 시험내용 : 압축강도, 인장강도, 휨강도, 전단강도, 휨Moment 등
      ② 화학성분 시험내용 : Fe(철), C(탄소), S(황), Si(규소), Pb(납) 등
      ③ 규격표시 : 길이, 두께, 직경, 단위중량, 크기 및 형상, 제품번호 등
   2) 외관검사 : 부재의 변형, 뒤틀림, 손상, 단면 결손, 볼트구멍 및 Reaming 상태
   3) 부재 정밀도검사
      ① 길이, 폭, 휨, 볼트구멍 간격, 구멍 직경
      ② 관리허용오차, 한계허용오차
   4) 용접부 정밀도검사 : 용접간격, 목두께, 각장, 개선 각도, 맞댄이음면 차이
   5) 도장검사
4. **품질 불량 시 처리방안**

05
합격자의 One Point Lesson

1. 기술사시험에서는 반복적인 암기가 매우 중요하다. 문제를 보면 암기법을 통해 외운 내용을 기계적으로 써 내려가야 25분 내에 3페이지를 채울 수 있다. 그러나 암기만큼 중요한 것이 이해이다. 이해를 하면 암기가 훨씬 쉬워진다.
2. 공부를 하다 보면 다른 파트, 다른 질문인데도 답이 비슷한 경우가 있다. 특히 품질 기준, 시험기준 등이 그러하다. 이럴 때는 2개의 답을 비교하여 공통되는 아이템을 먼저 외우는 것이 효과적이다. 공통 아이템은 어느 시험에나 다 들어가는 내용인 만큼 중요한 내용이고, 현장에서 반드시 한 번쯤은 봤을 내용들이므로 암기도 쉽고 이해도 쉽다. 만약 모르는 문제가 나와도 암기한 공통항목을 시험기준으로 작성한다면 채점관이 맞다고 채점할 가능성이 매우 높다. 왜? 채점관도 그 용어가 익숙하니까! 정답을 몰라도, 정답과 비슷하게 보일 수 있는 응용능력을 키운다면 충분히 합격할 수 있다.

[철골공사] 철골부재의 제작 시 검사계획과 현장반입 시 검사항목 143

답안을 입체화하는 핵심그림 & 다이어그램

검사계획 Flow Chart

자재입고 검사
↓
공정 간 검사 · Marking 검사 · 절단검사
         · 취부 및 개선검사
↓
용접 및 외관검사
↓
용접부 비파괴검사 · 부재당 15% 초음파탐상 검사 실시
↓
최종 검사 · 완료된 제품에 대한 검사
↓
도장검사

공정 간 검사

Marking 검사	· 자재의 규격 및 Marking의 제작도와 일치 여부 확인 · 제작도와 대조하여 기준 치수 확인
절단 검사	· 치수 및 절단선에 따른 정확한 절단 여부 확인 · 절단 후 자재의 변형 유무 확인
조립 및 개선 검사	· 부재의 조립상태에서 치수검사 실시 · 용접 개선 각도 및 Root면의 간격 확인 · 용접 부위 이물질 유무 확인

용접부 비파괴검사

용접부 비파괴검사
- 모든 용입 용접부가 대상
- 초음파탐상검사가 원칙
- 기둥, 보 접합부는 Flange 상하부 각 1개소 검사
- Box형 기둥은 1면당 1개소 이상 검사
- 부재당 15% 이상 초음파탐상검사 실시

Mill Sheet 검사

검사 항목	검사 내용
역학적 시험내용	압축강도, 인장강도, 휨강도, 전단강도, 휨 Moment 등
화학성분 시험내용	Fe(철), S(황), Si(규소), C(탄소), Pb(납) 등
규격표시	길이, 두께, 직경, 단위중량, 크기 및 형상 제품번호 등

용접부 상태 검사

종류	도해	주요인
Crack	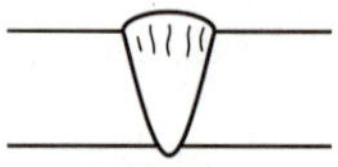	용착금속과 모재에 생기는 균열로 대표적인 용접결함
Slag 감싸돌기	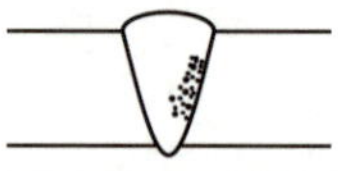	용접봉의 피복재인 심선과 모재가 변하여 Slag가 용착금속 내에 혼입된 현상
Crater	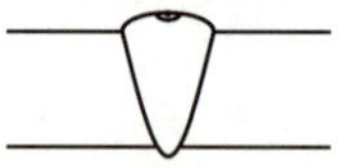	용접 시 Bead 끝에 항아리 모양처럼 오목하게 파인 현상
Under Cut	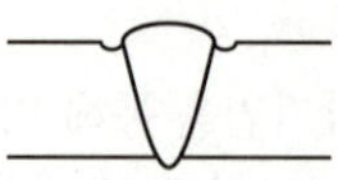	과대전류 혹은 용입불량으로 모재 표면과 용접표면이 교차된 점에 용착금속이 채워지지 않는 현상

제품 정밀도 검사

명칭	그림	관리허용오차	한계허용오차
보의 길이	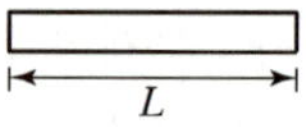 L	$\Delta L : \pm 3mm$	$\Delta L : \pm 5mm$
기둥의 길이	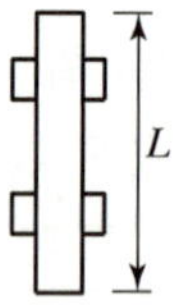 L	$\Delta L : \pm 3mm$	$\Delta L : \pm 5mm$
보의 휨	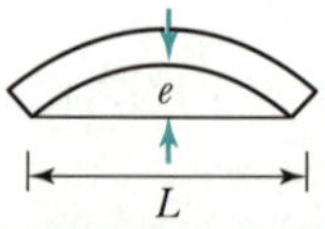 e, L	$e : \dfrac{L}{1,000} \cdot 10$	$e : \dfrac{1.5L}{1,000} \cdot 15$

※ 각 부재별로 제품을 관리하되 허용오차 내로 관리

접합부 정밀도 검사

명칭	그림	관리허용오차	한계허용오차
T이음의 틈새	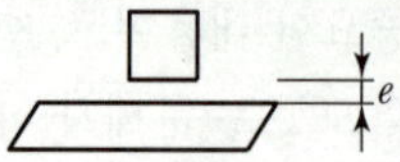 e	$e \leq 2mm$	$e \leq 3mm$
겹친이음의 틈새	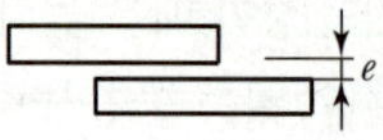 e	$e \leq 2mm$	$e \leq 3mm$

목두께 검사

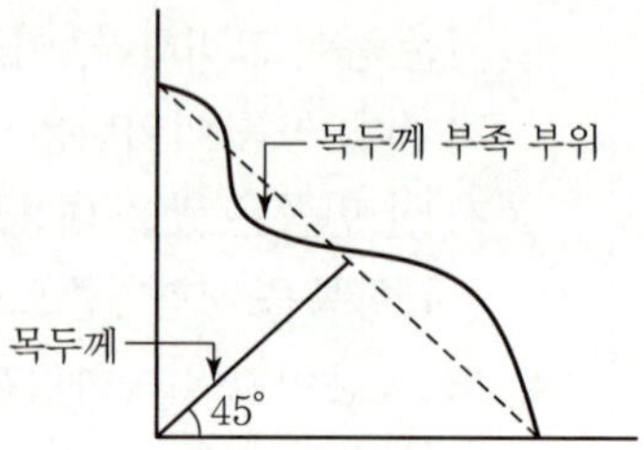

목두께 부족 부위 / 목두께 / 45°

SECTION 37

[마감공사]
ALC Block의 시공순서 및 시공 시 유의사항

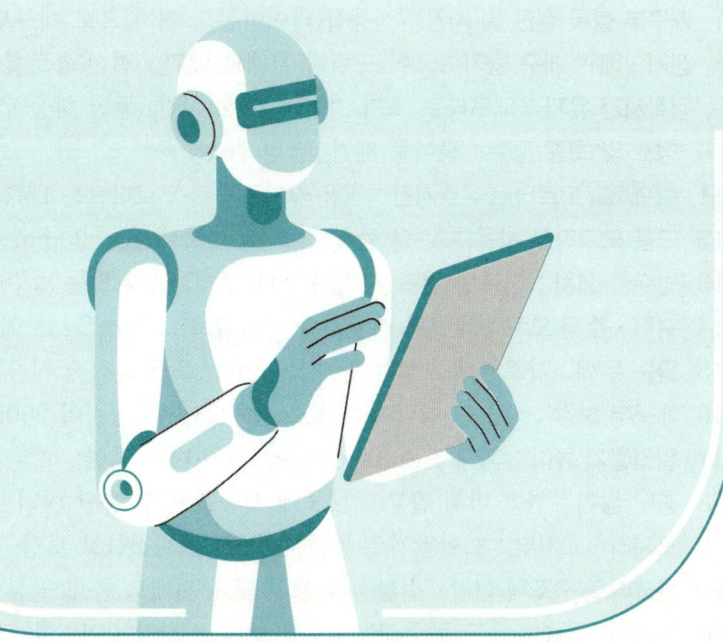

AI가 알려주는 Basic Concept & 핵심 Keyword

01 Basic Concept

1. ALC 블록은 ALC(Autoclaved Lightweight Concrete)로 만든 블록이다. 즉, 발포제를 넣고 고온·고압의 조건에서 양생한 콘크리트로 만들어졌으며 다공질이기 때문에 가볍고 시공성·단열성·방음성이 뛰어나다.
2. ALC 블록의 시공방법은 일반적인 블록공사와 동일하다. 큰 틀에서는 준비작업, 기초작업, 쌓기작업, 개구부 및 배선 처리, 줄눈 및 양생이며, 이를 토대로 시공 시 유의사항을 만들어 낼 수 있다.
   ① 준비작업 : 자재 검수(치수 확인, 파손 확인), 방수턱+방수(방습 조치), 먹메김(도면 일치, 먹메김 검측)
   ② 기초작업 : 모르타르 배합(배합기준), 고름 모르타르(수평 조절), 레벨기+다림줄(수평·수직 맞춤)
   ③ 쌓기작업 : 쌓기 모르타르(가사시간), 쌓기(일일쌓기 높이), 방식(엇갈려쌓기-상하부 겹침 1/2), 보강작업(접합철물, 연결철물), 나중쌓기(층단 떼어쌓기)
   ④ 개구부, 배선처리 : 인방 설치(걸침길이), 블록 절단(전용공구, 정확/평활), 충전용 모르타르(밀실 충진)
   ⑤ 줄눈 및 양생 : 줄눈(줄눈두께), 양생(진동·충격 금지)
3. 블록도 벽돌처럼 엇갈려 쌓아야 통줄눈에 의한 대형균열을 방지할 수 있다. 단, 우리가 지하주차장에서 흔히 보는 통줄눈의 블록은 보강블록쌓기로 내부가 수직철근으로 보강된 블록쌓기 공법이다.

02 생성형 AI의 핵심 Keyword Top 20

1. 시공순서 기초 준비 및 검사 : 콘크리트 기초의 수평·수직 오차를 측정, 방수층 및 습기 차단 시트 설치
2. 먹메김 및 ALC 블록 재료 검수
3. 접착제(모르타르) 배합 및 블록 1단 시공 : 고름 모르타르로 수평 조정
4. 수평·수직 맞춤 : 수평은 레벨기, 수직은 다림줄(Plumb Bob)로 오차 ±2mm 이내 조정
5. 보강재 설치 : 철근(ϕ10mm) 또는 U형 강재를 블록 홈에 삽입
6. 접착용 모르타르 도포 : 상층 블록 바닥면에 균일하게 접착제를 발라 하층과 결합
7. 개구부 블록 절단 및 시공 : 전동톱(다이아몬드 커터)으로 개구부·코너부에 맞춤 절단
8. 전기·배관 개구 뚫기 : 코어 드릴링 기계로 배관·전선 통로를 정확한 위치에 천공
9. 경화시간 유지 : 모르타르 초기 경화 시간(24시간) 동안 하중·진동 차단
10. 청소 및 최종 검수 : 잔여물 제거, 감리 검측
11. 유의사항 모르타르 유효기간 : 전용 쌓기·충전 모르타르는 1시간 내 사용, 경화 후 재사용 금지
12. 고름 모르타르 사용 : 첫 단 블록 시공 전 기초에 10~20mm 두께로 수평 조정
13. 방수층 설치 : 지표면 접촉 시 방수 전용 ALC 블록 또는 방수재(아스팔트 펠트) 적용
14. 수직·수평 오차 : 레이저 레벨기와 다림줄로 오차 ±2mm 이내 유지
15. 줄눈 두께 : 가로·세로 줄눈 두께 1~3mm로 균일하게 시공
16. 개구부 보강 : 창·문 상단에 인방보 설치(최소 걸침길이 200mm 이상)
17. 일일쌓기 높이 : 최대 1.8m(표준)~2.4m 이내로 제한
18. 층단 쌓기 : 연속 벽체 일부를 나중에 시공할 경우 층단 처리
19. 모서리·교차부 : 끼어쌓기로 통줄눈 방지, 연결철물로 보강
20. 콘크리트 구조체 접합 : 접합철물 설치 및 충전재로 틈새 밀실 처리

 추출된 Keyword 중 거짓 정보는 과감히 버리고, 차별화 아이템을 선별하여 답안에 적용하자.

고득점 합격을 위한 실전연습 & One Point Lesson

03 초안작성

| 1. 개요 | 3. ALC Block 특징 | 5. 시공 시 유의사항 |
| 2. ALC 종류 | 4. 시공순서 | |

04 How to Write

1. **개요** : 다공질 콘크리트 블럭으로 단열성과 시공성이 우수
2. **ALC 종류** : Block형, Panel형
3. **ALC Block 특징** : 경량성, 단열성, 방음성, 시공성, 내화성, 불연성
4. **시공순서**
   1) 먹메김, 자재 검수
   2) 수평・수직 맞춤 : 수평은 레벨기, 수직은 다림줄 설치
   3) 블록쌓기 1단 쌓기 : 첫단 하부 고름 모르타르 → 수평 조정
   4) 쌓기 모르타르 시공 : 상층 블록 바닥면에 균일하게 발라 하층과 결합
   5) 줄눈시공 : 두께는 1~3mm, 수직줄눈은 통줄눈 금지
   6) 개구부 처리 시 상부 인방 시공, 배관 매립 시 개구 뚫기
   7) 문틀 및 배관 주변 모르타르 충전
5. **시공 시 유의사항**
   1) 가사시간 준수 : 쌓기 모르타르 배합 후 1시간 내 사용(가수 후 재사용 금지)
   2) 하단부 방수턱 시공 : 방수턱+방수 시공 → 습기 차단
   3) 고름 모르타르 사용 : 첫 단 블록 시공 전 기초에 10~20mm 두께로 수평 조정
   4) 지표면 이하 사용 불가 : 부분 매설 시 방수전용 ALC 블럭 또는 방수 마감 실시
   5) 블록 재료 검수 : 치수 허용오차, 운반 중 파손 여부
   6) 수직・수평 오차 : 레이저 레벨기와 다림줄로 오차 ±2mm 이내 유지
   7) 줄눈 두께 : 가로・세로 줄눈 두께 1~3mm로 균일하게 시공
   8) 일일쌓기 높이 : 1.8m(표준)~2.4m(최대) 이내 제한
   9) 개구부 보강 : 창・문 상단에 인방보 설치(최소 걸침길이 200mm 이상)
   10) 층단 쌓기 : 연속 벽체 일부를 나중에 시공할 경우 층단 처리
   11) 모서리・교차부 : 끼어쌓기로 통줄눈 방지, 연결철물로 보강
   12) 콘크리트 구조체 접합 : 접합철물로 일체화, 충전재로 틈새 밀실 처리
   13) 상단부 처리 시 틈 유지 : 콘크리트 Slab 및 보의 장기처짐에 대비

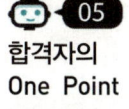
05 합격자의 One Point Lesson

1. ALC 블록의 시공순서와 시공 시 유의사항은 블록공사의 내용을 그대로 적어도 무방하다. ALC 블록이라고 해서 시공방법이 바뀌는 것은 아니기 때문이다. 대신 개요와 서론에서 ALC 블록의 장점을 언급해 주는 것이 좋다.
2. 단, '방수턱과 방수'에 대한 내용은 반드시 언급해 주어야 한다. ALC 특성은 다공질이므로 습기에 대한 영향을 많이 받는다. 지표면이나 기초 위에 바로 시공할 경우 함습에 의한 마감재 탈락이 될 수 있다. 지하주차장 외벽에 방습벽을 시공하는 경우, 하단부 블록 도장이 탈락하고 백화가 발생하는 것을 쉽게 볼 수 있다.
3. '가사시간'의 언급도 중요하다. 가사시간은 모르타르를 배합통에 비빈 이후, 충분한 접착성을 유지한 채 사용 가능한 최대시간이다. 일부 작업자들은 배합통에 물을 부어가며 계속 사용하는 경우도 있는데, 이것은 레미콘에 현장가수를 하는 것과 동일한 문제를 발생시키므로 현장관리가 필요하다.

답안을 입체화하는 핵심그림 & 다이어그램

시공단면도	인방보 시공도
블록 상단 틈 유지	연결철물 및 보강철물

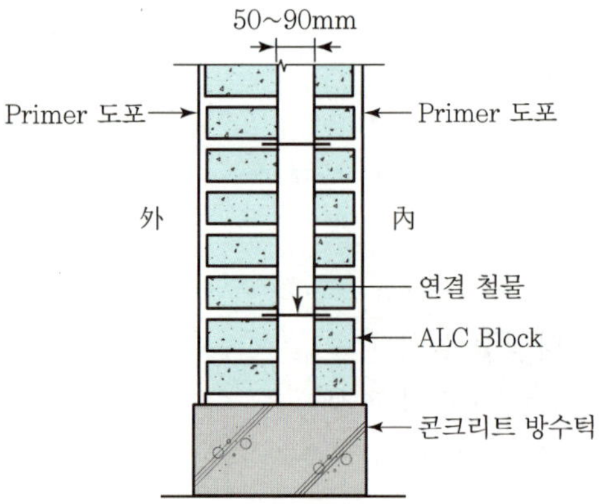

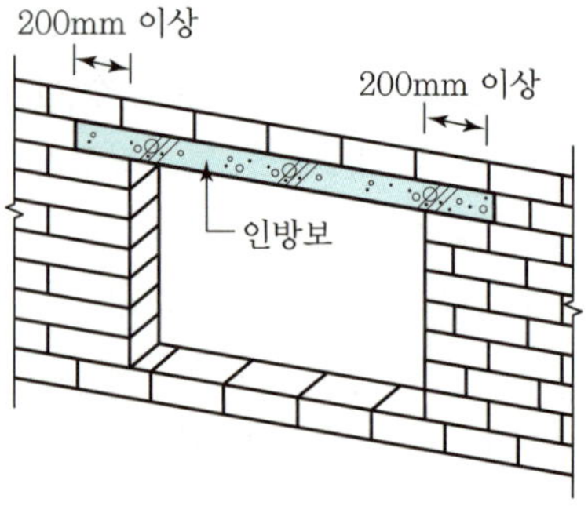

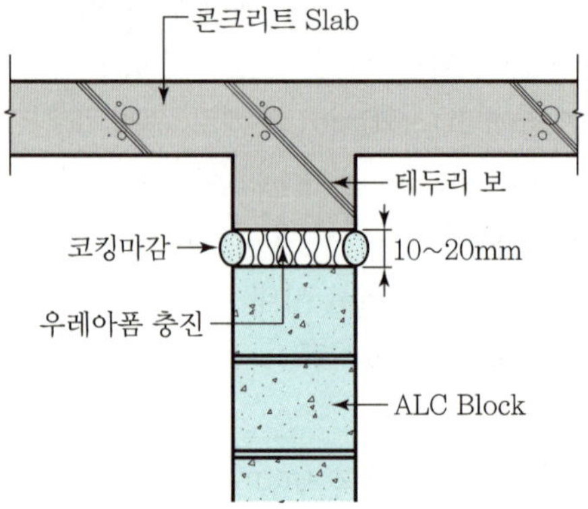

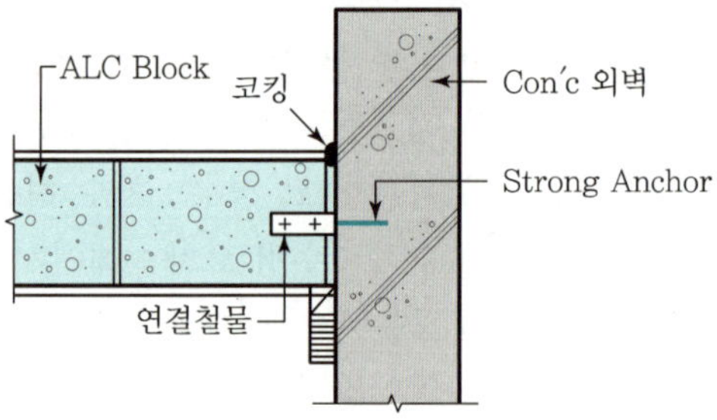

ALC 블록공사 표준시방서(KCS 41 34 09/3.2.2항)

3.2.2 쌓기

(1) 슬래브나 방습턱 위에 고름 모르타르를 10mm~20mm 두께로 깐 후 첫 단 블록을 올려놓고 고무망치 등을 이용하여 수평을 잡는다.
(2) 블록의 제작치수 중 높이에 대한 편차가 KS F 2701에서 규정한 높이에 대한 허용차범위 +1mm, -3mm를 초과하는 경우 인접블록과 높이 편차를 맞춘 후 쌓기 모르타르를 사용하여 조정한다.
(3) 쌓기 모르타르는 교반기를 사용하여 배합하며, 1시간 이내에 사용해야 한다.
(5) 줄눈의 두께는 1mm~3mm 정도로 한다.
(7) 블록은 각 부분이 가급적 균등한 높이로 쌓아가며, 하루 쌓기높이는 1.8m를 표준으로 하고, 최대 2.4m 이내로 한다.
(8) 연속되는 벽면의 일부를 트이게 하여 나중쌓기로 할 때에는 그 부분을 층단 떼어 쌓기로 한다.
(9) 모서리 및 교차부 쌓기는 끼어쌓기를 원칙으로 하여 통줄눈이 생기지 않도록 한다.
(10) 콘크리트 구조체와 블록벽이 만나는 부분 및 블록벽이 상호 만나는 부분에 대해서는 접합철물을 사용하여 보강하는 것을 원칙으로 한다.
(11) 상부구조체와 접하는 부위는 구조체의 처짐에 충분히 견딜 수 있고, 상부 구조체로부터 힘이 전달되지 않는 충전재로 밀실하게 채운다.
(12) 공간쌓기의 경우 공사시방서 또는 도면에서 규정한 사항이 없으면 바깥쪽을 주벽체로 하고, 내부공간은 50mm~90mm 정도로 하고, 수평거리 900mm, 수직거리 600mm마다 철물연결재로 긴결시킨다.

SECTION 38

[마감공사]
타일 붙임공법의 종류별 특징과 박리, 탈락 방지대책

AI가 알려주는 Basic Concept & 핵심 Keyword

Basic Concept

1. 타일공사는 습식공사 중에서도 빈출되는 공종으로 시공 시 유의사항을 준비할 필요가 있다. 특히 타일의 종류뿐만 아니라 붙이고자 하는 바탕면의 종류와 상태도 다양하기 때문에 적합한 공법을 선정하는 것이 중요하다.
2. 타일의 가장 큰 하자요인은 탈락이다. 타일 탈락 시 미관 저해 및 안전상의 문제도 발생할 수 있으므로 방지대책이 필요하다. 원인을 알면 방지대책을 수립할 수 있으므로 큰 틀에서 탈락 원인을 살펴보자.
   ① 바탕면 관련 : 청소 불량, 표면 박리, 건조 불량, 이질재 접합부, 프라이머 미시공, 평활도 불량, 벽체 균열
   ② 접착제 관련 : 뒷채움 부족, 오픈타임 초과, 공극 발생, 부적합 접착공법
   ③ 외부요인 : 기온 저하, 동결융해, 양생 불량(진동·충격), 우수 침투, 온도 변화(수축·팽창)
   ④ 타일 관련 : 부적합 타일(흡수율 과다), 플랫형 뒷발, 줄눈폭 부족
3. 타일 붙임공법 또한 매우 다양하다. 시멘트 모르타르를 사용하는 경우 떠붙임공법이 많고, 석고보드면이나 바닥면에 시공할 때는 접착공법이 많다. 에폭시본드를 이용하여 대형타일을 부착하는 공법도 있다. PC판넬에 타일을 공장에서 선부착하여 시공성을 높이는 경우도 있으므로 '핵심 Keyword'를 통해서 살펴보자.

생성형 AI의 핵심 Keyword Top 20

1. 종류 떠붙임 공법 : 타일 뒷면에 모르타르(12~24mm) 도포 후 바탕면에 눌러 붙임
2. 압착 붙이기 : 바탕면에 모르타르(5~7mm) 도포 후 타일 압착 시공
3. 개량압착 붙이기 : 바탕면(4~6mm)+타일 뒷면(3~4mm)에 모르타르 도포 후 압착
4. 접착 붙이기 : 유기질 접착제를 $2m^2$ 이내 도포하여 시공
5. 모자이크 타일 붙이기 : 초벌+재벌 모르타르(4~6mm) 도포 후 유닛 타일 압착
6. 동시 줄눈 붙이기 : 모르타르(5~8mm) 도포 후 충격공구로 타일 압착 시공
7. TPC 공법 : 타일과 일체화된 PC판넬 제작
8. 탈락방지 바탕면 평활도 확인 : 벽은 2.4m당 편차 3mm 이내, 바닥은 3m당 편차 3mm 이내
9. 바탕면 청소 : 먼지·분진·기름 등 모든 이물질 제거
10. 바탕면 양생 : 콘크리트·시멘트 모르타르 바탕면은 4주 이상 충분히 양생 후 시공
11. 바탕면 프라이머 : 탈락 우려 바탕면은 프라이머 처리 후 시공
12. 오픈타임 준수 : 접착제 개봉 후 빠른 시공 실시
13. 온도조건 준수 : 시공 및 양생 시 온도 5℃ 이상으로 유지
14. 신축줄눈 설치 : 수축·팽창을 고려하여 3m 간격으로 신축줄눈 설치
15. 타일 뒷면 이물질 제거 : 접착 전 타일 뒷면과 분진 제거
16. 양생 관리 : 접착제 완전 양생 전 타일 충격, 동결 방지
17. 외기구간 저흡수성 타일 : 동결·융해 반복 지역 흡수율 낮은 자기질·석기질 타일 시공
18. 적절한 줄눈 재료 사용 : 내부 일반 줄눈, 외부 우레탄 실리콘 줄눈 등
19. 전면 접착제 도포 : 타일 뒷면과 바탕면에 접착제를 고르게 도포하여 공극 제거
20. 양생 완료 전 하중·사용 제한 : 완전 양생 전 타일 위 하중·이동 금지

추출된 Keyword 중 거짓 정보는 과감히 버리고, 차별화 아이템을 선별하여 답안에 적용하자.

고득점 합격을 위한 실전연습 & One Point Lesson

초안작성

1. 개요
2. 타일 품질관리 항목
3. 붙임공법 종류별 특징
4. 박리 및 탈락 방지대책

How to Write

1. 개요 : 시공장소(외벽, 내벽, 바닥), 시공부위, 바탕면 조건 등을 사전검토 후 타일 붙임공법 선정

2. 타일 품질관리 항목
   1) 흡수성능 Test   3) 충격 Test   5) 마모저항 Test   7) 두들김 Test
   2) 균열 Test   4) 동해성 Test   6) 접착강도 Test   8) 꺾임강도 Test

3. 붙임공법 종류별 특징
   1) 떠붙임공법 : 접착성이 비교적 양호, 시공관리 용이
   2) 압착붙임공법 : 백화현상 감소, 큰 숙련도 요하지 않음, 작업속도 빠름
   3) 접착붙임공법 : 작업속도 빠름, 석고보드면 시공 가능, 초기 접착성 우수
   4) 타일 거푸집 선부착공법 : Unit Tile을 거푸집에 설치 후 타설, 모자이크 타일 및 외장타일에 적용
   5) TPC 공법 : 타일과 일체화된 PC판넬 제작, 시공속도 빠름
   6) 동시줄눈공법 : 밀착이 우수, 접착이 확실, 박리현상 적음, 백화 감소
   7) Unit Tile 압착공법 : Unit화한 타일을 한 번에 붙임, 작업속도 빠름

4. 박리 및 탈락 방지대책
   1) 바탕 Mortar 시공 철저 : 바탕 Mortar 미장시공 시 접착제 첨가
   2) 바탕면 평활도 유지 및 이물질 제거(먼지, 분진, 기름)
   3) 바탕면 양생 : 콘크리트·시멘트 모르타르 바탕면은 4주 이상 충분히 양생 후 시공
   4) 프라이머 시공 : 콘크리트 바탕면은 프라이머 처리 후 시공
   5) Open Time 준수 : 15분 이내 시공(접착제 개봉 후 빠른 시공)
   6) 압출형 타일 뒷발 적용 : 압출형 > 프레스형 > 플랫형
   7) 온도조건 준수 : 시공 및 양생 시 온도 5℃ 이상으로 유지
   8) 신축줄눈 설치 : 수축·팽창을 고려하여 3m 간격으로 신축줄눈 설치
   9) 외부타일 우수침투 방지 : 벽면 상단 파라펫 Flashing 처리, 창틀부위 물매 유지
   10) 외기구간 저흡수성 타일 : 동결·융해 반복 지역 저흡수성(자기질) 타일 시공
   11) 신축줄눈 설치 : Construction Joint부, 이질재 접합부, 장변구간(3m 간격) 줄눈
   12) 양생 관리 : 완전 양생 전 타일 위 진동·충격·하중재하·보행 금지
   13) 접착제 충진 철저 : 타일 뒷면과 바탕면에 접착제를 고르게 도포하여 공극 제거

합격자의 One Point Lesson

1. 여러 대책 중 오픈타임 준수와 뒷채움 밀실 시공은 가장 중요한 대책이므로 누락시키지 않아야 한다. 접착 모르타르를 포함하여 접착제는 시간경과에 따라서 접착성능이 급격히 저하된다. 그러나 일부 작업자들이 시공편의를 위해서 벽체나 바닥의 상당한 면적에 접착제를 먼저 도포하고, 타일을 붙이는 경우가 있다. 이 경우 나중에 붙이게 되는 구간은 이미 접착제의 응결이 시작되어 잘 붙지 않게 된다.
2. 바탕면에 대한 언급도 중요하다. 바탕면 자체에 균열이 가는 경우 타일에 균열이 가거나 탈락하게 된다. 바탕면의 열팽창률 차이에 의한 수축·팽창응력 발생 시 벽타일이 무너져 내리거나 바닥타일이 솟아오르는 현상이 발생하기도 한다.
3. 꼭 서브노트를 준비해야 하는 문제이며, 차별화 아이템을 준비한다면 고득점이 충분히 가능하다.

답안을 입체화하는 핵심그림 & 다이어그램

떠붙임공법	압착붙임공법
콘크리트 ← 타일 / 붙임 모르타르	붙임 모르타르 / 콘크리트 ← 타일 / 미장바름 / 나무흙손 마무리

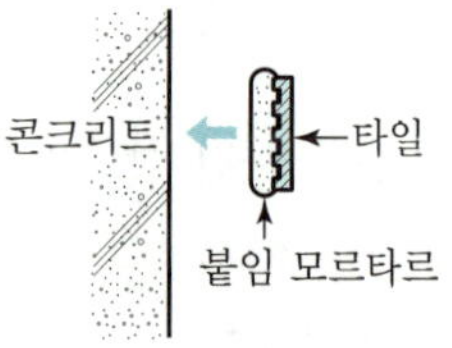

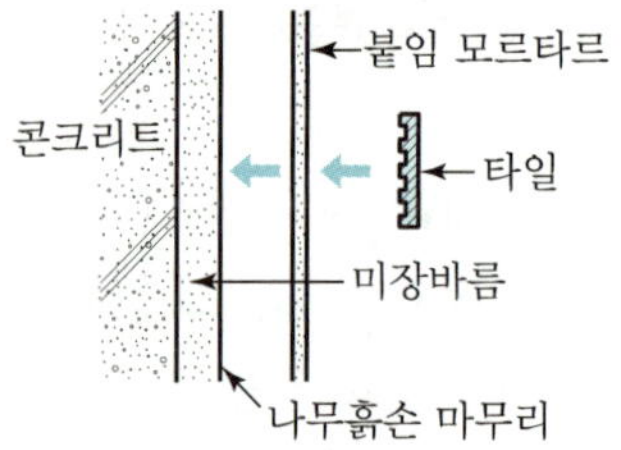

Unit Tile 압착공법	뒷굽형태에 따른 접착강도
미장바름 / Cement Paste 또는 Mortar / 콘크리트 → ← Unit Tile / 나무흙손 마무리 / 종이 또는 Net	접착강도(MPa): 1.5 (압출형), 1.0 (Press형), 0.4 (Flat형) / 시간(분) 15, 30, 45

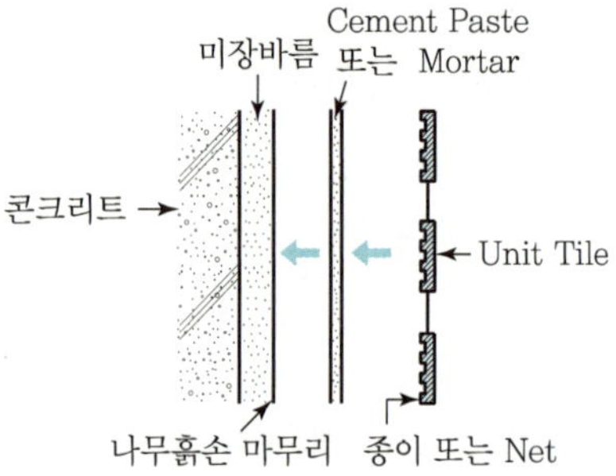

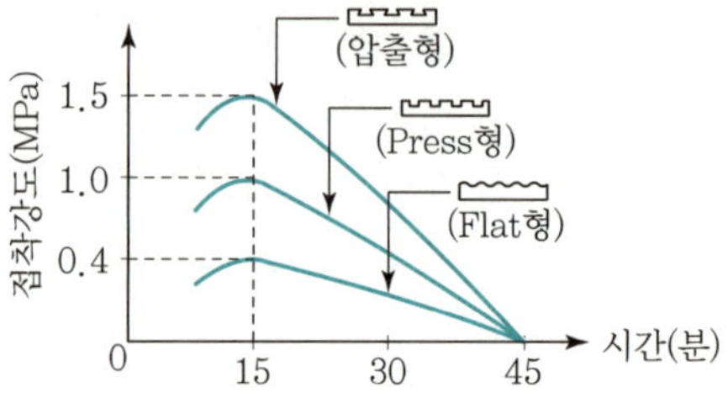

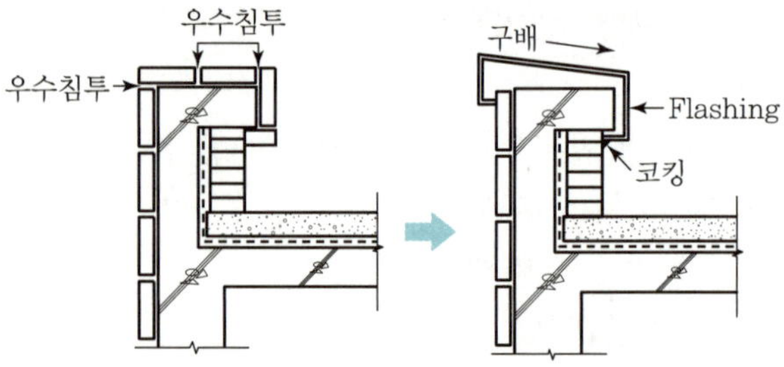

파라펫 플래싱 처리	신축줄눈 설치
우수침투 → 구배, Flashing, 코킹 / ※ 우수침투 방지	Back Up재 / 신축줄눈(Sealant) / Construction Joint 부위 / 신축줄눈봉

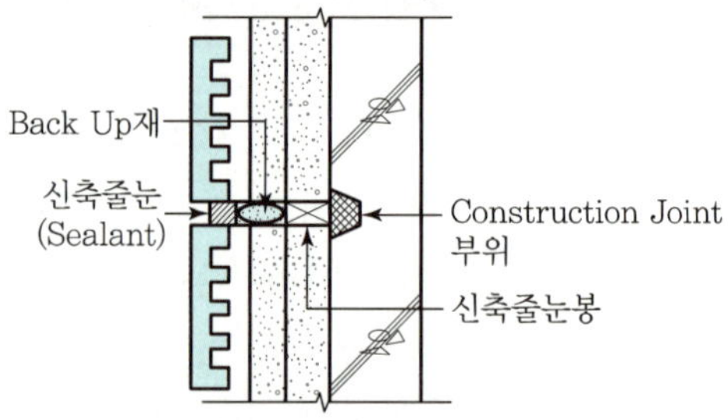

타일붙임공법 비교

공법	떠붙임공법	개량떠붙임공법	압착붙임공법	개량압착 붙임공법	유닛타일 압착공법	비고
시공 순서	C, m	CM, m	CM, m	CM, m	CM, m / 유닛타일 / 종이 또는 섬유질 Net	C : 콘크리트 M : 바탕면 고름 모르타르 m : 붙임 모르타르
시공 완료	12~24mm / R 1:3~4	15~20 3~6 / R 1:2.5~3.5	15~20 5~7 / R 1:2~2.5	15~20 6~10 / R 1:2~2.5	15~20 2~4 / R 1:0~0.5	두께(mm) / R : 배합비

SECTION 39

[마감공사]
방수공법 선정 시 고려사항

AI가 알려주는 Basic Concept & 핵심 Keyword

Basic Concept

1. 비가 오는 날 우산을 쓰는 사람과 우의를 입는 사람이 있다고 가정하자. 작은 비에는 우산으로 충분할 것이고, 폭우에는 우의가 유리할 것이다. 우산을 쓸지 우의를 입을지 결정할 때 우리는 어떠한 것을 고려하는지 살펴보자. 우산을 쓴다고 가정할 때
   ① 값이 싸다. → 경제성 우수
   ② 편하다(접기 쉽다). → 시공성 우수
   ③ 빨리 펴진다. → 공기단축 가능
   ④ 폭우에 바지가 젖는다. → 방수성능 부족
   ⑤ 바람에 뒤집힌다. → 내구성 부족
   ⑥ 고치기 쉽다. → 생애주기비용 감소
2. 공사관리의 4요소인 '공정관리, 품질관리, 원가관리, 안전관리'가 방수공법 선정 시에도 동일하게 적용된다. 방수시공이 빠르고, 우수하고, 싸고, 안전한 공법을 선정하는 것이다. 만약 모두를 만족하는 공법이 없다면, 시공되는 여건을 고려하여 최우선적으로 요구되는 성능을 충족시키는 공법을 선정한다.
3. 또한 경제적 방수공법은 단순히 시공단가가 낮다를 의미하는 것은 아니다. 초기비용이 높더라도, 누수 하자발생 빈도가 매우 적으면 경제적인 것이고, 보수비용이 매우 낮다면 생애주기비용 측면에서 경제성이 우수하다고 판단할 수 있다.

생성형 AI의 핵심 Keyword Top 20

1. **구조물의 위치와 용도** : 지하실, 옥상, 화장실 등 적용 부위의 특성과 사용 목적 고려
2. **바탕면 재료 특성** : 콘크리트, 철골, 목재 등 바탕면 재료에 따른 적합공법 선택
3. **환경 조건** : 기후(강우량, 온도 변화), 지하수위, 화학물질 노출(산·염기) 분석
4. **재료의 물리적 성능** : 유연성, 인장강도, 내구성, 열팽창계수, 균열 추종성 검토
5. **시공 방법** : 도포, 롤링, 스프레이, 시트 부착 등 작업방식과 난이도 평가
6. **유지보수 용이성** : 부분 보수 가능성, 재시공 비용, 생애주기관리 계획 수립
7. **초기비용, 생애주기비용(LCC)** : 초기설치비 + 유지보수비용 종합적 비교
8. **규정 및 표준 준수** : 국제 표준(ISO), 건축법, 환경 규제 충족 여부
9. **시공 전문성 요구도** : 특수 장비나 숙련된 작업자 필요 여부
10. **표면 처리 조건** : 기존 표면의 청결도, 평탄도, 습기 함량 등 준비 작업 검토
11. **재료 간 결합성** : 기존 마감재(단열재, 도장층 등)와의 화학적·물리적 결합 가능성
12. **예상수명 및 보증 기간** : 제조사별 보증 기간과 실제 사례 기반 수명 비교
13. **환경 영향** : 친환경 소재 사용, 재활용 가능성, 유해물질 배출 감소 고려
14. **미관 요구사항** : 외관 노출 부위의 경우 색상, 질감, 마감 형태 검토
15. **실적 및 신뢰성** : 동일 조건에서의 성공 사례와 실패 사례 분석
16. **리스크 평가** : 누수 가능성, 균열 발생, 박리 등의 위험을 사전에 예측
17. **시공 기간 및 경화 시간** : 공기에 맞는 경화속도와 작업환경(온도·습도)
18. **방수층 손상 방지 대책** : 공사 중·후 방수층 손상 관리, 충격·마모·화학물 침식방지 방안
19. **방근성** : 옥상정원·녹화 부위 등에는 뿌리 침투 방지 성능 여부 확인
20. **접합부 및 균열 처리** : 확장이음, 관통부, 균열 발생 부위에 대한 특수공법 적용 여부

추출된 Keyword 중 거짓 정보는 과감히 버리고, 차별화 아이템을 선별하여 답안에 적용하자.

고득점 합격을 위한 실전연습 & One Point Lesson

 03 초안작성

> 1. 개요
> 2. 방수공법의 종류
> 3. 방수공법 선정 시 고려사항
> 4. 방수공법별 비교

 04 How to Write

1. **개요** : 방수 적용 부위에 따라 적절한 공법선정 및 품질관리 필요
2. **방수공법의 종류**
   1) 시멘트 액체방수
   2) 아스팔트 방수
   3) Sheet 방수
   4) 도막방수
   5) 침투방수
   6) 복합방수
3. **방수공법 선정 시 고려사항**
   1) 구조물의 위치와 용도
      ① 적용 부위 특성과 사용 목적 고려
      ② 지하실, 옥상, 화장실, 수영장
   2) 바탕재료의 특성
      ① 콘크리트, 철골, 목재 등 바탕면 재료 종류
      ② 바탕처리 조건 : 기존 표면의 청결도, 평탄도, 습기 함량(표면함수 8% 이하, 습윤가능공법 30% 이하)
   3) 환경 조건
      ① 기후(강우량, 온도 변화), 지하수위, 화학물질 노출(산·염기) 분석
      ② 외기노출 유무(노출공법, 비노출공법)
   4) 재료 성능
      ① 재료의 내구성 : 유연성, 인장강도, 열팽창계수, 균열 추종성 검토
      ② 내화학성, 내충격성 : 직사광선, 흡수, 흡습에 의한 변형(롤 변형, 기포 발생, 들뜸) 방지
   5) 시공성 및 품질관리 용이성
      ① 작업방식 : 도포, 롤링, 스프레이, 시트 부착 등 작업 방식과 난이도 평가
      ② 접착성 : 구조체와의 접착이 용이하고 우수
      ③ 공기와 품질 : 현장여건에 맞는 경화속도와 작업환경(온도·습도)
   6) 최적의 경제성 확보
      ① 생애주기비용(LCC) : 초기 설치비＋유지보수비용 종합적 비교
      ② 예상수명 및 보증 기간 : 부분보수 가능성, 방수성능 유지기간, 하자발생 빈도
   7) 방근성 : 옥상정원·녹화 부위 등에는 뿌리 침투 방지 성능 여부 확인
   8) 재료 간 결합성 : 기존 마감재(단열재, 도장층 등)와의 화학적·물리적 결합 가능성
4. **방수공법별 비교**

 05 합격자의 One Point Lesson

1. 처음 보면 당황할 수도 있는 문제이다. 방수공사 시 유의사항은 대부분 많이 연습되어 있기 때문에 쉽게 작성할 수 있다. 반면에 방수공법 선정 시 고려사항은 평소 생각해 보지 않았다면 3페이지를 제한된 시간 내에 작성하기는 쉽지 않다.
2. 그러나 우리는 지금까지 많은 연습을 거치면서, 처음 접한 문제도 큰 틀로 접근하여 작성하는 방법을 배웠다. 시공관리, 원가관리, 공정관리, 품질관리, 안전관리, 민원관리, 현장여건 고려 등은 모든 공사에 적용할 수 있는 공통 아이템이다. 이러한 공통 아이템을 그대로 작성하지 않고, 'How to Write'를 참조해서 방수 아이템에 맞게 응용하면 충분히 합격할 수 있다.

[마감공사] 방수공법 선정 시 고려사항 155

답안을 입체화하는 핵심그림 & 다이어그램

방수공법의 종류

종류	내용
시멘트 액체방수	방수제를 모르타르와 혼합하여 콘크리트면에 사용
아스팔트 방수	경제성이 높고 신뢰성이 높은 공법
Sheet 방수	합성고무계·합성수지계·고무화 아스팔트계의 Sheet 방수제를 사용하여 바탕과 접착시키는 공법
도막방수	합성고무와 합성수지의 용액을 도포해서 소요 두께의 방수층을 형성하는 공법
침투방수	노출된 부위나 실내의 콘크리트, 조적조, 석재 및 미장 표면에 방수제를 침투시켜 방수층을 형성하는 공법

노출 유무에 따른 공법 분류

분류	내용
노출공법	• 점검 시 외에 보행이 없을 경우 • 착색 도료 등을 사용할 경우
비노출공법	• 사용실적이 풍부 • Sheet 시공 후 Mortar나 콘크리트로 누름층 형성
경노출공법	• 개보수 공사의 경제성을 고려해 선정 • 노출공법과 유사

멤브레인 연속성

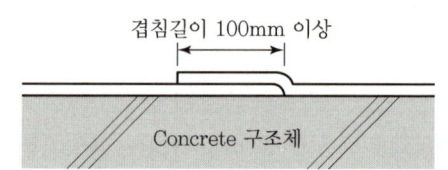

내기계적 손상성

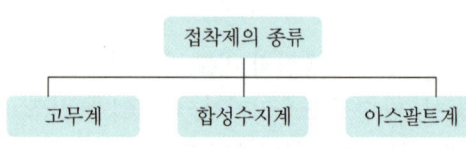

내화학적 열화성

원인	내용
직사광선	• 온도로 인한 Roll의 변형 • Sheet재는 마구리가 눌러 붙어 시공 하자 발생
흡수, 흡습	• 바닥의 습기, 이슬, 강우가 원인 • 아스팔트는 기포를 일으킴에 유의 • Sheet류는 모서리가 뜨거나 구겨짐 발생

접착성

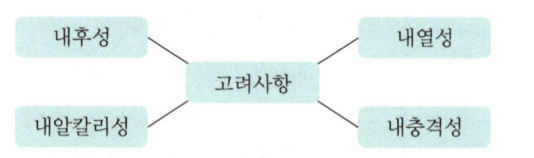

내구성

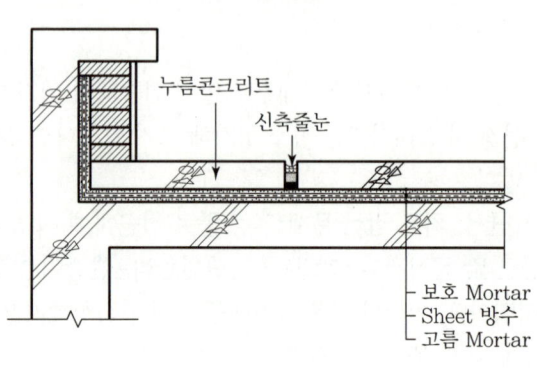

Sheet 방수공법

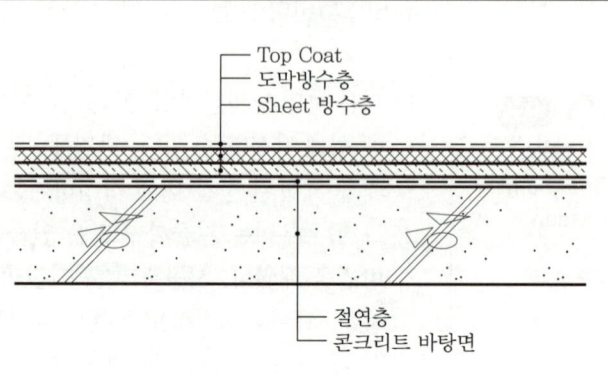

복합방수공법

SECTION

40

[마감공사]
실링재의 요구성능 및 시공 시 유의사항

AI가 알려주는 Basic Concept & 핵심 Keyword

Basic Concept

1. 실링재는 창호 등의 수밀성과 기밀성을 확보하기 위해 사용된다. 실링재 답안 작성 시 가장 중요한 키워드는 **본드브레이커를 이용한 3면 접합의 방지**이다. 본드브레이커는 실링재가 접착되지 않는 특성을 가지고 있으며, 이를 통해서 양쪽 옆면과 뒷면이 모두 접착되는 3면 접착을 방지하고, 양쪽 옆면만 접착되도록 해 변형에 저항할 수 있도록 한다.
2. 3면이 2면보다 접촉면이 더 넓기 때문에 더 강하게 고정된 것 아닌가 하는 의문이 들 수도 있으므로, 고무줄로 예를 들어 보자. 아래 2가지 경우의 고무줄을 양쪽 끝을 잡고 힘껏 당겨보자.
   ① 공중에 떠 있는 고무줄 : 양쪽을 당긴 만큼 충분히 늘어남
   ② 고무줄 옆면에 접착재를 발라 벽에 고정한 고무줄 : 양쪽을 잡고 당기면 끝부분이 찢겨 나감. 중간을 강제로 벌리면 가운데가 갈라짐
3. 본드브레이커와 백업재는 3면 접착방지의 기능을 한다는 측면에서 동일하며, 줄눈 깊이에 따라 선택한다.
   ① 본드브레이커 : 줄눈 깊이가 얕을 때 단순히 접착만 방지(마스킹테이프 형태)
   ② 백업재 : 줄눈이 깊어 실링재로 채우는 것이 어려울 때 접착이 안 되는 재질로 채움(막대 스폰지 형태)

생성형 AI의 핵심 Keyword Top 20

1. 요구성능 접착 강도 : 피착재와의 밀착력 우수
2. 유연성 및 변형 추종성 : 구조물의 열팽창·수축, 진동 등으로 인한 변형에 저항
3. 방수 성능 : 물, 습기 차단 능력
4. 내구성 및 수명 : UV, 온도 변화, 화학물질에 노출 시 장기간 성능 유지
5. 내후성 : 강우, 자외선, 고온/저온 등 외부 환경에 대한 저항성
6. 내화학성 : 산·염기, 오일, 용제 등 주변 화학물질과의 반응 방지
7. 경화 시간 : 현장 작업 효율을 위한 적정 경화 속도
8. 시공 편의성 : 실리콘건, 스프레이, 도포 등 방법에 따른 작업 용이
9. 균열 추종성 : 기존 균열이나 새로 발생한 틈을 메우는 능력
10. 경제성 : 초기비용 대비 성능과 수명을 고려한 합리적 가격이 필요
11. 유의사항 피착재 표면 청결도 확보 : 먼지, 오일, 이물질, 수분 등 제거
12. 적용 환경에 맞는 실링재 선택 : 실내/실외, 온도 범위, 화학 노출 여부
13. 피착재와의 호환성 검증 : 콘크리트, 금속, 유리 등 재료별 최적의 실링재 사용
14. 적정 온도·습도 조건에서 시공
15. 프라이머(도료) 적용 필요성 확인 : 다공성 재료 프라이머 필수 → 접착력 향상
16. 실링재 두께 및 형상 관리 : 권장 두께(3~10mm) 준수
17. 경화 전 외부 영향 차단 : 비, 먼지, UV 노출 방지(24~48시간)
18. 깊은 홈에 충전재 삽입 : 실링재의 3면 접착 방지 및 변형 흡수
19. 작업자 안전 수칙 준수 : 휘발성 물질 환기, 보호장구(장갑, 마스크) 착용
20. 시공 후 품질 검증 : 수밀 시험(Water Spray Test) 또는 접착력 테스트로 결함 확인

 추출된 Keyword 중 거짓 정보는 과감히 버리고, 차별화 아이템을 선별하여 답안에 적용하자.

고득점 합격을 위한 실전연습 & One Point Lesson

03 초안작성

04 How to Write

| 1. 개요 | 2. 시공순서 | 3. 실링재 요구성능 | 4. 시공 시 유의사항 |

1. 개요
2. 시공순서
   1) 바탕청소   4) 프라이머 도포   7) 테이프 제거
   2) 백업재료 충전   5) 실링재료 충전   8) 양생 및 보양
   3) 마스킹테이프 시공   6) 주걱 마감

3. 실링재 요구성능
   1) 수밀성과 기밀성 : 물과 외기의 침투 방지
   2) 접착강도 : 피착재에 접착력 우수(외부 하중에도 분리되지 않는 성질)
   3) 변형 추종성 : 구조물의 열팽창·수축, 진동 등으로 인한 변형에 저항
   4) 내구성 및 수명 : UV, 온도 변화, 화학물질에 노출 시 장기간 성능 유지
   5) 시공의 용이성 : 일반적 상황에서 작업이 가능하고 작업성 용이
   6) 공기단축 : 경화시간 짧음
   7) 비오염성 : 표면에 곰팡이 또는 오염 발생이 어려움
   8) 내후·내약품성 우수 : 강우, 자외선, 온도, 산·염기에 대한 반응 방지
   9) 경제성 : 초기비용 대비 성능과 수명을 고려한 경제성 우수
   10) 균열 추종성 : 기존 균열이나 새로 발생한 틈을 메우는 능력

4. 시공 시 유의사항
   1) 피착면 건조 및 청소 : 수분·유분·녹·먼지 제거
   2) 적용 환경에 맞는 실링재 선택 : 실내/실외, 온도 범위, 화학 노출 여부 고려 재료 선정
   3) 적정 온도·습도 조건에서 시공 : 5℃ 이하·30℃ 이상 중지, 습도 85% 이상 중지
   4) 피착면 프라이머 선행 : 접착력 향상
   5) 실링재 두께 및 형상 관리 : 너무 얇으면 균열, 너무 두꺼우면 경화 지연
   6) 균일한 압출을 위한 노즐 크기와 각도 조절
   7) 백업재의 충전 또는 본드 브레이커 바름 : 3면 접착 방지 및 변형 흡수
   8) 흙손 마감 : 마무리면은 평탄하게 처리 후 보양
   9) 양생 관리 : 경화될 때까지 진동, 충격, 오염 방지

05 합격자의 One Point Lesson

1. 공부를 열심히 했다면 '3면 접착'을 하면 안 좋다는 것을 알 수 있고, 이를 답안에 작성할 수 있다. 그러나 단순히 '3면 접착 금지'라고 작성하면 차별화가 되지 않고, 고득점을 기대하기 어렵다. 엔지니어답게 이번에는 표준시방서의 용어를 적용해 보자.(무브먼트에 대한 추종성, 워킹 조인트)
   1) 워킹 조인트의 3면 접착 금지
      ① Bond Breaker 시공 : 무브먼트에 대한 추종성 확보
      ② 2면 접착 : 커튼월 조인트, AL Panel 조인트, 콘크리트 신축이음부
   2) 백업재를 통한 줄눈 깊이 조정 : 과도한 실란트 두께 → 경화 장애, 내구성 저하 우려
2. 이제는 '핵심그림 & 다이어그램'에서의 실링재 단면 그림에 'Curtain Wall 부재'라는 단어가 보일 것이다. 이러한 것이 수험생 혼자서는 절대 습득할 수 없는 기술사의 시각이고, 채점관의 가점 포인트인 것이다.

답안을 입체화하는 핵심그림 & 다이어그램

실링재 시공순서	접착성 테스트
바탕 청소 → Back Up 재료 충전 → 마스킹 테이프 → 프라이머 도포 → 실링재료 충전 → 흙손 마감 → 양생 → 테이프 제거	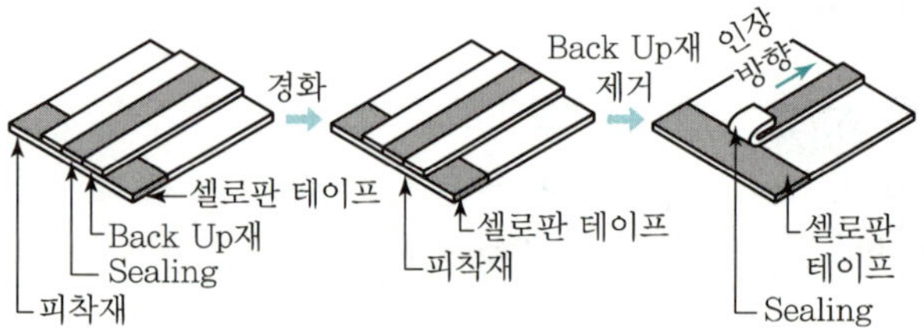 경화 → Back Up재 제거 → 인장 방향 / 셀로판 테이프, Back Up재, Sealing, 피착재
Movement 추종성	**실란트 오염 및 변색 방지**
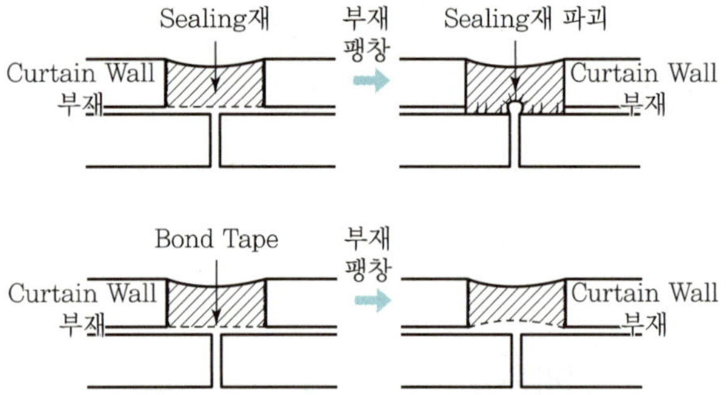 Sealing재 / 부재 팽창 / Sealing재 파괴 / Curtain Wall 부재 / Bond Tape	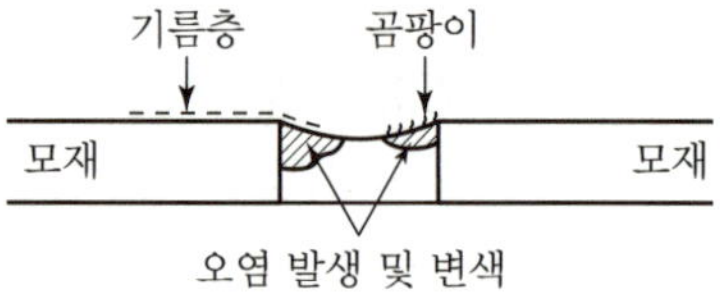 기름층, 곰팡이 / 모재 / 오염 발생 및 변색
원상회복성	**백업재료 충진**
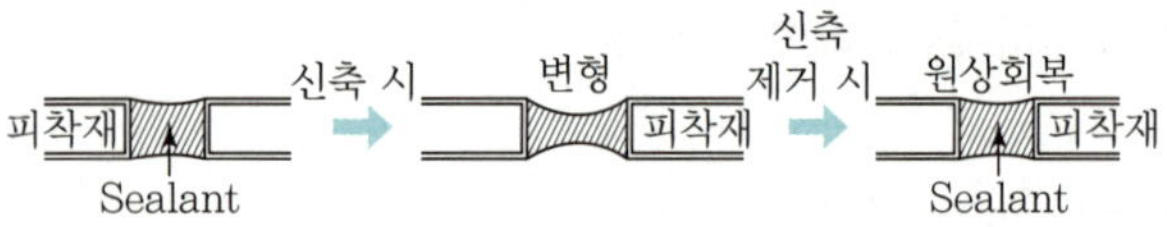 피착재 Sealant → 신축 시 → 변형 → 신축 제거 시 → 원상회복	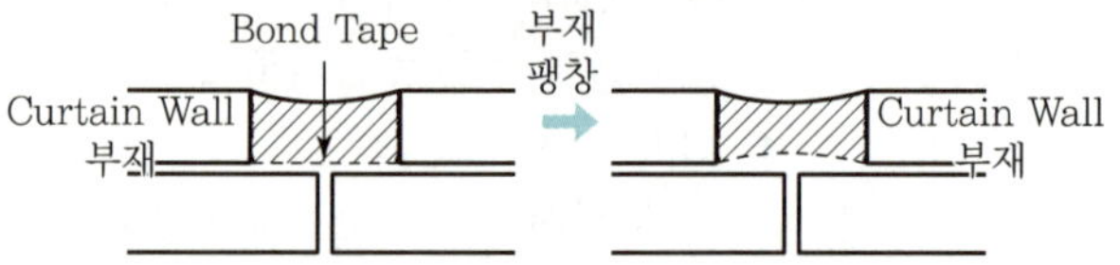 Bond Tape / 부재 팽창 / Curtain Wall 부재
마스킹테이프 시공	**흙손 마감**
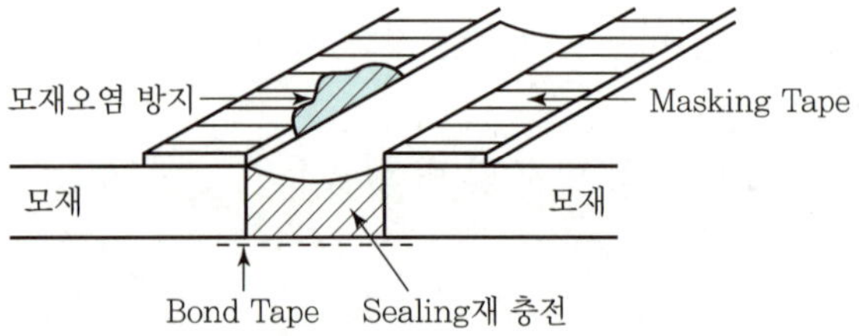 모재오염 방지, Masking Tape, 모재, Bond Tape, Sealing재 충전	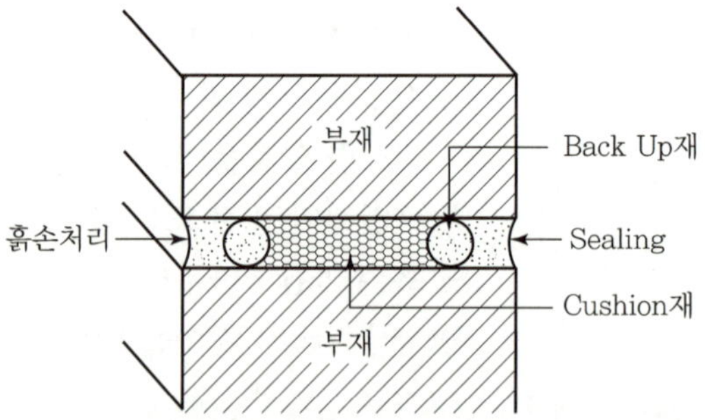 부재, Back Up재, 흙손처리, Sealing, Cushion재

실링재 파괴형태

구분	원인	대책
Sealing재 파단	3면 접착 및 Seal재의 열화현상	Bond Breaker 및 Seal재 내구성 확보
접착면 박리	Primer 불량·미시공 및 시공 시 습도 과다	Primer 시공 철저, 습도 85% 이상 시 시공 금지
모재의 파괴	접합면 결손부위 보수 불량 및 모재의 강도 부족	수지 모르타르 보수·보강 및 모재 강도 확보

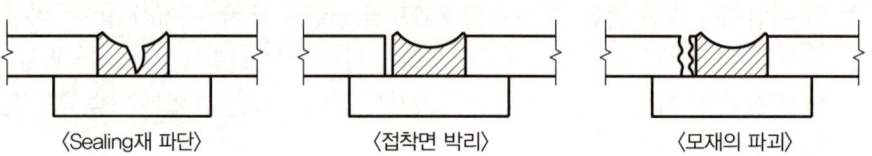

〈Sealing재 파단〉   〈접착면 박리〉   〈모재의 파괴〉

SECTION 41

[기타 공사]
공동주택의 실내공기 오염물질 및 관리방안

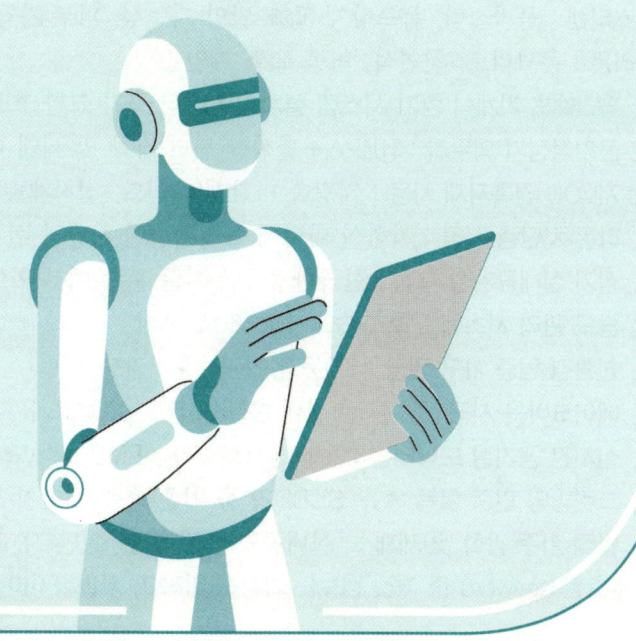

AI가 알려주는 Basic Concept & 핵심 Keyword

Basic Concept

1. 「실내공기질 관리법」에 따르면, 신축 공동주택의 경우 실내공기질을 측정하여 그 결과를 제출하고 입주민들이 잘 볼 수 있는 장소에 공고하도록 규정하고 있다. 또한 실내공기 오염물질에 대한 권고기준을 마련하고, 그 이하로 관리하도록 하고 있다. 따라서 답안 작성 시에는 오염물질이 무엇이며, 건설자재 어느 부위에서 주로 발생하는지, 관리기준이 무엇인지를 간략하게 언급하면서 시작하도록 한다.
   ① 휘발성 유기화합물(VOCs) : 페인트, 접착제, 실란트, 가구, MDF, 단열재, 광택제
   ② 라돈 : 토양, 콘크리트, 천연화강석, 시멘트벽돌
   ③ 권고기준 : 폼알데하이드 $210\mu g/m^3$ 이하, 벤젠 $30\mu g/m^3$ 이하, 톨루엔 $1,000\mu g/m^3$ 이하 등

2. 시공기술사로서의 가장 비중을 두어야 하는 부분은 이러한 현상을 줄일 수 있는 관리방안이며, 큰 틀에서 분류해 보면 다음과 같다.
   ① 저감자재 : 천연소재, 친환경 인증자재, 저VOC 인증 자재, HB 마크, E0 등급
   ② 저감기술 : 베이크아웃, 환기시스템, 공기청정기(HEPA·활성탄 필터), 공기정화식물, 광촉매코팅
   ③ 저감정책 : 법적기준 강화(과태료＋개선명령), IoT 공기질 모니터링, 유해물질 배출세 도입

생성형 AI의 핵심 Keyword Top 20

1. 실내공기질 관리법 : 다중이용시설, 신축 공동주택 등 실내공기질 유지 및 관리기준 제시
2. 오염물질 휘발성 유기화합물(VOCs) : 대기 중으로 쉽게 휘발되는 탄화수소 화합물의 통칭
3. 폼알데하이드 : 합판, MDF 가구, 단열재 피해 발암성, 눈·호흡기 자극
4. 벤젠 : 휘발유, 담배 연기, 접착제 피해 백혈병 유발, 중추신경 손상, 1급 발암물질
5. 톨루엔 : 페인트, 용제, 인쇄 잉크 피해 두통, 피로, 간 손상, 신경계 독성
6. 에틸벤젠 : 합성고무, 연료 피해 중추신경 억제, 간 기능 저하
7. 자일렌 : 도료, 세정제, 자동차 배기가스 피해 현기증, 구토, 신장 손상
8. 스티렌 : 플라스틱, 폼포장재 피해 발암 가능성, 피부 자극
9. 라돈 : 콘크리트, 천연석, 벽돌 피해 폐암
10. 관리방안 기계식 환기 시스템 설치 : 실내외 공기 교환 효율화(시간당 0.5~1회)
11. 공기청정기 의무화 : HEPA＋활성탄 필터 장착 및 세대 내 설치 의무화
12. 저VOC 건축자재 사용 : 저방출 마감재(페인트, 접착제)만 사용
13. 라돈 차단층 시공 : 지하실 바닥에 폴리에틸렌 차단막 설치 → 라돈 유입 차단
14. 정기 실내공기질 측정 : 한국환경공단 기준 준수 여부 확인
15. 습도 관리 시스템 구축 : 습도 40~60% 유지
16. 친환경 인증 가구 권장 : E0등급 가구 시공 권장
17. 베이크아웃 시공 : 입주 전 실내 온도를 30~40℃로 유지 후 환기, 화학물질 일시 배출
18. 실시간 공기질 모니터링 : IoT 센서로 CO_2, PM2.5 농도 실시간 측정 및 알림
19. 그린빌딩 인증 획득 : G-SEED 인증 기준 충족(에너지 효율＋자재 친환경성 평가)
20. 법적 기준 강화 및 제재 : 「실내공기질 관리법」 위반 시 과태료 부과, 개선명령 이행

 추출된 Keyword 중 거짓 정보는 과감히 버리고, 차별화 아이템을 선별하여 답안에 적용하자.

고득점 합격을 위한 실전연습 & One Point Lesson

03
초안작성

1. 개요	4. 관리방안
2. 실내공기 오염물질	5. Bake Out 실례
3. 건설 관련 실내공기 오염물질 발생원인 및 피해	

04
How to Write

1. 개요 : 새집증후군 등 실내공기 오염으로 피해 발생

2. 실내공기 오염물질
  1) 휘발성 유기화합물(VOCs)   3) 미세먼지   5) 곰팡이 및 세균
  2) 라돈   4) 이산화탄소(CO_2)

3. 건설 관련 실내공기 오염물질 발생원인 및 피해
  1) 폼알데하이드 : 단열재, 가구, 접착제 [피해] 눈 자극, 목 염증
  2) 벤젠 : 페인트, 접착제, 파티클보드 [피해] 마취증상, 호흡곤란, 혼수상태
  3) 톨루엔 : 페인트, 벽지, 실란트 [피해] 현기증, 두통, 메스꺼움, 식욕부진, 폐렴
  4) 에틸벤젠 : 페인트, 가구광택제, 바닥왁스 [피해] 눈·코·목 자극, 신장·간 영향
  5) 자일렌 : 페인트, 접착제, 카펫, 코킹제 [피해] 중추신경계 억제작용, 호흡곤란, 심장 이상
  6) 스티렌 : 발포형 단열재, 섬유형 보드 [피해] 코 자극, 기침, 두통, 재채기
  7) 라돈 : 토양, 석재 [피해] 방사능 노출

4. 관리방안
  1) 친환경 품질인증 자재 시공 : 저VOC 인증 자재, HB마크, E0등급
  2) 천연 소재 건축자재 : 합성수지 → 자연 친화적 마감재(참나무, 대나무, 코르크)
  3) 환기 System 적용 : 자연환기 그릴 + 강제환기 System
  4) 실내공기의 측정 및 분석 : 환기 및 Bake Out 실시
  5) 라돈 차단층 : 지하실 바닥에 폴리에틸렌 차단막 설치 → 지중 라돈 유입 차단
  6) 무독성 접착제 : 폼알데하이드 없는 수성 접착제 또는 생분해성 접착제 채택
  7) 벽면에 광촉매 코팅 : 오염물질 분해 기능
  8) 공기청정기 필터 주기적 교체 : HEPA 필터 6개월, 활성탄 필터 3개월 주기 교체
  9) IoT 공기질 모니터링 : 실시간 센서로 CO_2, PM2.5, VOCs 농도 모니터링 및 경고
  10) 법적기준 강화 및 제재 :「실내공기질 관리법」위반 시 과태료 부과, 개선명령 이행

5. Bake Out 실례

05
합격자의
One Point Lesson

1. 시공기술사 시험에서 가장 중요한 것은 원인과 대책을 설명하는 것이다. 휘발성 유기화합물 각각의 물질이 인체에 어떠한 영향을 미치는지 구분하는 것도 중요하지만, 발생원인이 무엇이며 어떻게 저감할 수 있는지에 더 큰 비중을 두어야 한다.
2. 또한 법규와 연관되어 있을 경우,「실내공기질 관리법」,「실내공기질 권고기준」과 같이 명확한 명칭을 적어 주었을 때 답안의 신뢰도가 높아질 수 있다. 관리기준을 다 외울 수 없을 때에는 내가 외우기 쉬운 것을 선택한다.
   ① 폼알데하이드 210$\mu g/m^3$ 이하 → 숫자가 줄어드는 폼(2,1,0)
   ② 벤젠 30$\mu g/m^3$ 이하 → 벤츠 타는 30대 기술사
   ③ 자일렌 700$\mu g/m^3$ 이하 → 자(칠)일렌
   ④ 스티렌 300$\mu g/m^3$ 이하 → 스(삼)티렌

[기타 공사] 공동주택의 실내공기 오염물질 및 관리방안

답안을 입체화하는 핵심그림 & 다이어그램

오염물질 및 기준

물질	기준(μg/m³)	유해성	발생원인
Formaldehyde	210 이하	0.1ppm 이상 시 눈 등에 미세한 자극, 목의 염증 유발	단열재, 가구, 접착제에서 다량 발생
Benzene	30 이하	마취증상, 호흡곤란, 혼수상태 유발	페인트, 접착제, 파티클보드
Toluene	1,000 이하	현기증, 두통, 메스꺼움, 식욕부진, 폐렴 유발	페인트, 벽지, 코킹, 실런트제품
Ethylbenzene	360 이하	눈, 코, 목 자극, 장기적으로 신장, 간에 영향	페인트, 가구광택제, 바닥왁스
Xylene	700 이하	중추신경계 억제작용, 호흡곤란, 심장 이상	페인트, 접착제, 카펫, 코킹제
Styrene	300 이하	코·인후 등을 자극하여 기침, 두통, 재채기 유발	발포형 단열재, 섬유형 보드

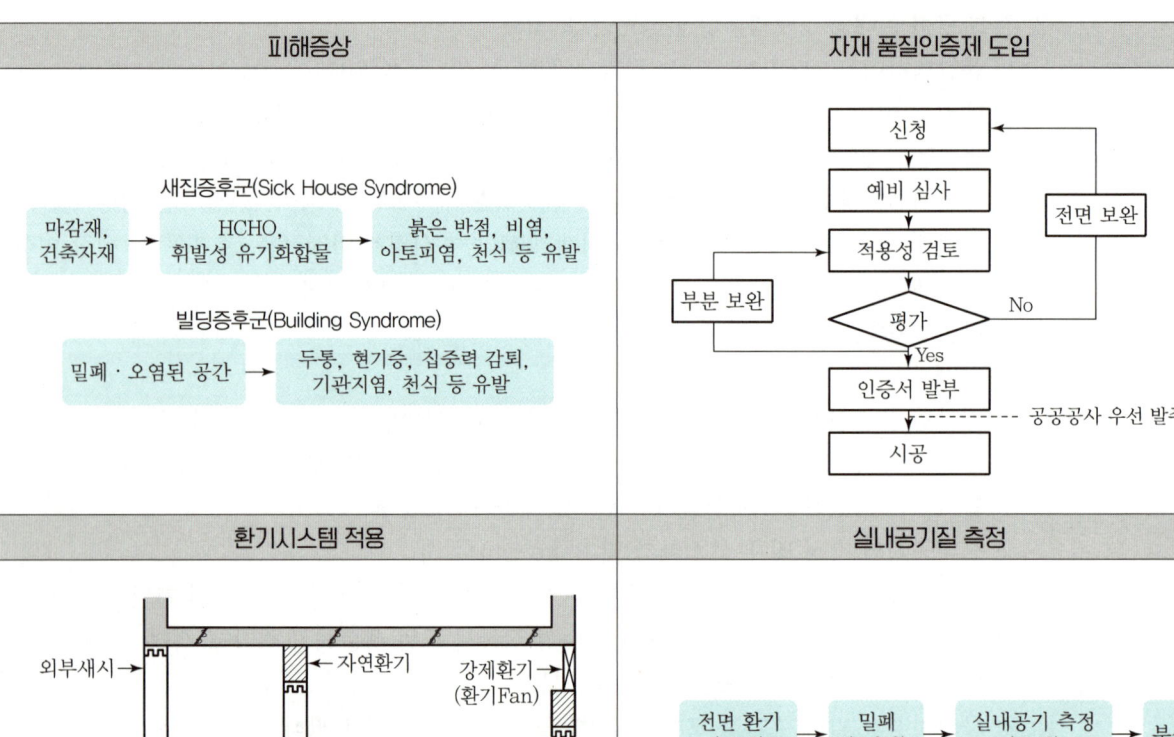

실내공기질 관리법 시행규칙

■ **실내공기질 관리법** 시행규칙 [별표 4의2]
신축 공동주택의 실내공기질 권고기준(제7조의2 관련)
1. 폼알데하이드 210μg/m³ 이하
2. 벤젠 30μg/m³ 이하
3. 톨루엔 1,000μg/m³ 이하
4. 에틸벤젠 360μg/m³ 이하
5. 자일렌 700μg/m³ 이하
6. 스티렌 300μg/m³ 이하
7. 라돈 148Bq/m³ 이하

SECTION

42

[기타 공사]
공동주택에서 발생하는 층간소음의 원인 및 대책

AI가 알려주는 Basic Concept & 핵심 Keyword

Basic Concept

1. 층간소음문제가 지속적인 사회적 이슈가 되면서 분쟁해결을 위한 규정이 생겨나게 되고, 시공 측면에서도 바닥충격음 성능검사 기준을 변경하여 강화하는 등의 노력을 보이고 있다. 특히 사전성능 인정 바닥구조로 시공해야 함은 물론이고, 제대로 시공되었는지를 확인하기 위해 '사후성능검사'를 받아야 한다. 이때 바닥충격음 성능검사 기준 초과 시, 사용승인(준공)이 불가할 수 있으며, 보완시공 후 성능검사를 재실시하도록 규정하고 있다.
2. 층간소음의 대책 중 가장 핵심은 뜬바닥구조이며, 이 밖에도 다음과 같은 대책이 있다.
   ① 설계 변경 : 뜬바닥구조, 슬래브 두께 증대, 이중천장, 소음방지찬넬
   ② 재료 개선 : 충격음 차단 매트, 차음재료, 흡음보드, 시스템창호
   ③ 공법 변경 : 욕실층상배관, 수격방지기, 실외기 방진패드, 승강기 방진고무
   ④ 기타 : 개구부 사춤 밀실 충진, 슬리브 틈새 실링
3. 바닥충격음 측정방법은 기존 '태핑머신과 뱅머신'에서 '태핑머신과 임팩트볼'로 변경되었으며, 등급기준도 경량 및 중량충격음이 모두 49dB 이하로 변경되었다. 이러한 기준은 지속적으로 강화되고 있으며, 시험일을 기준으로 평가기준을 갱신하여 암기할 필요가 있다.

생성형 AI의 핵심 Keyword Top 20

1. 원인 보행 소음 : 마루 · 타일 바닥을 걸을 때 발생하는 "둥둥" 소리
2. 어린이 뛰기 : 체중 대비 충격음이 큼(중량충격음)
3. 가구 이동 : 의자 끌기, 소파 이동 시 찰칵 소리, 서랍장 여닫는 소리
4. 가전제품 사용 : 세탁기 진동, 진공청소기 소음, 에어컨 실외기 공진음
5. 취미 활동 : 홈트레이닝(점프, 덤벨 운동), 악기 연주(피아노, 드럼)
6. 충격음 차단 성능 부족 : 슬래브 두께 210mm 미만 시 소음 전달률 높음
7. 바닥 마감재 : 장판 vs 타일(장판 대비 타일 시공 시 소음 10dB 증가)
8. 배관 진동 : 급수 · 배수 배관의 수격작용(Water Hammer)으로 "쿵" 소리 발생
9. 벽체 전달 음향 : 콘크리트 벽체는 공기음은 차단하지만, 충격음은 층간 전달
10. 시간대별 민감도 증대 : 심야 소음이 2~3배 크게 인지됨(배경소음 30dB 이하 시)
11. 대책 뜬바닥구조 공법 : 콘크리트 슬래브+고무/미네랄울 완충층
12. 슬래브 두께 증대 : 210mm 이상으로 설계(진동 전달률 30% 감소)
13. 벽체 이중구조 : 내벽과 외벽 사이 공기층+흡음재 삽입(미네랄울 50mm)
14. 소음방지찬넬(Resilient Channel) : 콘크리트와 흡음재 분리, 충격음 전달 40% 억제
15. 액티브 노이즈 캔슬링 : 천장에 소음 상쇄음파 발생 센서 설치
16. 충격음 차단 매트 : EPDM 고무, 폴리우레탄 폼 매트 하부 설치 → 보행음 12dB 감소
17. 흡음 보드 : 천장에 흡음성 우수한 석고보드 적용 → 반사음 50% 흡수
18. 방진 고무패드 : 배관 · 에어컨 실외기에 방진 고무 장착 → 진동전달률 90% 감소
19. 탄성 실링재 : 슬래브 관통부에 실리콘 탄성재로 밀봉 → 틈새 소음 완전 차단
20. 스마트 배관 시스템 : 수격작용 방지 밸브, 층상 배관 설치

 추출된 Keyword 중 거짓 정보는 과감히 버리고, 차별화 아이템을 선별하여 답안에 적용하자.

고득점 합격을 위한 실전연습 & One Point Lesson

03 초안작성

1. 개요
2. 소음공해의 피해
3. 층간소음의 원인
4. 대책
5. 바닥충격음 성능검사(사후확인제도)

04 How to Write

1. **개요** : 층간소음 → 쾌적한 주거환경 조성 방해, 신경불안, 불안감 조성
2. **소음공해의 피해**
3. **층간소음의 원인**
    1) 생활 소음 : 보행 소음, 어린이 뛰기, 가구 이동, 가전제품 사용, 취미활동
    2) 구조적 소음 : 구조체 두께 부족, 충격음 차단 성능 부족, 배관 진동, 벽체 전달 음향
    3) 시간대별 민감도 증대 : 심야 시간대, 휴일 오전(배경소음 작음 → 민감도 큼)
    4) 기타 원인 : 반려동물, 인테리어 결함(마루 들뜸), 승강기 소음
4. **대책**
    1) 뜬바닥구조 : 콘크리트 슬래브 + 고무/미네랄울 완충층 → 바닥 충격음의 20dB 감소
    2) 슬래브 두께 증대 : 210mm 이상으로 설계 → 진동전달률 30% 감소
    3) 이중천장 시공 : 이중천장 내 Glass Wool, 스티로폼 흡음재 설치
    4) 벽체 이중구조 : 내벽과 외벽 사이 공기층 + 흡음재 삽입(미네랄울 50mm)
    5) 차음재료 시공 : 천장 및 바닥에 음의 전달을 방지 차음재료 설치
    6) 충격음 차단 매트 : EPDM 고무, 폴리우레탄 폼 매트 → 보행음 12dB 감소
    7) 흡음 보드 : 천장에 흡음성 우수한 석고보드 적용 → 반사음 50% 흡수
    8) 소음방지찬넬(Resilient Channel) : 콘크리트와 흡음재 고정 프레임 분리
    9) 설비급배수 소음 저감 : 설비배관에 완충재, 흡음재 설치
    10) 수격작용방지 밸브, 층상 배관 설치(배수배관이 해당층 매립)
    11) 개구부의 밀실시공 : 창틀과 문틀 주위에 차음재료 시공
    12) 이중창 시스템 : 외창·내창 사이 공기층 유지 → 개구부 통한 소음 전달 차단
    13) 방진 고무패드 : 배관·에어컨 실외기에 방진 고무 장착 → 진동전달률 90% 감소
    14) 탄성 실링재 : 슬래브 관통부에 실리콘 탄성재로 밀봉 → 틈새 소음 완전 차단
5. **바닥충격음 성능검사(사후확인제도)**

05 합격자의 One Point Lesson

1. 뜬바닥구조의 기본 원리는 바닥구조 하부와 측면에 완충재를 시공하여 분리시킴으로써 충격이나 소음이 전달되지 못하게 하는 방식이다.
2. 기존의 완충재는 20mm 정도였으나 시공사별로 30mm를 적용하는 곳이 많았고, 최근에는 경량기포 콘크리트를 삭제하고 대신 완충재를 60mm까지 증대시키는 곳도 많으므로, 이에 대한 단면도를 숙지하여 답안에 작성할 수 있도록 연습하여야 한다.
3. 가장 중요한 것은 '과거의 평가기준'으로 적으면 큰 감점이 된다는 점이다. 과거 기준인 '50dB, 58dB, 뱅머신' 등을 답안에 작성했다면 불합격이라고 생각하면 된다.

답안을 입체화하는 핵심그림 & 다이어그램

소음의 피해

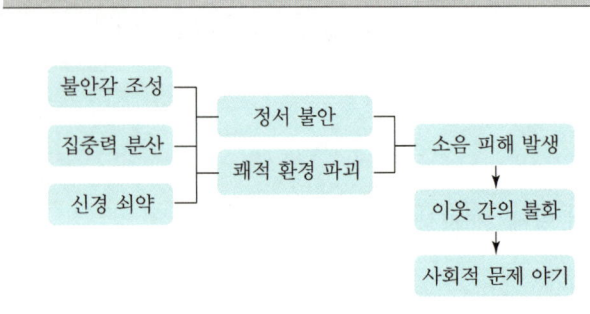

뜬바닥구조

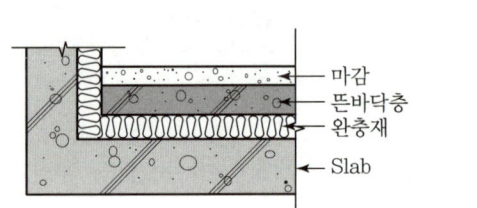

이중천장 시공

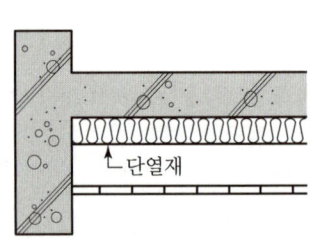

설비급배수 소음 저감

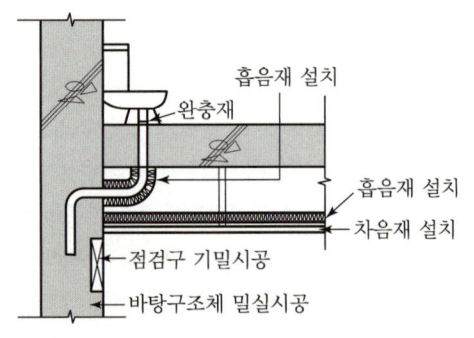

차음재료 시공

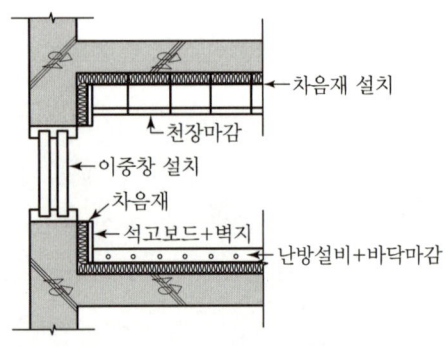

공동주택 바닥충격음 차단구조 인정 및 검사기준

■ 바닥충격음 차단성능의 등급기준[별표 1]
가. 경량충격음

(단위 : dB)

등급	가중 표준화 바닥충격음 레벨
1급	$L'_{nT,W} \leq 37$
2급	$37 < L'_{nT,W} \leq 41$
3급	$41 < L'_{nT,W} \leq 45$
4급	$45 < L'_{nT,W} \leq 49$

나. 중량충격음

(단위 : dB)

등급	A-가중 최대 바닥충격음 레벨
1급	$L'_{iA,Fmax} \leq 37$
2급	$37 < L'_{iA,Fmax} \leq 41$
3급	$41 < L'_{iA,Fmax} \leq 45$
4급	$45 < L'_{iA,Fmax} \leq 49$

층간소음 측정 테스트

구분	규모
시험실 바닥면적	14m² 이상
시험실 공간비	높이 : 넓이 = 1 : 1.5 이하
시험실 높이	2.1m 이상
시험측정 높이	바닥에서 1.2m 지점

SECTION 43

[기타 공사]
초고층건물 유리의 열파손현상 원인과 방지대책

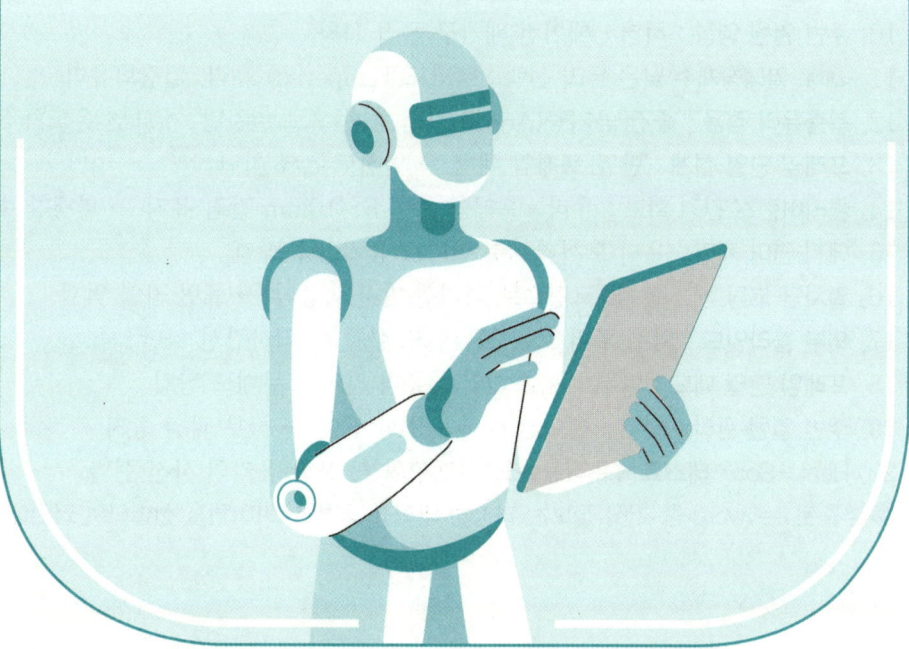

AI가 알려주는 Basic Concept & 핵심 Keyword

01 Basic Concept

1. 강한 태양이 유리를 비추게 되면 유리의 온도는 상승하게 된다. 이때 유리의 중앙부는 빠르게 고온 팽창하게 되고, 상대적으로 주변부는 저온 수축하게 된다. 이로 인해 유리에는 인장응력과 압축응력이 동시에 발생하게 되고, 유리의 내력 부족 시 열파손현상이 발생한다.
2. 이것은 앞서 배운 매스 콘크리트의 수화열 발생과 유사하며, 아래와 같이 온도차에 의한 온도균열 발생 메커니즘과 매우 유사하다.
    ① 유리 중앙부 → 높은 수화열이 발생되지만 발열이 어려운 중앙부(팽창, 압축응력)
    ② 유리 주변부 → 상대적으로 외기와 가까워 쉽게 냉각되는 표면부(수축, 인장응력)
    ③ 유리 열파손 → 온도응력이 콘크리트의 인장강도를 초과했을 때 콘크리트 파손(온도균열)
3. 그렇다면 한 장의 유리판에 부위별로 온도차가 발생하는 원인을 알면 방지대책이 나올 수 있을 것이다. 유리의 일부가 간판에 가려져 온도차가 생길 수 있고, 직사광선을 직접 받는 중앙부보다 창짝 프레임으로 가려진 테두리 부위의 유리는 온도가 더 낮을 것이다. 실내 측 블라인드를 반만 설치했을 때, 블라인드 후면의 공기순환이 안 되면 매우 뜨거워질 수도 있다. 마치 한여름에 야외에 세워둔 자동차 내부처럼 온도가 올라갈 수 있다.

02 생성형 AI의 핵심 Keyword Top 20

1. [원인] 부분적 음영 : 프레임·나무·간판 그림자로 유리 일부만 가열
2. 프레임 열전도성 높음 : 알루미늄 프레임의 열전달로 유리 가장자리 가열
3. 틀 고정 과도 : 프레임과 유리 사이 팽창 간격 부족
4. 공기순환 부족 : 블라인드·커튼 및 직사광선에 의한 유리 온도 상승
5. 저품질 코팅 : 열반사 코팅 결함으로 일부 영역만 과열
6. 유리 두께 불균형 : 면적 대비 두께가 부적절해 열분산 능력 저하
7. 유리 불순물 : 유리 내 미세한 불순물이 열팽창 시 응력 집중
8. 에지 마감 불량 : 유리 모서리 연마 미흡 → 열응력 집중
9. 유리 종류 부적합 : 열팽창계수가 높은 유리 사용
10. 주변 열원 영향 : 히터·에어컨 배기구 근접 설치
11. [대책] 열팽창계수 낮은 유리 선택 : 템퍼드(Tempered) 유리, 열강화유리
12. 복층유리 적용 : 중간 공기층(Argon 가스 충전)으로 열차단 → 표면 온도차 30% 감소
13. 프레임 단열 설계 : 단열 프레임 채택 → 열전도 70% 차단
14. 클리어런스 간격 확보 : 유리·프레임 사이 5~10mm 간격 유지 → 열팽창 수용
15. 에지 연마 처리 : 유리 모서리 C형 연마로 응력집중 방지
16. 열차단 코팅 : Low-E 코팅으로 적외선 반사율 증가 → 표면 가열 억제
17. 외부 블라인드 : 외부 루버 또는 블라인드 설치 → 직사광선 차단
18. 프레임 단열 패드 : 알루미늄 프레임과 유리 사이 고무패드 삽입
19. 주변 열원 관리 : 히터·에어컨 배기구 방향 전환 → 국부 과열 방지
20. Heat-Soak 테스트 : 유리불순물(니켈황화물) 포함 유리의 사전 선별

추출된 Keyword 중 거짓 정보는 과감히 버리고, 차별화 아이템을 선별하여 답안에 적용하자.

고득점 합격을 위한 실전연습 & One Point Lesson

초안작성

1. 개요
2. 유리설치 상세도
3. 유리 열파손 현상의 원인
4. 방지대책
5. 유리의 열파손과 자파 현상 비교

How to Write

1. 개요 : 초고층 커튼월 대형유리의 열파손 발생 시 기능상, 미관상, 안전상 문제 초래

2. 유리설치 상세도

3. 유리 열파손 현상의 원인
　1) 태양의 복사열 : 유리의 중앙부와 주변부의 온도차 → 팽창력 차이
　2) 부분적 음영 : 프레임·나무·간판 그림자 → 유리 일부만 가열
　3) 프레임 열전도성 높음 : 알루미늄 프레임의 열전달 → 유리 가장자리 가열
　4) 유리의 두께 및 종류 부적합 : 두꺼운 유리의 열축적 과다 발생, 열팽창계수가 높은 유리 사용
　5) 틀 고정 과도 : 프레임과 유리 사이 팽창 간격 부족
　6) 유리 불순물 : 유리 내 미세한 불순물이 열팽창 시 응력 집중
　7) 에지 마감 불량 : 유리 모서리 연마 미흡 → 열응력 집중
　8) 공기순환 부족 : 커튼·블라인드에 의한 유리 주변 고온공기의 순환 부족
　9) 유리의 내력 부족 : 열에 의한 인장·압축응력 > 유리의 내력
　10) 저품질 코팅 : 열반사 코팅 결함 → 일부 영역만 과열
　11) 주변 열원 영향 : 히터·에어컨 배기구 근접 설치

4. 방지대책
　1) 열충격 저항성 우수 : 강화유리, 열강화유리 적용
　2) 유리의 정밀 가공 : 국부적 결함 발생 방지, 에지 연마 처리
　3) Heat-Soak 테스트 : 유리불순물(니켈황화물) 포함 유리의 사전 선별
　4) 유리와 차양막의 간격 확보 : 100mm 이상 → 공기 순환 유도
　5) 프레임 단열 설계 : 단열 프레임 채택 → 열도 70% 차단
　6) 공기순환통로 설치 : 유리 Bar에 공기순환구 설치 → 고온의 공기순환
　7) 열차단 코팅 : Low-E 코팅으로 적외선 반사율 90% 이상 → 표면 가열 억제
　8) 적정 Clearance 확보 : 유리 두께의 1/2 이상의 간격(유리·프레임 사이 5~10mm)
　9) 다중 유리 적용 : 2~3겹의 유리 사이에 기체(공기·아르곤) → 단열성·온도 균일성
　10) 외부 블라인드 : 외부 루버 또는 블라인드 설치 → 직사광선 차단
　11) 히터·가전 등 열원으로부터 이격 : 실내 난방기구, 조명 등 이격

5. 유리의 열파손과 자파 현상 비교

합격자의 One Point Lesson

1. 열파손의 원인은 앞에서 본 것처럼 여러 원인이 있지만, 그중에서도 핵심은 온도차에 따른 과다 응력의 발생이다. 따라서 큰 틀에서 보면 ① 온도차가 발생하지 않도록 하는 방안, ② 온도 자체를 많이 상승하지 못하게 하는 방안, ③ 유리가 팽창하더라도 테두리에서 깨지지 않게 하는 방안 등을 모색하게 되는 것이다.

2. 기술사 공부를 하다 보면 공부해야 할 것, 암기해야 할 것이 너무 많아 힘들어 하는 수험생이 많다. 그러나 그 현상이 일어나는 핵심원리를 파악한다면, 여러 대책들은 그 핵심원리에 대한 응용이라는 것을 알 수 있다. 이러한 ==핵심이 파악되어야== 내가 공부한 책에는 5개만 나와 있어도 ==시험장에서 10개, 15개를 즉흥적으로 더 만들어 쓸 수 있는 응용능력==이 생기는 것이다.

답안을 입체화하는 핵심그림 & 다이어그램

유리설치 상세도	태양 복사열

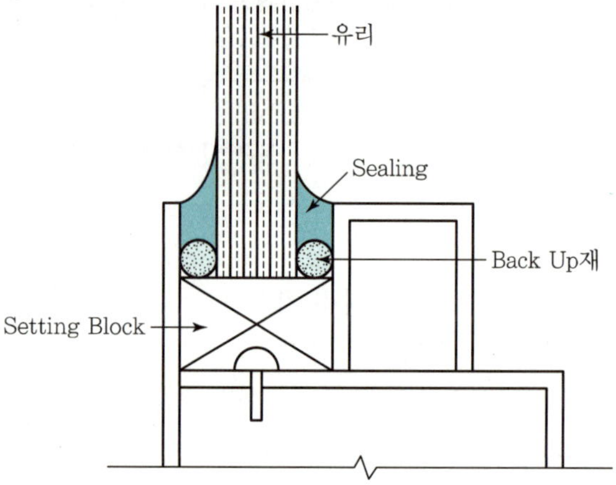

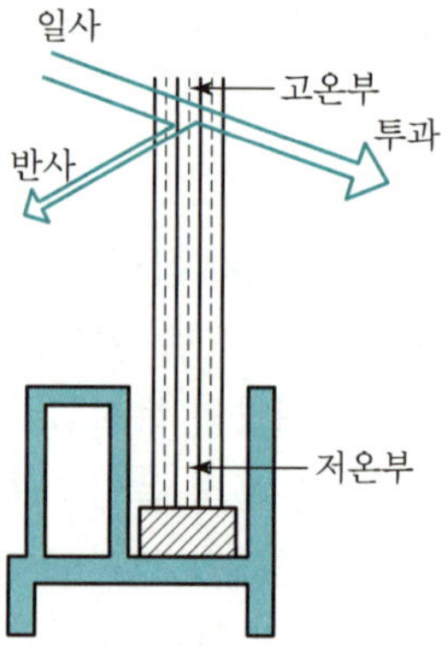

유리의 국부적 결함	공기순환 부족

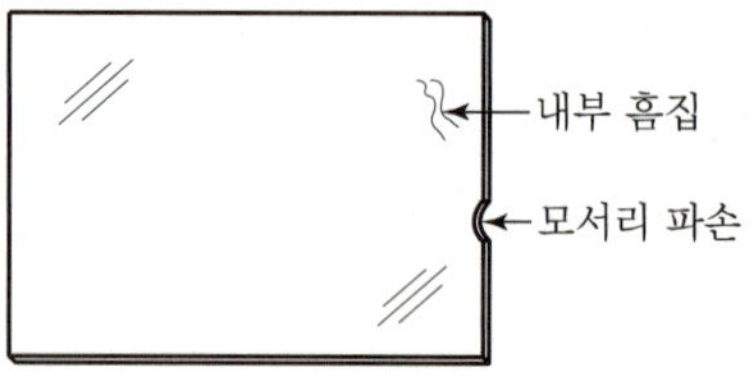

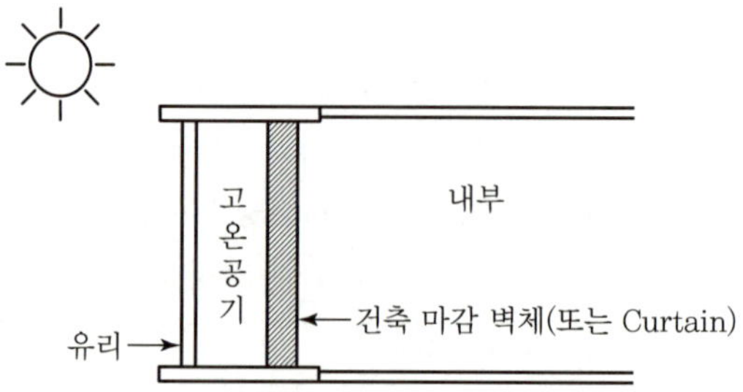

유리의 내력 부족	공기순환 공간 확보

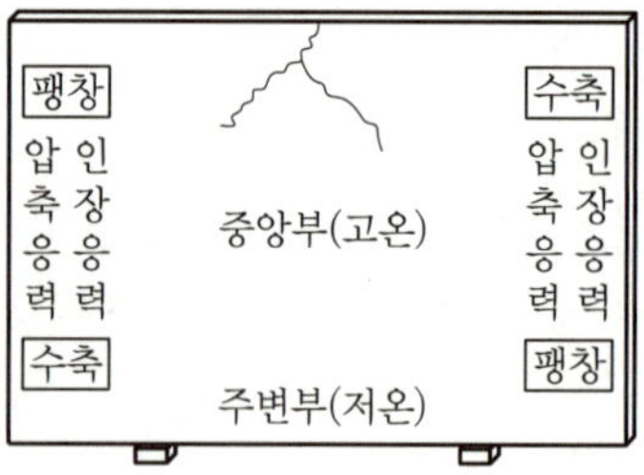

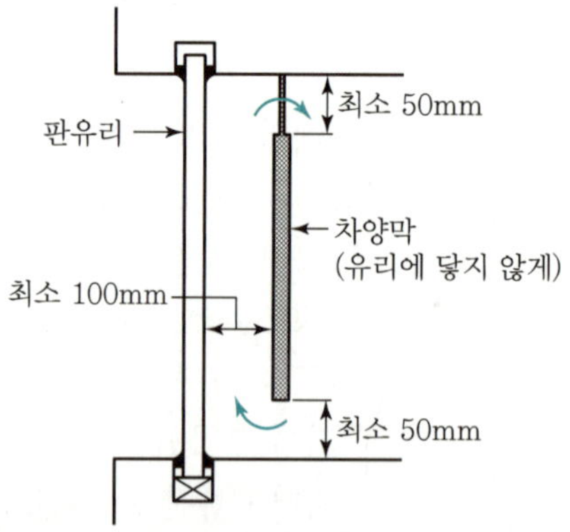

공기순환통로 설치	적정 Clearance

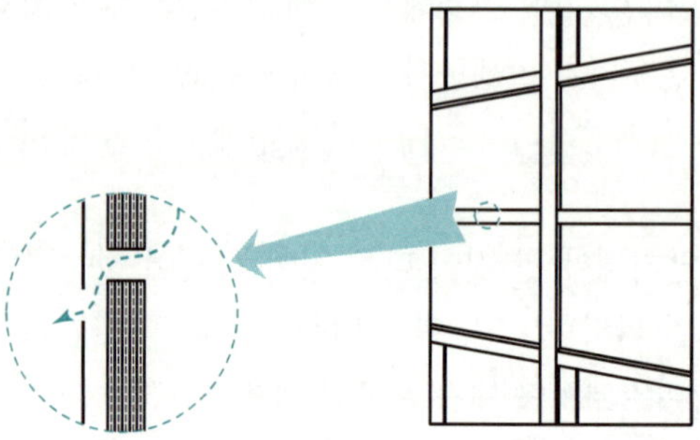

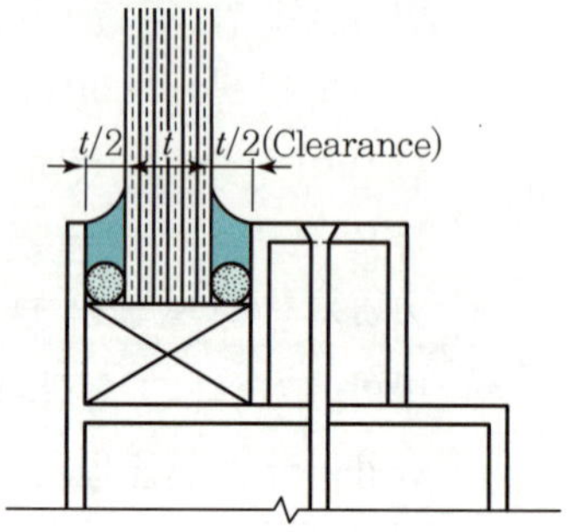

SECTION 44

[기타 공사]
건축물 해체공법의 종류와 해체 시 고려사항

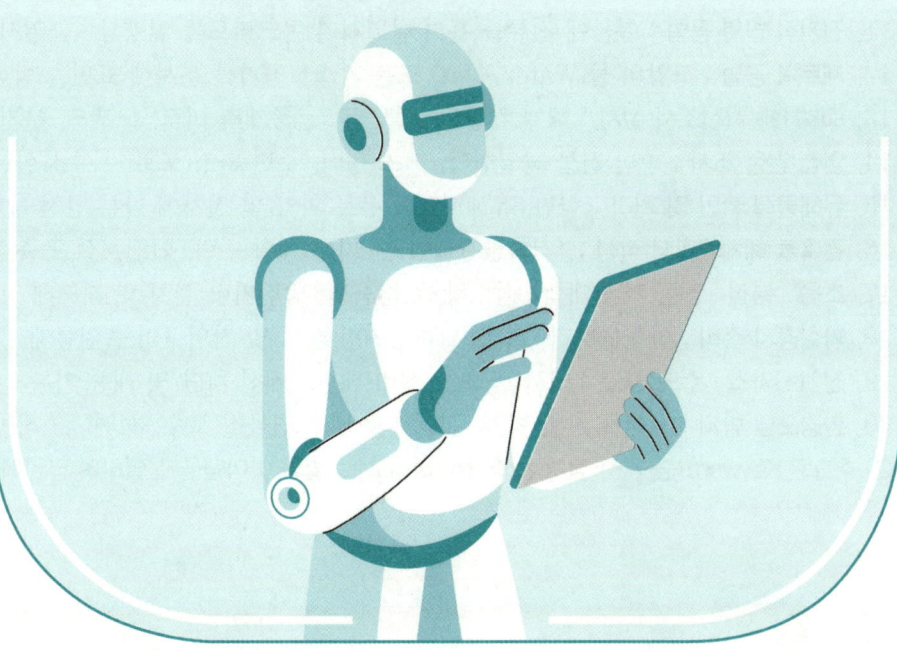

AI가 알려주는 Basic Concept & 핵심 Keyword

01 Basic Concept

1. 최근 건축물 해체 중 여러 차례의 대형 안전사고가 발생되었다. 잠원동 외벽붕괴 사고(2019), 광주학동 붕괴 사고(2021) 등을 거치면서 해체공사의 위험성이 대두되었고, 사전계획의 수립 필요성과 그 이행에 대한 관리감독이 더욱 중요해졌다. 특히 과거에는 일반적이던 전도공법이나 폐기물을 높게 쌓아올려 백호로 파쇄하는 공법들의 단점과 위험성이 확인됨에 따라 현장여건을 고려한 철저한 해체공사 계획의 수립이 필요하다.
2. 따라서 건축물의 해체공법에는 어떤 것이 있는지 파악하고, 현장여건과 안전성 등을 고려하여 최적의 공법 선정을 하는 것이 필요하다. 소규모 건축물의 철거와 고층건축물의 철거방식이 상이하고, 건축물의 노후화 정도에 따라 해체 전 슬래브의 보수보강의 필요 여부를 결정한다. 또한 인접 건물의 근접 정도와 노후화 정도에 따라 저소음·저진동 공법을 검토하기도 한다.
3. 해체 시 고려사항은 공법 선정을 위한 사전조사가 필수적으로 언급되어야 한다. 또한 해체공사 시 소음과 진동으로 인한 주변 건물의 피해가 발생할 수 있으므로, 소음·진동에 대한 저감대책을 서술하면 충분히 3페이지 작성이 가능하다.

02 생성형 AI의 핵심 Keyword Top 20

1. 종류 핸드 브레이커 공법 : 휴대형 브레이커(공기식·유압식)를 사용해 콘크리트 부재 파쇄
2. 대형 브레이커 공법 : 굴착기·쇼벨 등에 장착된 대형 브레이커로 대규모 구조물 파쇄
3. 절단 공법 : 절단날(디스크)이나 케이블 톱 등을 이용해 콘크리트 절단
4. 강구 공법 : 크레인에 매단 강구(Steel Ball)를 낙하시켜 충격으로 파쇄
5. 다이아몬드 와이어소 공법 : 와이어를 콘크리트에 감아 돌려 절단
6. 전도 공법 : 기초부 또는 하부 지지를 제거해 건축물을 중력에 의해 넘어뜨려 해체
7. 유압식 확대기 공법 : 유압실린더를 부재 사이에 삽입·확장시켜 구조물을 벌려 분리
8. 유압잭 공법 : 유압잭으로 부재를 인상하거나 눌러 파쇄·분리
9. 압쇄기 공법 : 굴착기 붐에 부착된 유압 압쇄기를 이용해 구조물을 물고 눌러 파쇄
10. 화약·가스 폭발력에 의한 공법 : 폭약을 장약·기폭하여 충격파로 구조물을 파쇄·붕괴
11. 전기적 발열 공법 : 철근에 전류를 흘려 발열시켜 콘크리트를 열팽창·균열시켜 파쇄
12. 제트력 공법 : 고압의 물(Water-Jet) 또는 가스·공기를 분사해 표면을 박리·파쇄
13. 고려사항 사전조사 실시 : 해체 건물의 규모, 구조, 증개축 이력, 노후도, 부지 내 매설물
14. 인접 건물 조사 : 주변 건물 균열현황, 기초 형식, 주변 환경(도로, 특수시설)
15. 유해물질 확인 및 처리 : 석면, 유해폐기물 유무 파악 및 절차에 따른 안전 제거
16. 건축물 해체계획서 작성 : 「건축물관리법」에 따른 계획 수립, 안전시설 구축
17. 소음·분진·진동 저감 대책 : 살수장치, 방음벽, 방진커버 설치 및 저공해 장비 사용
18. 가설공사 준비 : 안전울타리, 비계, 낙하방지망 설치 및 작업구역 출입통제
19. 전기·가스·수도 차단 : 해체 전 모든 설비 배관·배선 차단 및 내용 기록
20. 환경오염 방지 : 폐기물 혼합 방지, 분리배출 및 오염물질(오수, 석면 등) 적법 처리

 추출된 Keyword 중 거짓 정보는 과감히 버리고, 차별화 아이템을 선별하여 답안에 적용하자.

고득점 합격을 위한 실전연습 & One Point Lesson

초안작성

1. 개요	3. 해체 시 고려사항
2. 건축물 해체공법의 종류	4. 건축물 해체계획서 포함 내용

How to Write

1. 개요
2. 건축물 해체공법의 종류
    1) 기계력에 의한 공법 : ① 핸드 브레이커 공법, ② 대형 브레이커 공법, ③ 절단공법, ④ 강구공법, ⑤ 다이아몬드 와이어소 공법
    2) 전도에 의한 공법
    3) 유압력에 의한 공법 : ① 유압식 확대기 공법, ② 유압잭 공법, ③ 압쇄기 공법
    4) 화약·가스 폭발력에 의한 공법
    5) 전기적 발열력에 의한 공법
    6) 제트력에 의한 공법
3. 해체 시 고려사항
    1) 해체공법의 선정 : 해체 구조물의 구조·규모, 주변 건물·여건, 저소음·저진동 공법 고려
    2) 인접 건물 조사 : 주변 건물 균열현황, 기초 형식, 주변 환경(도로, 특수시설)
    3) 소음·분진·진동 저감 대책 : 살수장치, 방음벽, 방진커버 설치 및 저공해 장비 사용
    4) 유해물질 확인 및 처리 : 석면, 유해폐기물 유무 파악 및 절차에 따른 안전 제거
    5) 건축물 해체계획서 작성 : 건축물관리법에 따른 계획 수립, 안전시설 구축
    6) 가설공사 준비 : 안전울타리, 비계, 낙하방지망 설치 및 작업구역 출입통제
    7) 파편의 비산 방지 : 비산 낙하물에 대한 안전시설, 해체물 주변 펜스
    8) 화재 발생에 유의 : 누출가스에 대비, 소화설비 비치, 가연성 물질 분리 조치
    9) 주변 건물의 보양 : 주변 건물에 피해 최소화
    10) 인근 주민에 대한 동의 : 해체공사 전 주민공청회 개최
    11) 폐기물 처리 계획 : 폐기물 종류별 분류·운반·처리 방안, 재활용 검토
    12) 공사 중 계측관리 : 해체 중 구조체 균열, 침하 모니터링 및 보강
    13) 작업공정 준수 : 해체순서 준수(상층 → 하층, 외부 → 내부) 및 장비배치 계획 수립
    14) 중장비 안전 운용 : 크레인, 브레이커 등 장비 정기점검 및 유자격자 운전
4. 건축물 해체계획서 포함 내용

합격자의 One Point Lesson

1. 해체공법의 종류별 특징을 묻는 문제라면, 각각의 공법 정의와 장단점을 서술하는 것이 맞지만, 종류 외에 다른 질문(해체 시 고려사항)도 했다면 큰 틀에서 종류를 간단하게 언급하는 것이 레이아웃에서 유리하다.
2. 해체공법을 작성하는 방법은 크게 2가지가 있다. 우선 'How to Write'에 설명한 것처럼 표준시방서상의 순서대로 작성하는 방법이 있다. 그러나 만약 저소음·저진동 공법 또는 안정성이 뛰어난 공법을 선정해야 한다는 논조로 답안을 작성한다면, 이러한 공법들을 강조해서 작성해 줄 필요가 있다.
3. 해체 시 고려사항으로 차별화할 수 있는 키워드는 '건축물 해체계획서'와 '석면조사 및 석면지도' 이다. 누구나 소음저감대책, 진동저감대책은 작성할 줄 안다. 그러나 법규로 명시된 용어를 잘 활용하면 가점을 받을 수 있다는 것을 명심하자.

답안을 입체화하는 핵심그림 & 다이어그램

해체공법의 종류

- 해체공법
  - 일반 파쇄공법
    - 타격공법 (강구공법, Steel Ball)
    - 소형 Breaker 공법
    - 대형 Breaker 공법
    - 발파공법
    - 폭파공법
  - 친환경적 철거공법
    - 절단(Cutter)공법
    - 압쇄공법
    - 유압 Jack 공법
    - 팽창압공법 (비폭성 파쇄재)
    - 쐐기 타입공법
    - 전도공법

폭파공법

주변 상황, 건축구조 파악 → 폭파구조 계산 → 주변 환경 영향 Simulation → Pre-weakening → 천공 → 장약 → 주민 대피 → 파쇄물 처리

절단공법

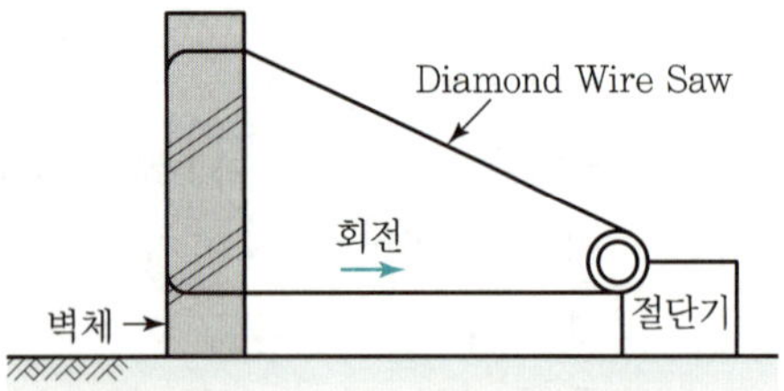

벽체 — Diamond Wire Saw — 회전 — 절단기

유압잭 공법

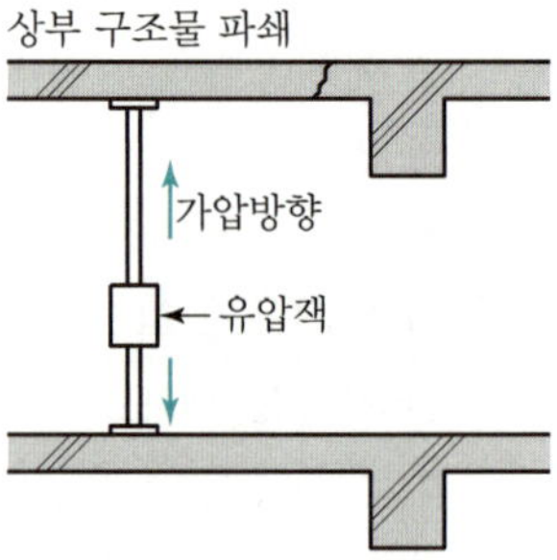

상부 구조물 파쇄 / 가압방향 / 유압잭

팽창압 공법

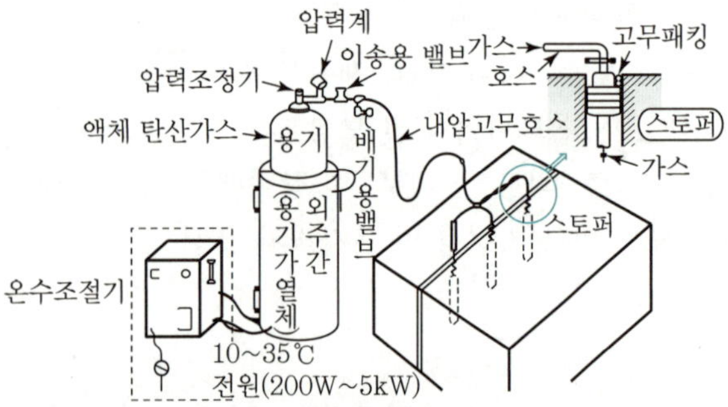

압력계, 이송용 밸브가스, 고무패킹, 호스, 압력조정기, 액체 탄산가스, 용기, 배기용 밸브, 내압고무호스, 스토퍼, 가스, 온수조정기, 용기외주간가열체 10~35℃, 전원(200W~5kW)

비폭성 파쇄재 종류

종류	파쇄방법
고압가스공법	불활성가스의 압력 이용
팽창가스 생성공법	화학반응에 의해 팽창가스 생성
생석회 충전공법	생석회 수화 시 팽창압력에 의해 파쇄
얼음공법	얼음의 팽창압에 의해 파괴

전도공법

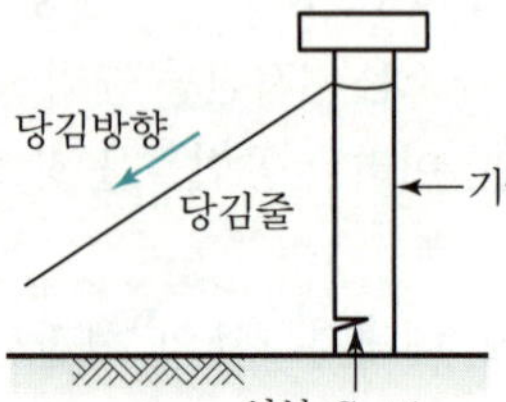

당김방향, 당김줄, 기둥, 일부 Cutting

민원저감 대책

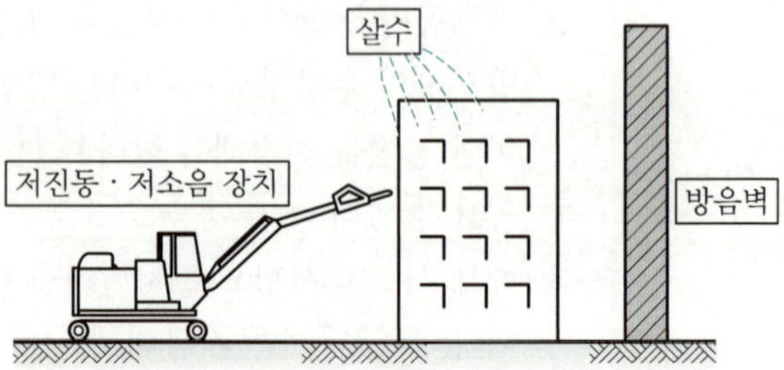

살수, 저진동·저소음 장치, 방음벽

SECTION

45

[기타 공사]
타워크레인의 기종 선정 시 고려사항 및 운영관리 방안

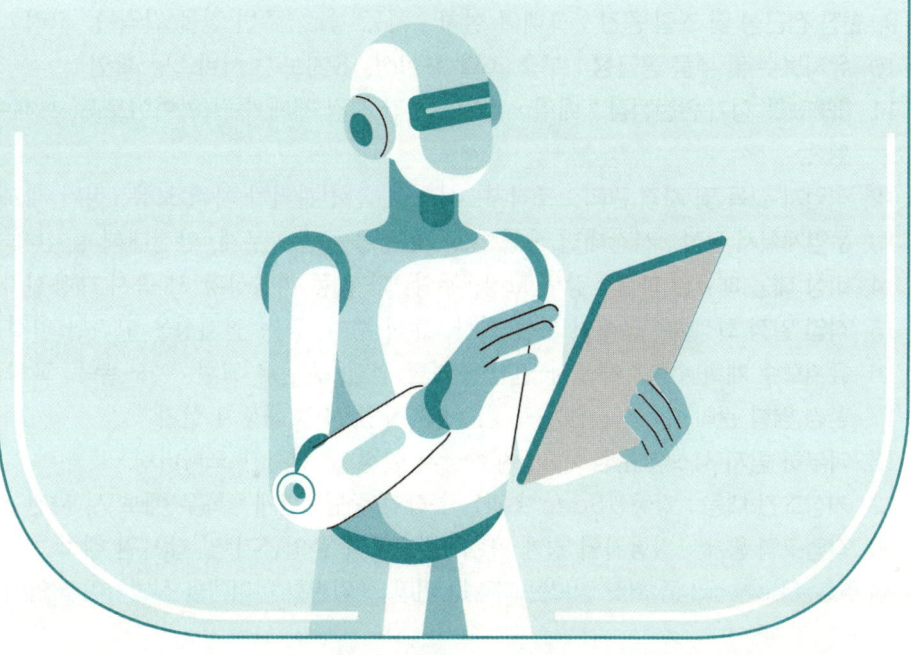

AI가 알려주는 Basic Concept & 핵심 Keyword

Basic Concept

1. 타워크레인의 기종 선정 시 고려사항을 알기 위해서는 기종이 어떻게 분류되는지를 먼저 알아야 한다. 타워크레인은 조종석 유무, Jib 형식, 상승방식 등에 따라 여러 기종으로 나뉘어진다.
   ① 조종석 유무 : 무인 타워크레인(3톤 이하), 유인 타워크레인
   ② Jib 형식 : 수평 Jib(Trolley Jib Type), 경사 Jib(Luffing Jib Type)
   ③ 상승방식 : 마스트 상승방식(Mast Climbing), 플로어 상승방식(Floor Climbing)
   ④ 이동성 : 고정식 타워크레인, 이동식 타워크레인(크롤러·트럭 탑재)
   ⑤ 지지방식 : Wall Bracing 방식, Wire Bracing 방식, 자립식
2. 운영관리 방안은 큰 틀에서 시공성 측면과 안전성 측면의 운영방안으로 나눌 수 있다.
   ① 시공성 측면 : 운용계획서·장비운전일지 작성, 유지보수계획 수립, 통신 시스템 구축, 부품 및 자재 관리 등
   ② 안전성 측면 : 운영관리 조직 구축, 자격 관리, 정기 안전점검, 위험성평가, 기상조건 대응, 작업구역 통제 등
3. 시공성 및 안전성 외에도 운영비용 최적화를 위한 경제성 측면과 소음·진동·야간조명 등에 의한 민원대응 측면에서도 작성이 가능하다.

생성형 AI의 핵심 Keyword Top 20

1. 선정 최대 인양용량 : 인양해야 할 최대중량을 충족할 수 있는 용량의 크레인 선택
2. 최단부 인양중량 : 붐 끝단에서의 인양 가능 중량으로, 갱폼 등 자재 최대중량 고려
3. 작업반경 : 크레인 회전 시 장애물·대지경계선 침범 여부, 반경 내 작업 가능 확인
4. 최대 작업높이 : 구조물 높이·최상층 인양 높이 고려, 크레인의 최대 상승높이 확인
5. 비용(임차료·운영비) : 일일·월별 임차료, 운전원 인건비, 보험료 등 총소요비용 분석
6. 상승방식 : 현장여건·높이에 따라 선택 → Mast Climbing, Floor Climbing 방식
7. 설치·해체 방법 : 현장 공간·장비 가용성을 고려, 분해·조립이 용이한 기종 선택
8. 기자재 호환성 : 훅, 스프레더, 클램프 등 부속 장비 호환성 검사
9. 현장 접근성 및 조립 공간 : 크레인 설치·이동 경로, 주변 건물 간격 등 고려
10. 유지보수 및 부품 공급성 : 부품 조달 용이성, 유지보수 서비스망 확인
11. 운영관리 정기 안전점검 : 매일·매월·연간 점검 체계 수립(와이어로프, 브레이크, 제어시스템 등)
12. 작업자 교육 및 자격 관리 : 조작자, 신호수, 안전관리자 자격 보유, 정기 재교육 실시
13. 운영계획서 작성 : 시간대별 작업 일정, 인양물 종류·무게, 안전대책 등 상세 운영계획 수립
14. 비상 대응 매뉴얼 마련 : 장비 고장, 추락, 화재 등 비상상황 시 즉시 대응절차 수립
15. 작업 일정 최적화 : 크레인 가동 시간, 휴식 주기, 공정 연계성을 고려한 일정 수립
16. 유지보수 계획 수립 : 제조사 권장 주기별 점검, 윤활유 교환, 마모 부품 교체 계획
17. 환경 영향 관리 : 소음·진동 측정, 야간 작업 시 방음장치 설치
18. 과부하 방지 시스템 운영 : 하중제한장치 설정 및 실시간 모니터링
19. 기상조건 대응 : 강풍(15m/s 초과) 시 작업 중단, 번개·폭우 예보 시 사전 조치
20. 작업구역 통제 : 위험지역 경계 표시, 비승무자 출입금지 및 감시원 배치

추출된 Keyword 중 거짓 정보는 과감히 버리고, 차별화 아이템을 선별하여 답안에 적용하자.

고득점 합격을 위한 실전연습 & One Point Lesson

03 초안작성

1. 개요	3. 타워크레인 기종 선정 시 고려사항
2. 타워크레인의 기종 분류	4. 운영관리 방안

04 How to Write

1. **개요** : 현장여건, 시공성, 안정성, 경제성을 고려한 타워크레인의 기종 선정 필요
2. **타워크레인의 기종 분류**
3. **타워크레인 기종 선정 시 고려사항**
   1) 소요양중능력 검토 : 최대 인양용량, 최단부 인양중량 → 철골부재, 갱폼 등 최대 인양중량 이상
   2) 작업범위 검토 : 작업반경, 붐 길이, 최대 작업높이 검토
   3) 이동성/상승방식/Jib 형식 : 현장여건·높이·간섭 여부를 검토하여 선정
      → 고정식·이동식, Mast Climbing·Floor Climbing, 수평 Jib·경사 Jib
   4) 배치계획 : 작업범위, 타워크레인 간 중첩·충돌, 해체 시 구조물 간섭 여부
   5) 비용 검토 : 임차료, 운전원 인건비, 보험료 등 총소요비용 분석
   6) 현장 접근성 및 조립 공간 : 크레인 설치·이동 경로, 주변 건물 간격 등 고려
   7) 안전성 검토 : 과부하 보호, 리미트 스위치, 제동장치 등 유무
   8) 유지보수 용이성 검토 : 부품 조달 용이성, 유지보수 서비스망, 기자재 호환성
4. **운영관리 방안**
   1) 운용계획서 작성 : 시간대별 작업 일정, 인양물 종류·무게, 안전대책 마련
   2) 운영관리 조직 구축 : 총지휘, 운영관리, 운영담당자, 공사담당자, 전문공종담당자
   3) 작업자 자격 관리 : 조종사·신호수의 자격증·교육 이수를 확인, 주기적 재교육
   4) 정기 안전점검 : 매일·매월·연간 점검 체계 수립(와이어로프, 브레이크, 제어시스템 등)
   5) 위험성평가 실시 : 중량물 취급 전 작업별 위험요인을 식별·평가·제어 대책 수립
   6) 유지보수 계획 수립 : 제조사 권장 주기별 점검, 윤활유 교환, 마모 부품 교체 계획
   7) 적정 양중중량 준수 : 작업반경 이내 양중하중의 검토 후 장비의 제원 확보
   8) 가동 전 안전장치 점검 : 과부하방지기, 리미트스위치, 브레이크, 충돌 경고 시스템
   9) 기상조건 대응 : 강풍(15m/s 초과) 시 작업 중단, 번개·폭우 예보 시 사전 조치
   10) 작업구역 통제 : 위험지역 경계 표시, 비승무자 출입금지 및 감시원 배치

05 합격자의 One Point Lesson

1. 타워크레인의 종류를 나눌 때 무인 타워크레인과 유인 타워크레인을 구분하는 유명 출판사 교재는 아직 본 적이 없다. 그러나 소규모 현장에서는 리모콘으로 조정하는 무인 크레인이 많이 사용되고 있다.
2. 수년간 교재의 내용은 바뀌지 않고 있는데, 그대로 쓰는 수험생들은 본인이 왜 떨어졌는지조차 모르는 것이다. 기술사 시험에는 정답이 없다. 오히려 현장의 작은 경험을 작성하면 그게 차별화인 것이다. 기술사 시험에서는 '내가 정답이다.'라는 자신감을 가지고 작성하자.

답안을 입체화하는 핵심그림 & 다이어그램

경제성 검토

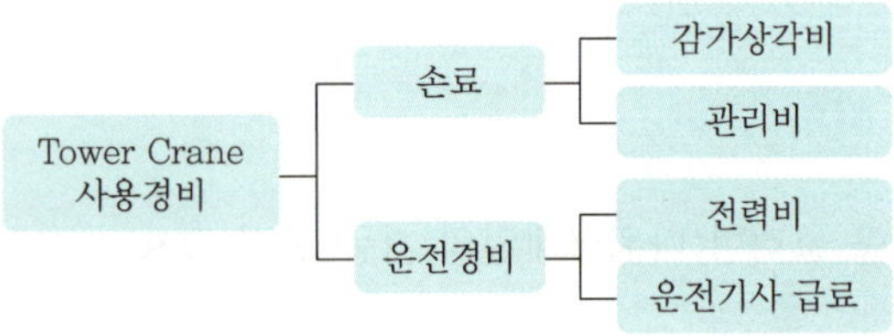
Tower Crane 사용경비
손료
감가상각비
관리비
운전경비
전력비
운전기사 급료

배치계획

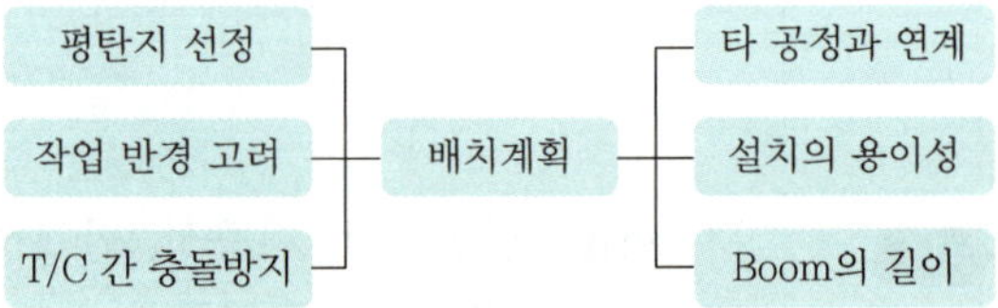
평탄지 선정
작업 반경 고려
T/C 간 충돌방지
배치계획
타 공정과 연계
설치의 용이성
Boom의 길이

타워크레인 배치도

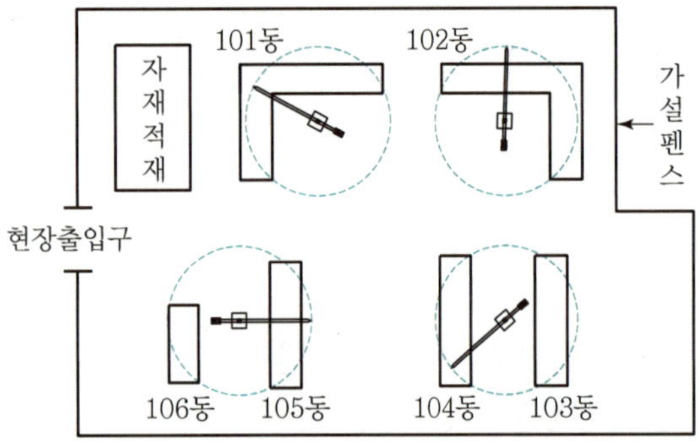
101동
102동
자재적재
가설펜스
현장출입구
106동
105동
104동
103동

Climbing 능력

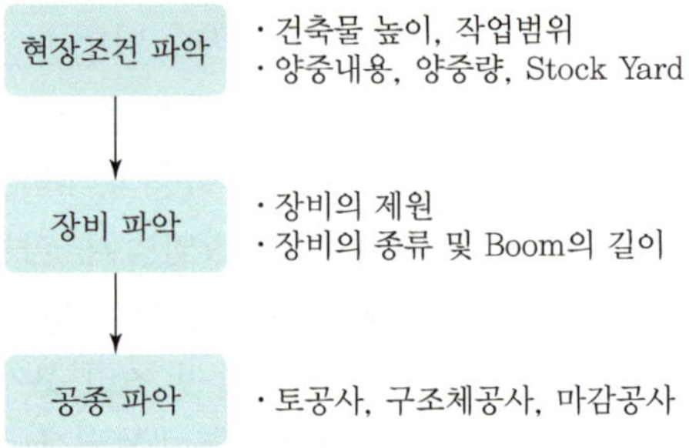
현장조건 파악
· 건축물 높이, 작업범위
· 양중내용, 양중량, Stock Yard
장비 파악
· 장비의 제원
· 장비의 종류 및 Boom의 길이
공종 파악
· 토공사, 구조체공사, 마감공사

운영관리 조직도 작성

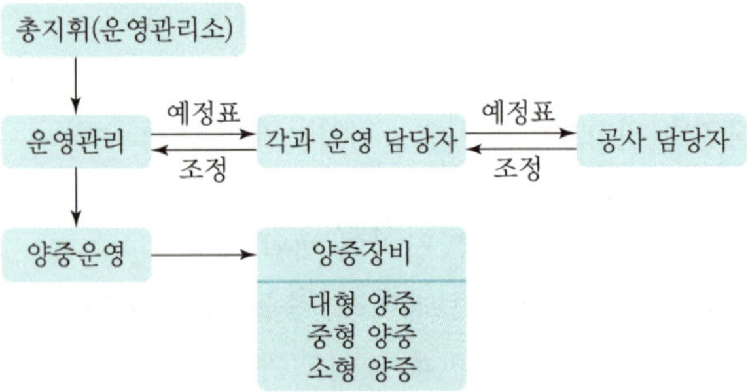
총지휘(운영관리소)
운영관리
예정표
조정
각과 운영 담당자
예정표
조정
공사 담당자
양중운영
양중장비
대형 양중
중형 양중
소형 양중

적정 양중중량 준수

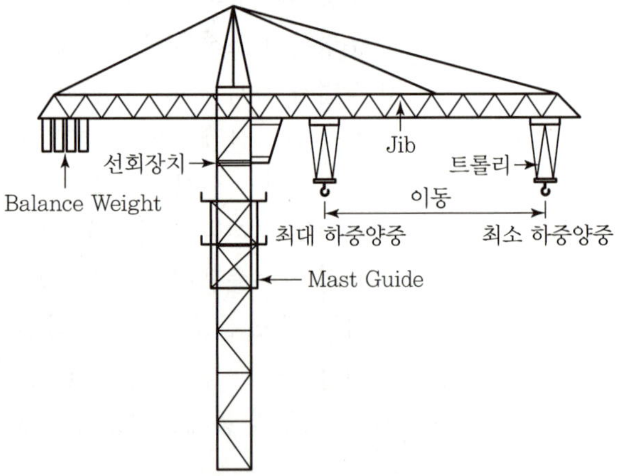
Jib
선회장치
트롤리
Balance Weight
이동
최대 하중양중
최소 하중양중
Mast Guide

Wall Bracing 고정 타입

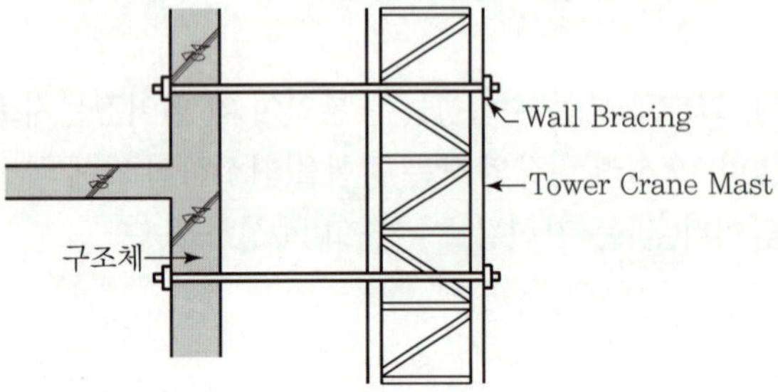
Wall Bracing
Tower Crane Mast
구조체

타워크레인 안전사고 요인

전도	• 안전장치 고장으로 인한 과하중 • Guide Rope의 파손 및 기초의 강도 부족
Boom의 절손	• Tower Crane 상호 간의 충돌 또는 장애물과 의 충돌 • 기복(起伏) Wire의 절단
Crane 본체 낙하	• 권상 및 승강용 Wire Rope 절단 • Rope 끝 손잡이 및 Joint부 Pin이 빠질 경우
기타	• 폭풍 시 자유선회장치 불량 • 낙뢰 및 항공기 접촉

SECTION

46

[공사관리]
자원배당의 순서 및 방법

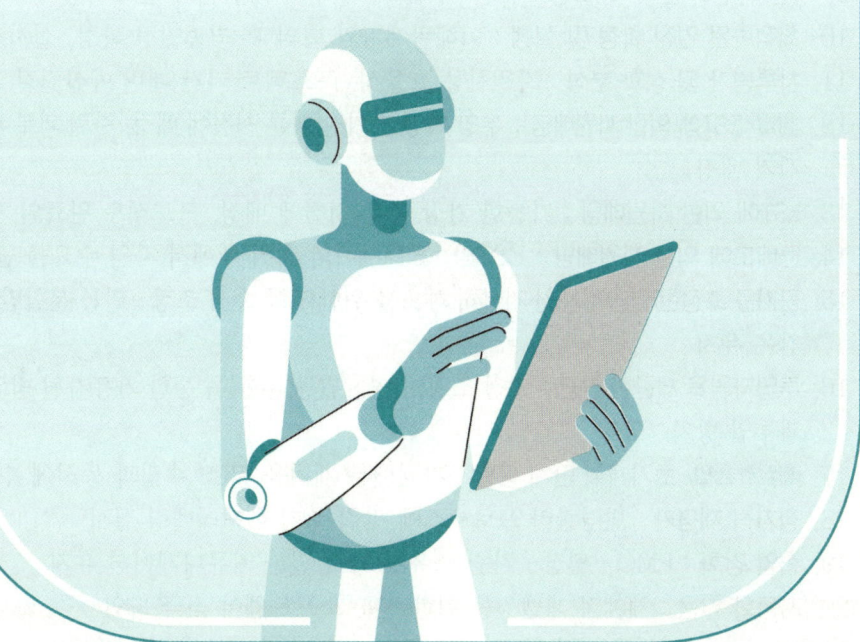

AI가 알려주는 Basic Concept & 핵심 Keyword

01 Basic Concept

1. 자원배당은 자원평준화라고도 하는데, 4M인 노무, 자재, 장비, 자금을 최적으로 배당하여 자원변동을 최소화하고 자원의 효율성을 극대화하는 기법이다. 자원의 투입이 특정 시기로 몰리게 되면 혼잡으로 인한 많은 문제점이 발생되며, 자원의 한정으로 인해서 추가투입이 불가한 경우도 발생한다. 이로 인해 비용 상승이나 안전사고 발생, 계획 대비 공정지연이 발생하게 된다.
2. 5개의 상영관을 가진 영화관이 있다고 가정하자. 모든 상영관의 영화 시작과 끝이 1~3시이다. 이 경우 1시 직전과 3시 직후는 화장실과 대기실, 매표소가 사람들로 포화되어 매우 불편하다. 반면, 시작시간을 10분씩 차이를 두면, 자연스럽게 혼잡을 줄일 수 있다.
3. 이처럼 전체 공정에는 영향을 주지 않으면서도 세부작업 순서와 자원투입 시기를 조정함으로써 자원의 효용성을 극대화하는 것이 자원배당이다. '5개의 상영관'은 '5개 동의 공동주택 현장'을 비유한 것이다. 5개 동을 월요일에 펌프카 5대로 타설하면, 화요일 갱폼인양 시 타워 과부하, 수요일 철근공 과다 투입 등의 문제가 생긴다. 반면에 월요일 101동 타설, 화요일 102동 타설 방식으로 균등하게 배분시키면 훨씬 적은 인원으로도 동일 공정을 수행할 수 있다. 우리가 계속해 오던 것이 자원배당인 것이다.

02 생성형 AI의 핵심 Keyword Top 20

1. 목적 자원변동의 최소화 : 특정 기간에 자원(인력, 장비, 자재) 수요가 급증하거나 급감하는 현상 방지
2. 자원의 효율성 극대화 : 한정된 자원을 최적의 방식으로 배치해 생산성 향상
3. 시간낭비 제거 : 자원 부족으로 인한 작업 지연·중단 방지
4. 공사비 절감 : 불필요한 비용 감소(긴급조달비용 방지, 유지관리비용 절약, 인건비 효율화)
5. 절차 WBS 작성 : 프로젝트를 세부 작업으로 분할, 각 작업의 의존성과 소요 기간을 명확히 정의
6. 자원 요구사항 식별 : 각 작업에 필요한 자원(인력, 장비, 자재)의 종류와 양 산정
7. CPM(임계 경로법) 또는 PERT 적용 : 작업순서와 임계경로를 도출하여 기본 일정 작성
8. 자원할당 : 각 작업에 자원을 배정하고, 자원 히스토그램으로 시각화하여 초기 자원 사용량 분석
9. 자원 과부하 분석 및 조정 : 자원 제약조건에서 과부하 완화 전략
10. 최적화된 일정 확정 및 실행 : 이해관계자와 협의 후 최종일정 확정, 실시간 모니터링
11. 사후평가 및 성과 분석 : 자원사용 효율성, 프로젝트 기간 대비 예산절감 효과 분석
12. 방법 EST에 의한 자원배당 : 투입 가능한 가장 빠른 시점에 배정, 자원 과부하 시 EST보다 지연시켜 배정
13. LST에 의한 자원배당 : 가능한 가장 늦은 시점에 배정, 프로젝트 완료일 지연 우려
14. 균배도에 의한 자원배당 : EST와 LST 사이의 범위 내에서 자원 수요를 균등하게 분포
15. 공기를 고정한 할당 : 자원 과부하 해소를 위한 활동 순서 조정·활동 분할만 허용, 전체 공정기간은 유지
16. 투입자원을 제한한 할당 : 일정 조정(지연·활동 분할)을 통한 가용자원 범위 내 작업 배정, 초과투입 방지
17. 활성화 방안 초기계획 단계 통합 : 자원배분 계획을 WBS 수립과 동시에 수행
18. 정기적 재평가 : 변경관리 프로세스에 맞춰 주기적 재레벨링 실시
19. 협업 강화 : PMO·팀장·자원 소유자 간 긴밀한 커뮤니케이션 유지
20. 자동화 활용 : 체계적 레벨링을 위한 전문 소프트웨어 적극 도입

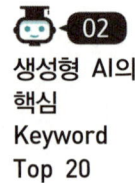 추출된 Keyword 중 거짓 정보는 과감히 버리고, 차별화 아이템을 선별하여 답안에 적용하자.

고득점 합격을 위한 실전연습 & One Point Lesson

03 초안작성

1. 개요
2. 자원배당 대상
3. 목적
4. 자원배당의 순서
5. 자원배당방법
6. 활성화 방안

04 How to Write

1. 개요 : 논리적 순서에 따라 작업을 조절하여 자원배당 → 자원 Loss 감소, 자원수요를 평준화

2. 자원배당 대상 : 노무(Man), 자재(Material), 장비(Machine), 자금(Money)

3. 목적
  1) 자원변동의 최소화(급격한 변동 완화)
  2) 자원의 효율성 극대화
  3) 시간낭비 제거
  4) 공사비 절감

4. 자원배당의 순서
  1) WBS 및 자원요구량 산정 : 프로젝트를 WBS로 분해 → 각 활동의 목록화 → 활동별 자원요구량 산정
  2) 초기 공정계획 수립 : CPM 또는 PERT 적용 → 작업 순서·임계 경로 도출
  3) 자원과부하 분석 및 조정
    ① 가용자원 산정 : 공정기준 자원 가용성 검토 및 과부하 구간 식별
    ② 과부하 완화·조정 : 비임계작업 지연, 작업분할로 수요 분산, 자원 대체 투입
  4) 최적화된 일정 확정 및 실행
  5) 사후평가 및 개선

5. 자원배당방법
  1) 착수시점에 의한 방법 : EST에 의한 자원배당, LST에 의한 자원배당, 균배도에 의한 자원배당
  2) 전제조건에 따른 할당방법 : 공기 고정(Fixed Time), 투입자원 제한(Fixed Resource)

6. 활성화 방안
  1) 초기 계획단계 통합 : 자원배분 계획을 WBS 수립과 동시에 수행
  2) 정기적 재평가 : 프로세스에 맞춰 주기적 자원재배당 실시
  3) 협업 강화 : PMO·팀장·자원 소유자 간 긴밀한 커뮤니케이션 유지
  4) 자동화 활용 : 체계적 레벨링을 위한 전문 소프트웨어 도입
    (Primavera, Microsoft Project, Deltek Cobra)
  5) 교육·훈련 : 자원배당 교육·워크숍 실시 → 팀원 역량 향상

05 합격자의 One Point Lesson

1. 자원배당은 매우 쉬운 개념이기 때문에 키워드가 중요하다. 그중 하나가 WBS(Work Breakdown Structure)이다. 자원배당을 위해서는 어느 작업에 어떤 자원이 들어가는지 산정해야 하기 때문에, 가장 먼저 전체 프로젝트가 어떠한 하위 세부작업들로 분류되는지를 알아야 한다.

2. 차별화 키워드로 Tack 공정관리도 있다. 모든 작업이 대기시간 없이 순차적으로 반복될 수 있도록 작업일정을 최적화하는 것을 말한다. 5개의 공동주택을 월요일부터 금요일까지 순차적으로 중단 없이 타설하도록 계획을 수립하는 것은 효율적인 자원배당이면서도, Tack 공정관리도 되는 것이다.

[공사관리] 자원배당의 순서 및 방법

답안을 입체화하는 핵심그림 & 다이어그램

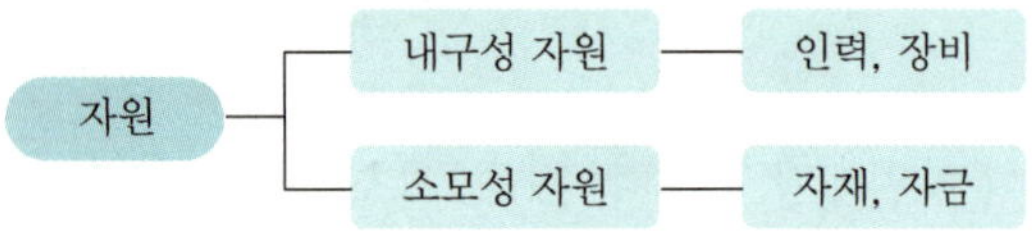

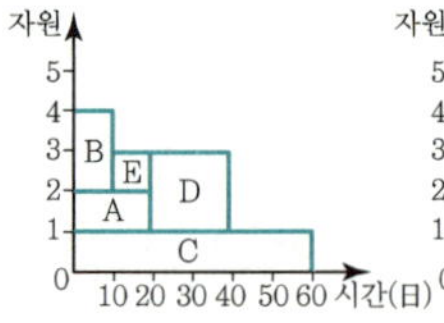

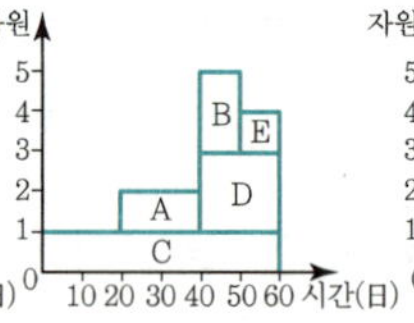

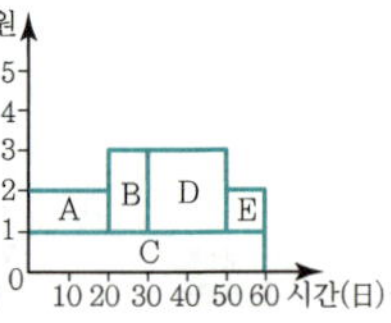

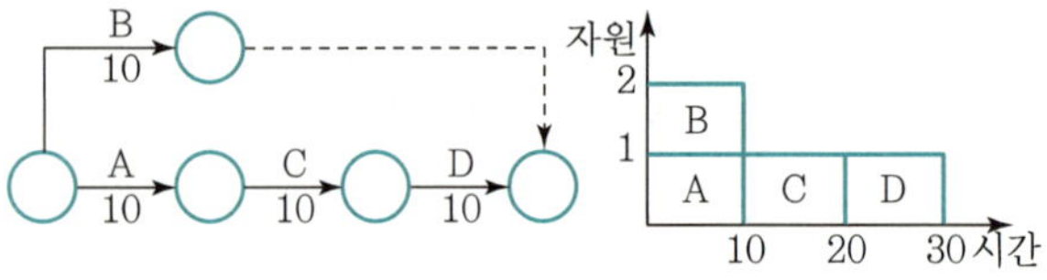

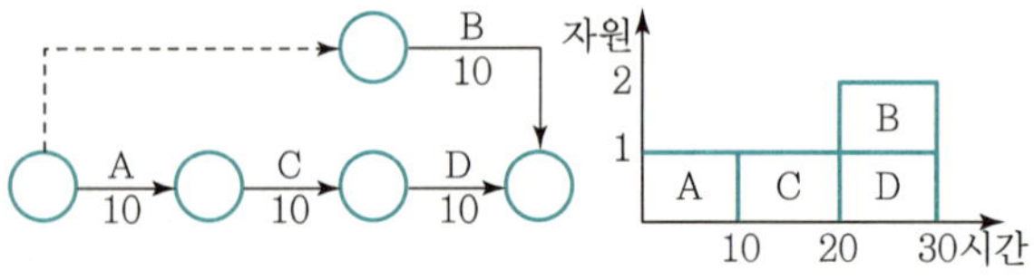

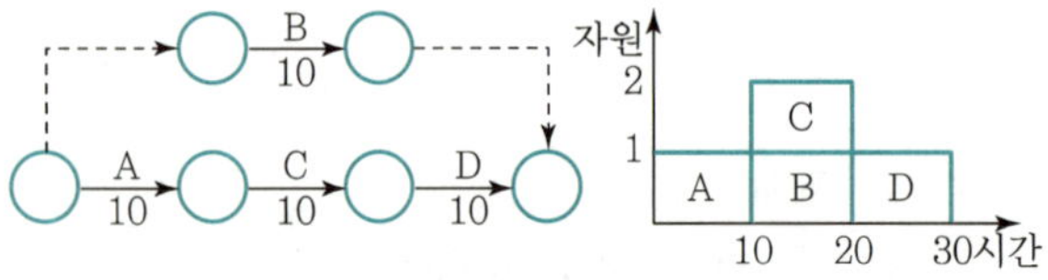

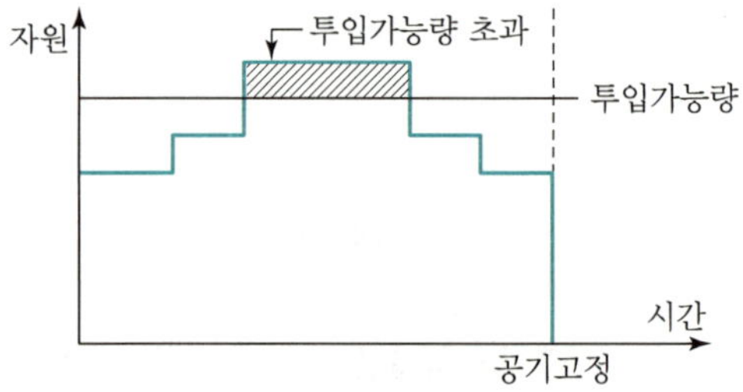

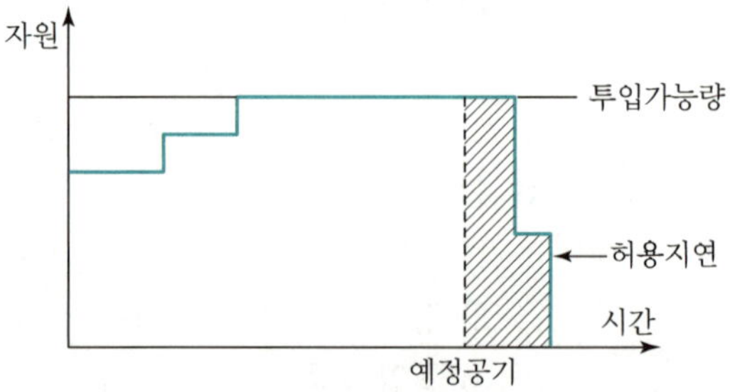

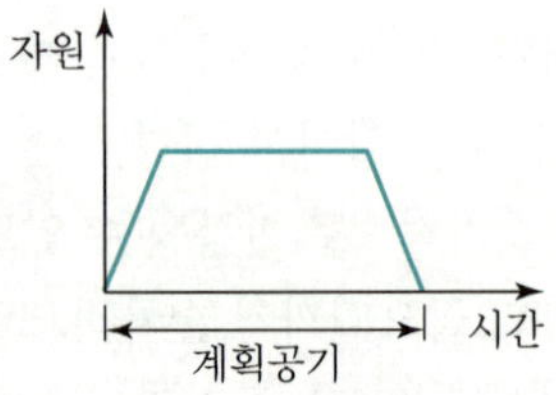

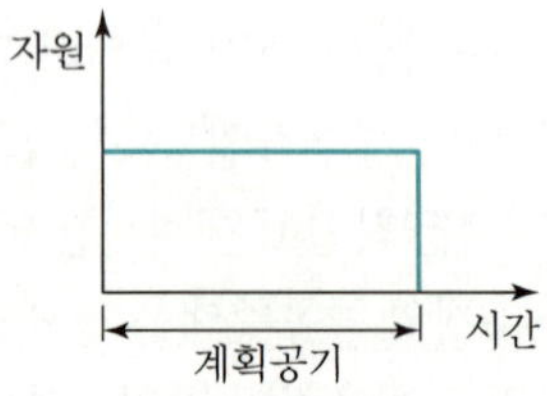

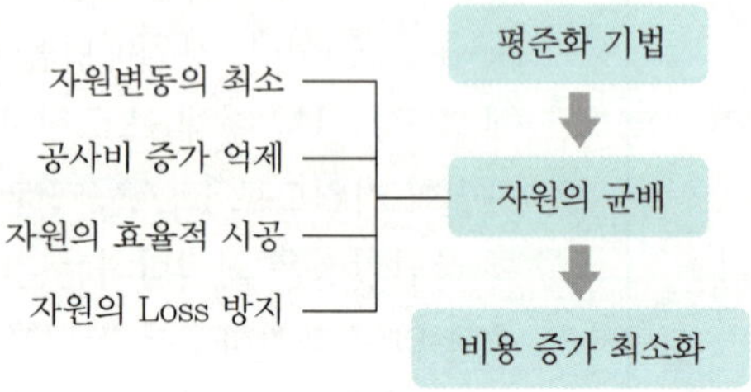

SECTION 47

[공사관리]
VE의 추진절차 및 효과

AI가 알려주는 Basic Concept & 핵심 Keyword

01 Basic Concept

1. 가치공학(VE ; Value Engineering)은 제품의 생산비용은 줄이고 기능(Function)은 늘리는 방안, 즉 가치(Value)를 극대화하는 방안을 찾는 기법이다. 가치공학은 건설업뿐만 아니라 전 분야에서 이루어지는 기법으로, 체계적인 도출 절차를 통해서 최적의 대안을 도출할 수 있다.
2. 건축시공의 경우 설계상 정해진 구조물을 만들기 위해 가설공사의 공법을 변경하는 것이 대표적인 VE이다. 과거에는 거푸집을 설치하기 위해 수많은 목수가 수천 개의 동바리를 설치하고 고정시킴으로써 지하주차장의 거푸집을 완성하였다. 그러나 지금은 PC 슬래브나 데크플레이트를 이용하여 비용 증가 없이 빠르고 안전하며 더욱 정교하게 시공할 수 있다.
3. 이러한 VE는 설계단계에서 더욱 큰 효과를 볼 수 있다. 이러한 이유 때문에 국가가 발주하는 '총공사비 100억 원 이상 공사'에 대해서는 기본설계·실시설계 단계에서 VE 검토를 실시하도록 규정하고 있다. 설계단계부터 VE 검토를 시행할 경우
① 부실·과다설계 방지, ② 공사비 절감, ③ 품질 확보, ④ 기술개발 장려, ⑤ 신기술 적용 촉진 등의 효과를 볼 수 있다.

02 생성형 AI의 핵심 Keyword Top 20

1. 추진절차 정보 수집 : 프로젝트 목표, 예산, 제약 조건, 기존 설계·공법 등을 분석
2. 기능 분석 : 제품·공정의 핵심 기능 정의, 필수 기능과 부가 기능 구분
3. 창의적 아이디어 도출 : 브레인스토밍, 마인드맵, SCAMPER 기법 등 활용 → 비용 절감·기능 개선 방안
4. 평가 및 선정 : 비용 절감 효과, 기능 유지도, 실행 가능성을 기준으로 평가 및 선정(SWOT 분석, 점수제 평가)
5. 개발 및 제안 : 선정된 아이디어를 구체화하여 실행계획 수립
6. 실행 및 모니터링 : 개선안 적용, 성과(비용, 품질, 일정) 모니터링, 피드백을 통한 최적화
7. 효과 비용 절감 : 불필요한 기능·공정 제거 → 10~30% 비용 감소 효과
8. 품질 향상 : 핵심기능 강화를 통한 제품 신뢰성 및 내구성 개선
9. 생산성 증대 : 공정 단순화 및 자원 활용 효율화로 생산시간 단축
10. 시공성 개선 : 현장 안전과 품질 확보에 기여
11. 지식자산 축적 : VE 결과물을 데이터베이스화 → 조직의 노하우로 축적·활용
12. 환경 친화성 : 자재 사용량 감소 및 폐기물 최소화로 지속 가능성 달성
13. 고객가치 증진 : 고객 니즈에 맞춘 기능 최적화로 만족도 상승
14. 리스크 감소 : 잠재적 문제 사전 식별로 프로젝트 실패 가능성 저하
15. 혁신 촉진 : 창의적 대안 발굴로 설계 혁신을 가속화, 기술적 경쟁력 강화
16. 이해관계자의 만족도 제고 : 비용·성능·품질이 균형 잡힌 대안을 제시함 → 발주자·사용자 만족도 향상
17. 유의사항 분야별 전문가 참여 : 기술, 재무, 설계, 현장 전문가의 협업 필수
18. 데이터 기반 접근 : 정량적 분석 필요(직관 의존 시 실패)
19. 이해관계자 협조 : 상부 지원과 현장 실무자의 참여 독려
20. 지속적 개선 : 단발성 프로젝트가 아닌 지속적인 VE 활동으로 문화 조성

추출된 Keyword 중 거짓 정보는 과감히 버리고, 차별화 아이템을 선별하여 답안에 적용하자.

고득점 합격을 위한 실전연습 & One Point Lesson

03 초안작성

1. 정의
2. VE 대상 선정 기준
3. VE의 추진절차
4. 효과
5. 유의사항

04 How to Write

1. **정의** : 최소의 비용으로 최대의 기능을 달성하도록 공사를 관리하는 기법

2. **VE 대상 선정 기준**
   1) 원가 절감 금액이 큰 공사
   2) 공기단축 효과가 큰 공사
   3) 반복적으로 진행되는 공사
   4) 복잡하고 물량이 많은 공사
   5) 하자 발생이 빈번한 공사
   6) 개선효과가 큰 공사

3. **VE의 추진절차**
   1) 정보 수집 : 프로젝트 목표, 예산, 제약 조건, 기존 설계·공법 등을 분석
   2) 기능 분석 : 제품·공정의 핵심 기능을 정의, 필수 기능과 부가 기능 구분
   3) 창의적 아이디어 도출 : 브레인스토밍, 마인드맵 활용 → 비용 절감·기능개선 방안 도출
   4) 평가 및 선정 : 비용·리스크·이행 가능성을 종합 평가(SWOT 분석, 점수제 평가)
   5) 개발 및 제안 : 선정된 아이디어를 구체화하여 실행계획 수립
   6) 실행 및 모니터링 : 개선안 적용 → 성과 모니터링 → 피드백 → 최적화

4. **효과**
   1) 원가 절감 : 불필요한 기능·공정 제거 → 비용 감소 및 이익 상승
   2) 생산성 증대 : 공정 단순화 → 생산시간 단축
   3) 기술력 향상 : 핵심기능 강화 → 제품 신뢰성·내구성 증대
   4) 지식자산 축적 : VE 결과물을 데이터베이스화 → 조직의 노하우로 축적·활용
   5) 업체 경쟁력 향상 : 설계 혁신 가속화, 기술적 경쟁력 강화
   6) 시공성 개선 : 안전사고 감소 및 품질 향상
   7) 환경 친화성 : 자재 사용량 감소 → 자원절약·폐기물 최소화 → 지속 가능성 달성
   8) 고객가치 증진 : 고객 니즈에 맞춘 기능 최적화 → 만족도 상승
   9) 리스크 감소 : 잠재적 문제 사전 식별 → 프로젝트 실패 가능성 감소
   10) 생애주기비용 절감 : LCC 최소화 → 유지보수비용 절감

5. **유의사항**
   1) 성능저하 원가 절감 지양
   2) 전문가 참여
   3) 단기비용 절감안 지양(LCC 고려)
   4) 산업표준·규격 준수
   5) 설계 초기단계 적용 권장
   6) 이해관계자 협력 강화

05 합격자의 One Point Lesson

1. 건설산업에서의 VE는 설계 VE와 시공 VE로 분류된다. 공사가 진행될수록 변경이 가능한 VE 대상은 줄어들 수밖에 없으므로, 가능한 설계단계부터의 VE를 권장하고 있다.
2. 특히 국가 및 지자체가 발주하는 일정규모 이상의 공사는 '설계 VE 검토'가 의무화되어 있으므로, 관련 근거인 「건설기술 진흥법 시행령(제75조 설계의 경제성 등 검토)」를 명기해 준다면 가점을 받을 수 있다.
3. 또한 건축물은 건설 후 최소 30년 이상을 사용하기 때문에 LCC 측면에서의 비용 검토가 필요하며, 반드시 답안에 '생애주기비용'이라는 키워드가 포함되어야 한다.

답안을 입체화하는 핵심그림 & 다이어그램

VE 추진절차

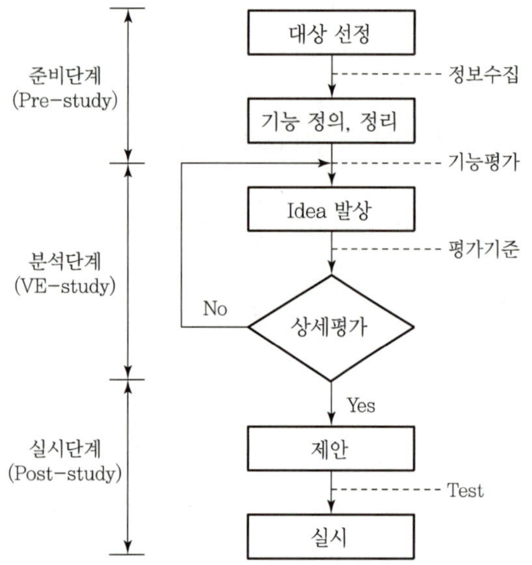

- 준비단계 (Pre-study): 대상 선정 → 정보수집
- 분석단계 (VE-study): 기능 정의, 정리 → 기능평가 → Idea 발상 → 평가기준 → 상세평가 (No → Idea 발상으로 복귀, Yes ↓)
- 실시단계 (Post-study): 제안 → Test → 실시

VE 효과 – 원가 절감

이익/원가 → VE 적용 → 이익/원가 (이익 증가, 원가 감소)

VE 효과 – 기술력 향상

설계의도 파악 — 최소비용 할당 — 단위 원가 파악
기능비용 파악 → 업체 기술력 향상 ← Idea 창출
→ 대외 경쟁력 강화

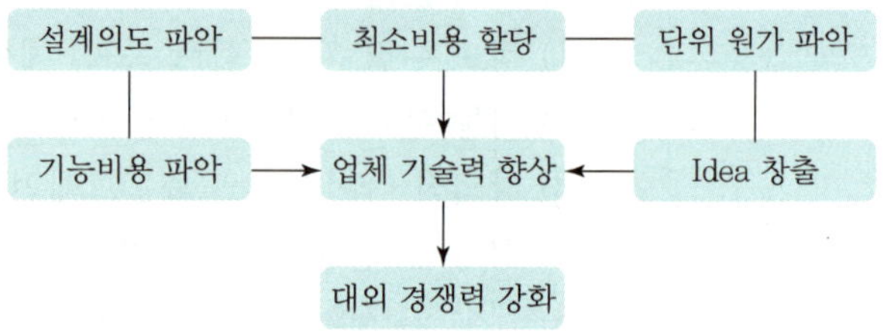

VE 효과 – 지식자산 축적

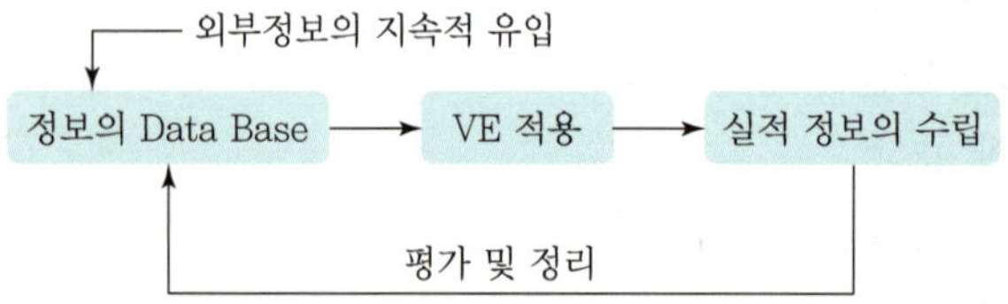

외부정보의 지속적 유입 → 정보의 Data Base → VE 적용 → 실적 정보의 수립 → (평가 및 정리) → 정보의 Data Base

VE 효과 – 생애주기비용 최소화

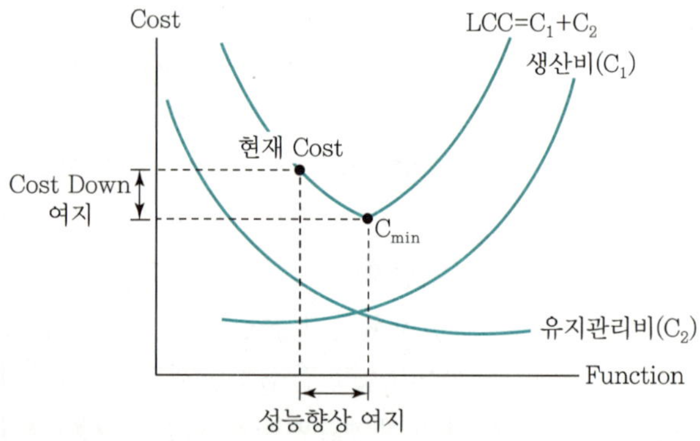

$LCC = C_1 + C_2$, 생산비(C_1), 유지관리비(C_2), 현재 Cost, Cost Down 여지, C_{min}, 성능향상 여지, Function

건설기술 진흥법 시행령

제75조(설계의 경제성 등 검토)

① 발주청은 다음 각 호의 어느 하나에 해당하는 경우에는 설계 대상 시설물의 주요 기능별로 설계내용에 대한 대안별 경제성과 현장 적용의 타당성(이하 "설계의 경제성 등"이라 한다)을 직접 검토하거나 건설엔지니어링사업자 등 전문가가 검토하게 해야 한다.
  1. 총공사비 100억 원 이상인 건설공사의 기본설계 및 실시설계를 하는 경우
  2. 총공사비 100억 원 이상인 건설공사의 시공 중 총공사비 또는 공종별 공사비를 10퍼센트 이상 조정(단순 물량증가나 물가변동으로 인한 변경은 제외한다)하여 설계를 변경하는 경우
  3. 총공사비 100억 원 이상인 건설공사를 실시설계의 완료일부터 3년 이상 지난 후에 발주하는 경우
  4. 총공사비 100억 원 미만인 건설공사에 대하여 발주청이 필요하다고 인정하는 건설공사의 설계를 하는 경우
  5. 건설공사의 시공단계에서 건설공사의 여건 변동으로 인하여 발주청이 설계의 경제성 등의 검토가 필요하다고 인정하는 경우
② 시공자는 도급받은 건설공사의 성능개선 및 기능향상 등을 위하여 설계의 경제성 등을 검토할 필요가 있다고 인정하는 경우에는 미리 발주청과 협의하여 설계의 경제성 등을 직접 검토할 수 있다. 이 경우 시공자는 설계의 경제성 등의 검토가 완료되면 그 결과를 발주청에 통보해야 한다.

SECTION 48

[공사관리]

공정간섭(공정마찰)이 공사에 미치는 영향과 해소방안

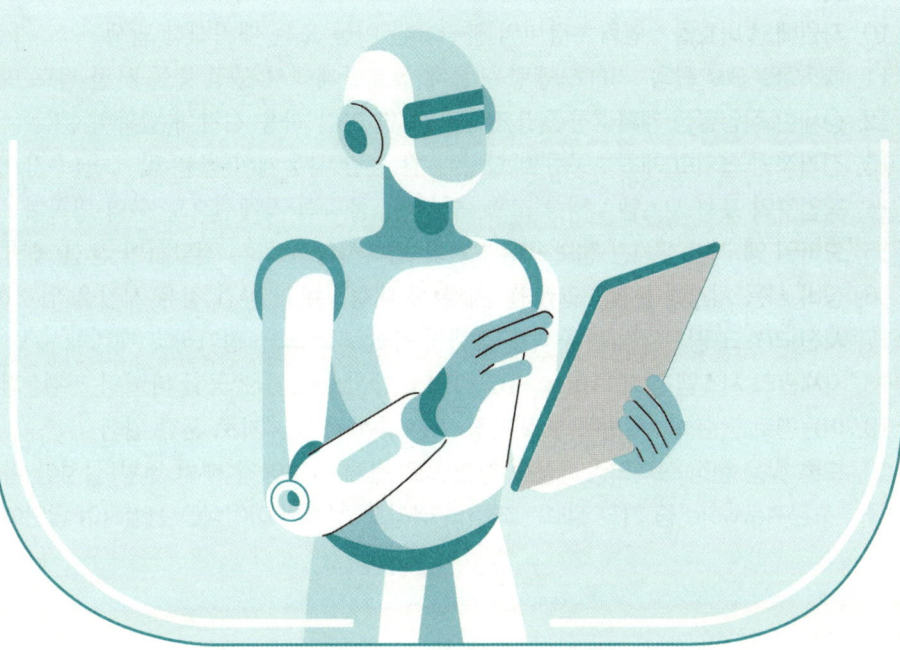

AI가 알려주는 Basic Concept & 핵심 Keyword

Basic Concept

1. 공정간섭은 공정계획의 착오나 예기치 못한 상황으로 발생된다. 예를 들어
   ① 골조공사 ↔ 토공사 : 버림 콘크리트 타설(골조공사)이 흙막이 가시설(토공사) 미완료로 취소되거나
   ② 골조공사 ↔ 전기공사 : 기준층 슬래브 타설(골조공사)이 타워크레인의 전기 자재 운반 지연으로 취소되는 경우 등이다.
2. 공정간섭으로 인해 여러 가지 문제가 복합적으로 발생하는데, 흔히 공사관리에서 말하는 '공·품·원·안'으로 분류해서 각각의 아이템을 생각하면 작성하기가 훨씬 수월하다.
   ① 공정관리 측면 : 공기지연 발생(작업 중단, 작업대기시간 증가, 재작업, 추가작업 등)
   ② 품질관리 측면 : 품질 저하 발생(표준작업 미준수, 시공오차, 부실시공, 검사 생략, 손보기 누락)
   ③ 원가관리 측면 : 원가 상승 발생(재작업비, 야간작업비, 자재·장비 비효율적 투입, 재고자재 폐기)
   ④ 안전관리 측면 : 안전사고 위험 증가(분쟁·갈등, 협소한 공간 내 다중공정 돌관공사)

생성형 AI의 핵심 Keyword Top 20

1. 문제점 공기지연 : 예정된 일정 이탈로 완공 시기 지연됨
2. 무작업 시간 증가 : 공정 간 간섭으로 실제 작업이 이루어지지 않는 대기시간 증가
3. 비용 증가 : 추가 인건비, 자재비, 장비 유지비 등 예산 초과
4. 품질 저하 : 급한 일정으로 인한 부실시공 또는 검사 생략
5. 작업자 사기 저하 : 반복된 문제로 인한 스트레스 및 업무 효율성 감소
6. 안전사고 증가 : 서두르는 작업 환경에서의 사고위험 상승
7. 자재 낭비 : 계획 변경으로 미사용 자재 발생 또는 폐기
8. 계약 분쟁 : 발주자와 계약자 간 추가비용 또는 지연책임 논란
9. 일정 재조정 복잡성 : 변경된 일정관리로 인한 혼란 가중
10. 자원배분 비효율 : 인력·장비의 불필요한 이동 또는 대기시간 발생
11. 해소방안 BIM 활용 : 3D 모델링을 통해 설계단계에서 공정 충돌 사전 검토 및 조정
12. 상세한 작업일정 계획 : 공종별 작업순서 및 공간 사용 시간대 명확히 분할
13. 정기적인 협의회 개최 : 공종별 담당자 간 공간 사용계획 공유 및 조율(주간/일일 회의)
14. 작업구역 표시 시스템 : 색상 코드, 안내판, 물리적 경계선으로 구역 명확화
15. 모바일 앱 기반 실시간 정보 공유 : 현장 변화사항을 즉시 전달하여 혼선 방지
16. 장비 사용 시간대 분할 : 크레인, 차량 등 대형장비의 공간 점유 시간을 엄격히 관리
17. 사전 리스크 평가 : 작업 구역별 잠재적 충돌 리스크를 평가하고 대비책 수립
18. 자재관리 시스템 강화 : Just-In-Time 방식으로 자재 공급 타이밍 조절, 적재공간 최소화
19. 이동경로 단순화 : 일방통행로 지정 또는 중복경로 제거로 혼잡 완화
20. 드론 활용 현장 모니터링 : 공중 촬영으로 전체 작업공간 배치 현황 실시간 확인

추출된 Keyword 중 거짓 정보는 과감히 버리고, 차별화 아이템을 선별하여 답안에 적용하자.

고득점 합격을 위한 실전연습 & One Point Lesson

03 초안작성

1. 개요
2. 공정간섭 원인
3. 공정간섭(공정마찰)이 공사에 미치는 영향
4. 해소방안

04 How to Write

1. 개요
2. 공정간섭 원인
3. 공정간섭(공정마찰)이 공사에 미치는 영향
   1) 공기지연 : 작업 충돌로 예정 작업 중단·대기 → 완공시기 지연
   2) 재작업 발생 : 선행공정 미완료 → 후속공정 작업 완료 불가로 재작업 필요
   3) 공사비 상승 : 재작업, 장비 가동 지연, 추가 인력 투입 → 예산 초과
   4) 품질 저하 : 표준작업 미준수, 시공오차 발생, 부실 시공, 검사 생략
   5) 안전사고 리스크 증가 : 협소한 공간 내 다중공정 돌관공사
   6) 자재 및 자원 낭비 : 계획 변경 → 미사용 자재, 자재 폐기, 인력·장비 대기 및 과잉 투입
   7) 업체 간 갈등 : 계약자·하청업체 간 분쟁, 발주자와 계약자 간 추가비용·지연책임 논란
   8) 일정 재조정 복잡성 : 변경된 일정관리로 인한 혼란 가중
   9) 고객 신뢰도 하락 : 약속된 결과 미달성으로 인한 평판 손상
   10) 작업자 사기 저하 : 반복된 문제로 인한 스트레스 및 업무 효율성 감소
4. 해소방안
   1) 적정 공정계획 수립 : 작업 간 선후관계와 일정을 정확히 파악, 무리한 병행 작업 배제
   2) BIM 기반 3D 간섭 검토 : 설계단계에서 공종별 간섭을 사전에 식별·해소
   3) 정기적 협의체 회의 : 일일·주간 공정 회의 → 공종별 담당자 간 계획 공유 및 사전 조율
   4) 모바일 앱 기반 실시간 정보 공유 : 현장 변동사항을 즉시 전달 → 혼선 방지
   5) 단위 공종의 공기엄수 : 중간관리일(Milestone) 적용 및 공정관리 → 선·후 작업의 영향 최소화
   6) Tact 공정관리 : 연속적인 작업을 위한 단위시간 산정 → 연속생산 유도
   7) 작업구역 분할 : 각 공정별 작업구역을 명확히 구분, 인접 공정의 충돌 최소화
   8) 자재관리 시스템 강화 : JIT(Just-In-Time) 방식 → 적재공간 최소화
   9) 장비 사용 시간대 분할 : 크레인 등 공통가설의 업체별 점유시간 최적화 관리
   10) 공장제작 활성화 : 현장 작업 최소화 및 간소화
   11) 사후 검토 및 피드백 : 공정간섭 사례의 데이터화 → 향후 프로젝트에 반영

05 합격자의 One Point Lesson

1. 공정간섭을 방지하기 위한 대책은 여러 가지가 있으며, 이 중 어떠한 아이템을 강조하여 작성할 것인가에 대한 선택이 필요하다. 우선 차별화 아이템으로 'BIM'은 무조건 언급되어야 한다. BIM의 최대 장점은 3D 모델링을 통해 평면상에서는 간과할 수 있는 많은 사항을 검토할 수 있게 한다는 점이다.
2. 예를 들면, 단차가 있는 경사부지에서 어스앵커를 시공하였는데, 후면에 관로나 기초시공 시 앵커강선이 간섭되는 경우이다. 이러한 것들이 3D BIM에서 시각화되면, 흙막이공사와 부대토목공사, 골조공사의 간섭 여부를 사전에 파악할 수 있고 선제적으로 대책을 마련할 수 있다.

[공사관리] 공정간섭(공정마찰)이 공사에 미치는 영향과 해소방안

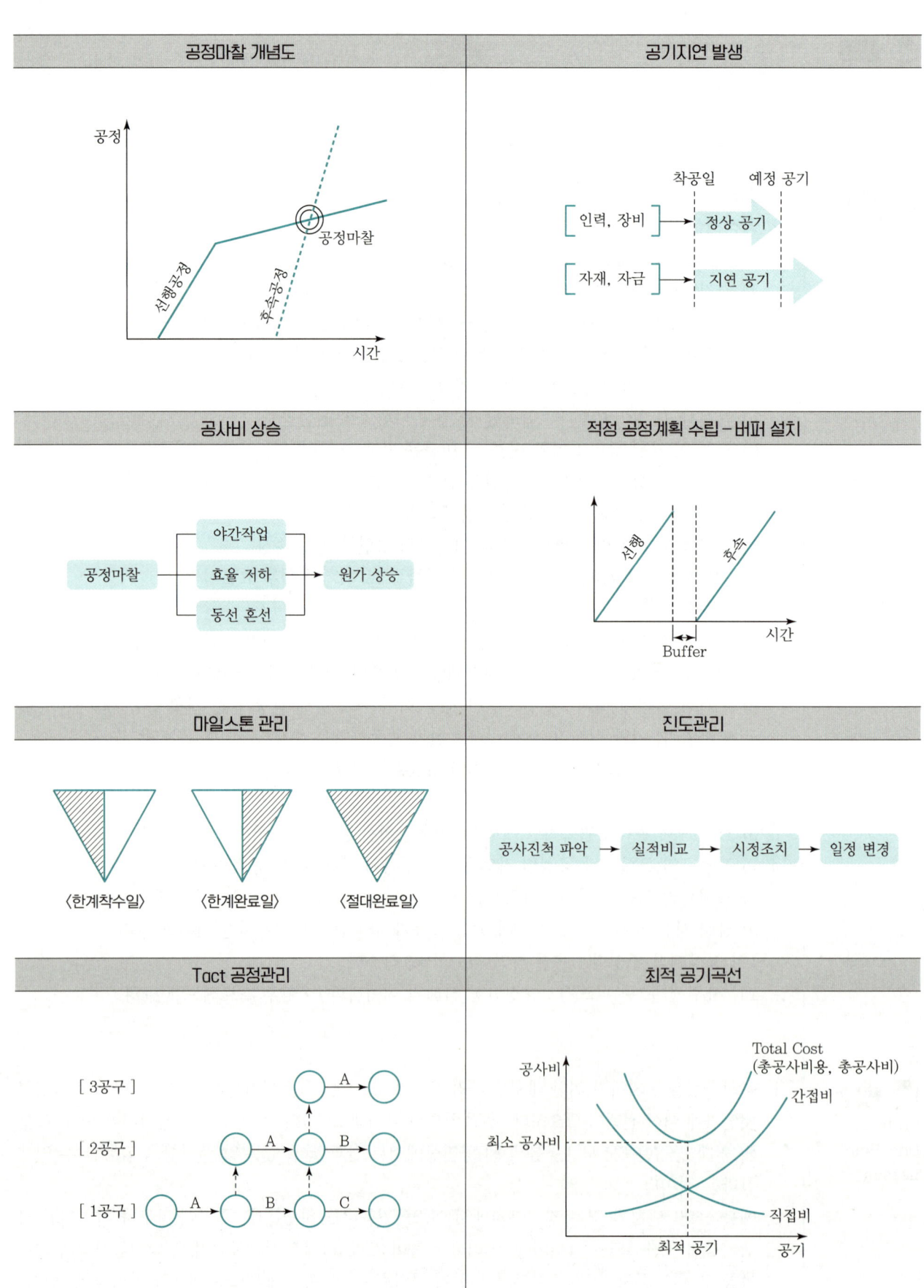

SECTION 49

[공사관리]
린 건설(Lean Construction)

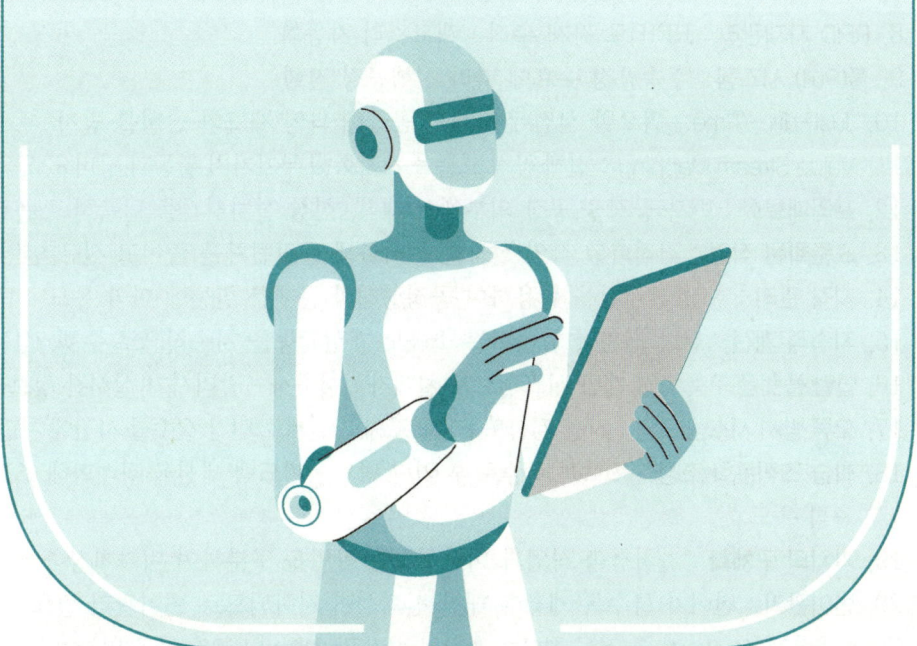

AI가 알려주는 Basic Concept & 핵심 Keyword

01 Basic Concept

1. 린 건설이 무슨 뜻인지부터 살펴보자. 'Lean'은 '군살 없는'의 뜻으로, 낭비를 최소화한 효율적인 건설방식이다. 여기서 낭비를 줄인다는 것은 '불필요한 비용과 시간'을 줄인다는 것이며, 이를 통해서 생산성을 높이는 원리이다.
2. 린 건설을 하기 위해서는 우선 불필요하다고 판단되는 낭비요소를 찾아야 한다. 린 건설에서는 낭비의 기준을 최종 고객에게 가치가 있는지로 판단한다. 예를 들어 골조공사를 함에 있어 철근은 최종 고객에게 튼튼한 뼈대가 되는 가치 있는 존재이다. 그러나 '골조공사 6개월 전 현장에 반입되어 반복 이동되면서 녹슬고 휘어진 철근'이 있다고 가정해 보자.
   ① 6개월 전 반입 → 보관장소 필요, 동선 방해, 공간 협소
   ② 반복이동 → 운반비 발생
   ③ 녹발생, 변형 → 품질 저하, 기준미달 철근 폐기비용, 재고손실
   ④ 사용 전 품질검사 → 검사시간 소요, 녹제거 비용
   ⑤ 철근의 가치 → 변동 없음
3. 이처럼 자재를 보관한 상태로 대기하고, 운반하는 것은 구조부재로서의 가치 증대는 전혀 없으면서, 불필요한 비용과 품질 저하만 발생시키는 것이다. 이러한 낭비요소를 제거하는 것이 린 건설의 핵심이다.

02 생성형 AI의 핵심 Keyword Top 20

1. 기본원칙 고객가치 : 모든 활동을 고객이 인식하는 가치 중심으로 재정의
2. 낭비 제거 : 이동·대기·과잉 재고·불필요한 동작 등 낭비를 체계적으로 식별·제거해 비용 절감과 효율 증대
3. 무결점 : 지속적인 개선을 통한 고객만족을 위하여 완벽성 추구
4. 무재고 : 재고의 유지비용 최소화(구입비용, 창고운영비, 관리비, 각종 세금, 보험료)
5. 고객만족 : 고객이 만족하지 않으면 미완료로 판단
6. 활성화 방안 Last Planner System : 주간·일일 계획을 협업 수립하고 약속 이행률 관리
7. 3D BIM : 3D 모델로 간섭을 사전 검토하고 재작업과 지연 최소화
8. RFID 자재관리 : RFID로 자재 추적·재고관리 자동화
9. 풀(Pull) 시스템 : 후속공정 수요에 따라 선행공정 진행
10. Just-In-Time : 필요한 시점에 자재를 공급해 과잉 재고와 낭비를 방지
11. Value Stream Mapping : 전체 공정 흐름을 시각화해 부가가치 활동과 낭비요소 식별, 개선 조치
12. 프리패브화 : 반복 공정을 공장 외부에서 제작, 현장 설치시간을 단축하고 품질 확보
13. 표준화된 작업 : 최적화된 작업 절차를 문서화해 품질편차를 줄이고 신규 인력의 적응 지원
14. 시각 관리 : 현장 게시판을 활용하여 공정상태와 문제를 한눈에 파악 유도
15. 지속적 개선 : 현장 전원이 참여하는 소규모 개선활동을 지속적으로 수행, 성능 향상
16. 협업 플랫폼 구축 : 웹 기반 시스템으로 설계자·시공사·감리사가 실시간 정보를 공유·협의
17. 오류 방지 시스템 도입 : 자동 검사도구·프로세스 설계로 인간 실수를 사전에 차단, 재작업 방지
18. 학습 조직문화 조성 : 프로젝트 종료 후 역량 평가·피드백 세션을 정례화해 조직 차원의 지식 축적 유도
19. 가치의 구체화 : 가치창출 작업과 비가치창출 작업을 구분하여 비가치창출 작업 최소화
20. 변이관리 : 변이가 클수록 계획에 대한 신뢰성이 저하되므로 변이관리 필요

 ※ 추출된 Keyword 중 거짓 정보는 과감히 버리고, 차별화 아이템을 선별하여 답안에 적용하자.

고득점 합격을 위한 실전연습 & One Point Lesson

03 초안작성

1. 개요	3. 린 건설의 기본원칙	5. 기존 생산방식과의 비교
2. 린 건설의 목적	4. 린 건설 활성화 방안	

04 How to Write

1. **개요** : 낭비 제거 및 가치창출로 공정효율성과 품질을 향상시키는 효율적 생산시스템
2. **린 건설의 목적**
   1) 공사비 절감   3) 공기단축   5) 신뢰성 형성
   2) 생산성 향상   4) 원활한 공사진행
3. **린 건설의 기본원칙**
   1) 무낭비   3) 무결점   5) 가치창출
   2) 무재고   4) 고객만족
4. **린 건설 활성화 방안**
   1) 가치의 구체화 : 가치창출 작업·비가치창출 작업 구분 → 비가치창출 작업 최소화
   2) 가치흐름 맵핑(VSM) : 구체화된 가치의 도식화, 명확화
   3) 변이관리 : 변이가 클수록 계획에 대한 신뢰성 저하 → 변이관리 필요
   4) 소단위 생산 : 신속한 시험시공 → 낭비요소의 조기 발견·조치 가능
   5) 당김 생산 : 후속작업 상황 고려 → 필요수량 생산+적시생산(Just-In-Time)
   6) 흐름 생산 : 작업 간 끊김 없는 연속 흐름을 유지해 대기·비효율 최소화
   7) Last Planner System : 작업일정의 단계적 계획(주간·일일) → 계획 이행 관리
   8) 표준 작업 : 최적화된 작업 방법과 절차를 문서화 → 품질편차 감소, 신규 인력 신속 적응
   9) 품질 내재화 : 현장 자체에서 즉시 검사를 수행, 즉시 교정 → 재작업과 품질 손실 사전 차단
   10) BIM 연계 : 3D 모델을 통해 설비·구조·배관 간 간섭을 사전에 검토·조율 → 공정마찰 방지
5. **기존 생산방식과의 비교**

05 합격자의 One Point Lesson

1. 린 건설을 위해서는 최적의 시기에 필요한 것만 생산해야 하므로, 일정계획을 철저히 하고 계획관리를 해야 한다. 또한 사전에 문제 요소를 발굴하고 대책을 세워 해결하는 것도 필요하다. 시간과 소요수량에 딱 맞추어 생산한 것이 불량이 나면 낭패이므로 지속적인 품질관리도 실시한다. 이러한 기본 원리만 알면, 나만의 핵심 키워드를 만들어 낼 수 있다.
2. **핵심 키워드**는 기술사 시험에 출제되었던 용어를 활용하는 것이 유리하다. 실전연습을 위해서 용어기출문제 중 총론에 해당되는 용어만 살펴보자.
   ① **생산일정관리** : 적시생산방식(Just In Time), 당김 생산, 재고관리 자동화(RFID), 공정마찰방지(BIM), Tact 공정관리, Last Planner System, 소요시간 추정(3점 추정), CP, Milestone, 최적 공기, 진도관리
   ② **품질관리** : 건설자재 표준화, MC, 공업화, VE, 품질관리자, 품질비용, 품질관리 Tool
   ③ **비용관리** : MCX(최소비용계획), Cost Slope, 자원평준화, EVMS
   등 무한한 차별화 아이템이 가능하다.

[공사관리] 린 건설(Lean Construction)

답안을 입체화하는 핵심그림 & 다이어그램

린 건설 개념

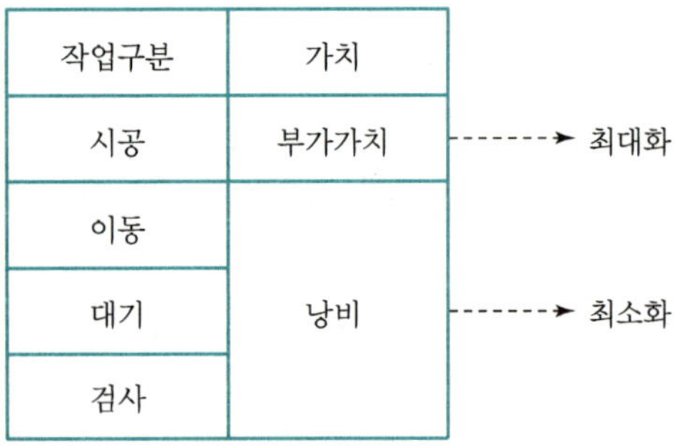

작업구분	가치	
시공	부가가치	----→ 최대화
이동		
대기	낭비	----→ 최소화
검사		

린 건설 기본원칙

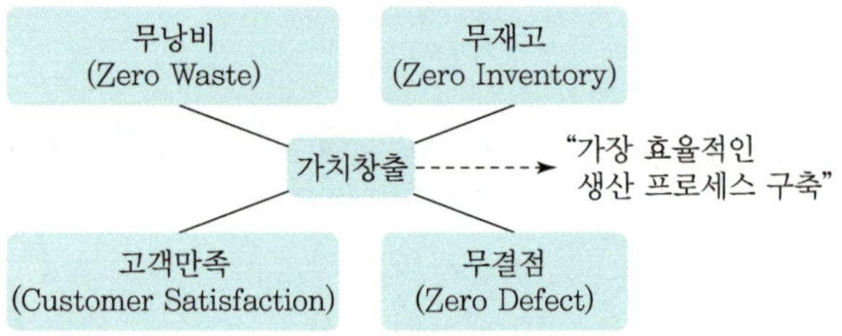

- 무낭비 (Zero Waste)
- 무재고 (Zero Inventory)
- 고객만족 (Customer Satisfaction)
- 무결점 (Zero Defect)
→ 가치창출 ----→ "가장 효율적인 생산 프로세스 구축"

무낭비(Zero Waste)

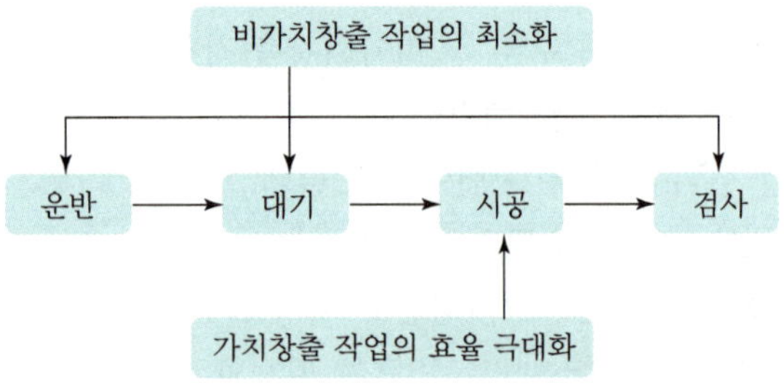

비가치창출 작업의 최소화
운반 → 대기 → 시공 → 검사
↑ 가치창출 작업의 효율 극대화

변이관리

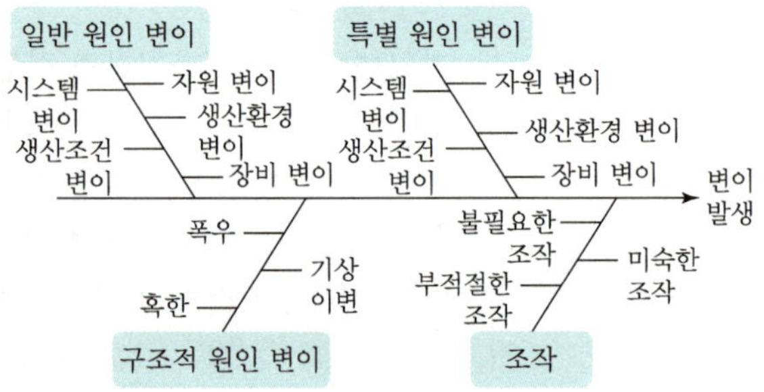

일반 원인 변이: 시스템 변이, 생산조건 변이 / 자원 변이, 생산환경 변이, 장비 변이 / 폭우, 혹한, 기상 이변 → 구조적 원인 변이

특별 원인 변이: 시스템 변이, 생산조건 변이 / 자원 변이, 생산환경 변이, 장비 변이 / 불필요한 조작, 부적절한 조작, 미숙한 조작 → 조작

→ 변이 발생

당김 생산

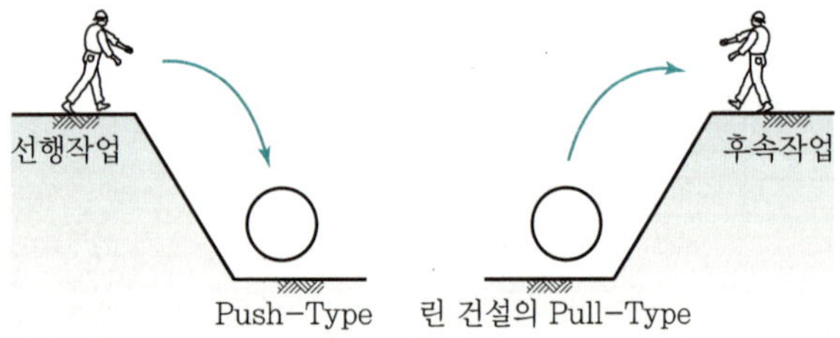

선행작업 → 후속작업
Push-Type / 린 건설의 Pull-Type

흐름 생산

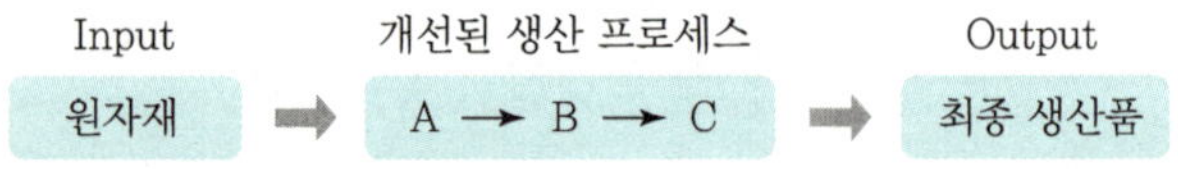

Input 원자재 ⇒ 개선된 생산 프로세스 A → B → C ⇒ Output 최종 생산품

기존 생산방식과의 비교

구분	기존방식	린 건설
생산방식	밀어내기식 생산	당김 생산
목표	효율성(계량적 생산성)	효용성(질적 생산효율) 제고
장점	• 대량생산으로 할인가격 적용 • 공급체인(Supply Chain) 활용 가능	• 공사의 유연성 확보 • 필요한 순서로 작업 진행 • 자원의 대기시간 최소화
단점	• 설계변경, 물량변경 시 마찰 우려 • 작업자의 생산에 대한 소극적 자세 • 작업의 대기시간 발생	• 소량구매로 할인율 적용 난해 • 정확한 시간 준수
관리	작업(Activity) 관리	흐름(Flow) 관리(시공, 이동, 대기, 처리, 검사 과정에서의 자재, 장비, 정보를 대상)

SECTION 50

[공사관리]
EVMS의 개념과 평가방법 및 활성화 방안

AI가 알려주는 Basic Concept & 핵심 Keyword

01 Basic Concept

1. EVMS를 쉽게 설명하면 '비용과 일정을 함께 관리'하는 툴이다. 비용의 초과 여부, 일정의 지연 여부를 판단할 때 CPI와 SPI라는 지수를 사용하여 평가한다. CPI는 'Cost Performance Index'의 약자로 비용성과지수, 원가성과지수, 원가수행지수로도 불리지만, 결국 비용(Cost)과 관련된 지표라는 것만 기억하면 된다. 반면, SPI는 일정(Schedule)과 관련된 지표이다.
2. 현장소장으로서 10개월 동안 10억 원으로 10층의 철골공사를 하려고 한다. 그리고 매월 동일한 속도로 공사하고, 동일한 원가를 투입하기로 계획한다. 만약 5층을 6개월 동안 6억 원을 투입해서 완성했다면 계획 대비 실적이 부진한 것을 직관적으로 알 수 있다.
3. 이것을 EVMS로 관리하면 CPI와 SPI가 1보다 작으므로 평가시점에서 원가가 초과되었고, 공정계획에 미달되었다는 것을 정량적으로 산정할 수 있다. 또한 이대로 진행된다면 12개월 후에 완공, 이때의 투입원가는 12억 원이 된다는 것도 평가지수를 통해서 산정이 가능하다.

02 생성형 AI의 핵심 Keyword Top 20

1. 측정요소 BCWS : 계획된 작업에 할당된 예산으로, 일정 기준선에 따라 분배된 가치
2. BCWP : 실제 수행된 작업에 대응하는 예산으로, 진척률을 금액으로 환산한 값
3. ACWP : 실제 투입된 비용으로, 발생한 지출을 집계한 값
4. BAC : 프로젝트 완료 시점에 예상되는 총예산으로, PV의 최종 합계치
5. 평가방법 비용성과지수(CPI) : $CPI = EV/AC$. 1보다 크면 예산 내, 작으면 예산 초과
6. 일정성과지수(SPI) : $SPI = EV/PV$. 1보다 크면 일정 앞당김, 작으면 지연
7. 편차 분석 : 일정편차($SV = EV - PV$), 비용편차($CV = EV - AC$)를 산출해 구체적 편차를 정량화
8. 완료예상비용(EAC) : $EAC = AC + (BAC - EV)/CPI$
9. 최종비용편차 추정액(VAC) : $VAC = BAC/EAC$
10. 활성화 방안 경영층 의지 확보 : 최고경영진 차원 EVMS 도입, 조직 전반의 지원 문화 조성
11. 전담조직 및 역할분담 : EVMS팀(성과분석가, 데이터 관리자 등)을 구성하고 책임·권한을 명확히 정의
12. 표준 업무 프로세스 수립 : 절차서, 양식, 템플릿을 마련해 일관된 EVMS 적용
13. 도구 및 시스템 구축 : EVMS 전문 소프트웨어(Deltek Cobra, Primavera)를 도입
14. 교육·훈련 프로그램 운영 : PMI-SP, EVMS 인증 교육, 내부 워크숍을 통해 역량 강화
15. 정기 감사·모니터링 : 내부·외부 EVMS 감사를 주기적으로 실시해 개선사항 도출
16. 성과 대시보드 제공 : 실시간 KPI 대시보드를 개발해 CPI, SPI, EAC 등의 지표
17. 교정 조치 프로세스 : 편차 발생 시 분석 및 대응 실시
18. 지속 개선 : EVMS 운영 결과를 바탕으로 PDCA 사이클을 도입해 프로세스를 지속적으로 최적화
19. 성과 인센티브 연계 : 보상체계와 연계해 EVMS 활용 촉진
20. 단계별 확대 : EVMS의 단계별 현장적용 확대

 추출된 Keyword 중 거짓 정보는 과감히 버리고, 차별화 아이템을 선별하여 답안에 적용하자.

고득점 합격을 위한 실전연습 & One Point Lesson

03 초안작성

| 1. 정의 | 3. EVMS의 측정요소 | 5. 활성화 방안 |
| 2. 개념도 | 4. EVMS 평가방법 | 6. 기대효과 |

04 How to Write

1. **정의** : 건설공사의 원가관리, 견적, 공사관리 등을 유기적으로 연결하여 종합적으로 관리하는 시스템
2. **개념도**
3. **EVMS의 측정요소**
   1) Cost Baseline(BCWS ; Budgeted Cost for Work Scheduled)
      → 실행(계획공사비) = 실행물량 × 실행단가
   2) BCWP(Budgeted Cost for Work Performed)
      → 실행기성(달성공사비) = 실제물량 × 실행단가
   3) ACWP(Actual Cost for Work Performed) → 실투입비(실제공사비) = 실제물량 × 실제단가
4. **EVMS 평가방법(성과지표 기반 평가)**
   1) 비용성과지수 : $CPI = BCWP/ACWP$ → 1보다 크면 비용 절감, 작으면 초과
   2) 일정성과지수 : $SPI = BCWP/BCWS$ → 1보다 크면 일정 앞당김, 작으면 지연
5. **활성화 방안**
   1) 경영층 의지 확보 : 최고경영진 차원 EVMS 도입 및 조직 전반의 지원
   2) 전담조직 구축 : EVMS 팀(성과분석가, 데이터 관리자 등)을 구성 및 역할 분담
   3) 표준 업무 프로세스 수립 : EVMS의 명확한 절차와 지침 개발
   4) Soft Engineering 강화 : 전문 소프트웨어(Deltek Cobra, Primavera) + ERP · BIM 통합
   5) 교육 · 훈련 프로그램 운영 : 인증교육, 내부 워크숍 → 실무자와 관리자의 역량 강화
   6) PMIS와 연계한 관리체계 구축
   7) 지속 개선 : EVMS 운영 결과 → PDCA 사이클 → 프로세스 최적화
   8) 성과 인센티브 연계 : 프로젝트 성과지표(CPI, SPI) 달성 → 보상체계 마련
6. **기대효과**
   1) 원가관리, 견적, 공정관리를 유기적으로 연결
   2) 공사 진척현황의 파악 용이
   3) 향후 공사비에 대한 예측 가능
   4) 종합적 원가관리 체계 구성

05 합격자의 One Point Lesson

1. EVMS 문제가 출제되었을 때 수많은 지수들과 평가방법들을 모두 외워서 쓰는 것이 과연 얼마나 가점이 될지 의문이다. 또한 많은 영어 약자들은 잊어버릴 가능성도 많다.
2. 대신 EVMS 그래프를 그릴 줄 알고, CPI와 SPI가 1 미만이면 나쁘다는 기본개념만 가지고 서술해도 충분히 합격점수가 나온다. 오히려 출제자는 각 평가지수가 부정적일 때, 어떻게 하면 원가절감이 가능하고, 공기단축이 가능한지의 대안을 시공기술사로서 제시해 주길 바랄 것이다. 그렇다면 앞서 배운대로 용어기출문제를 보고 활용 가능한 용어를 살펴보자. 'Critical Path, Tact 공정관리, 최소비용계획(MCX), Cost Slope, Crash Point, Cycle Time, Fast Track, 최적공기, VE, 린 건설, 분쟁해결' 등을 주요 키워드로 활용하여 아이템을 만든다면 오히려 고득점을 기대할 수 있다.

답안을 입체화하는 핵심그림 & 다이어그램

EVMS 기대효과

- 현재 성과측정
- 향후 예측 가능
- 총사업비 관리
- 종합적 원가관리

EVMS 수행절차

Plan → Execution → Analysis → Control

- Plan : WBS, 일정계획
- Execution : PV(계획가치), EV(달성가치), AC(실제공사비)
- Analysis : CV, SV / SPI, CPI
- Control : 현황보고서

EVMS 구성요소

구분	약어	용어	내용
계획요소	WBS	Work Breakdown Structure	작업분류체계
	CA	Control Account	관리계정
	PMB	Performance Measurement Baseline	성과측정 기준선
	CBS	Cost Breakdown Structure	비용분류체계
	OBS	Organization Breakdown Structure	조직분류체계
	BAC	Budget at Completion	목표공사비
측정요소	BCWS	Budgeted Cost for Work Scheduled (PV ; Planned Value, Cost Baseline)	실행(계획공사비) (=실행물량×실행단가)
	BCWP	Budgeted Cost for Work Performed (EV ; Earned Value)	실행기성(달성공사비) (=실제물량×실행단가)
	ACWP	Actual Cost for Work Performed (AC ; Actual Cost)	실투입비(실제공사비) (=실제물량×실제단가)
분석요소	SV	Schedule Variance	일정편차 (BCWP−BCWS)
	CV	Cost Variance	비용편차 (BCWP−ACWP)
	SPI	Schedule Performance Index	일정수행지수 (BCWP/BCWS)
	CPI	Cost Performance Index	비용수행지수 (BCWP/ACWP)
	EAC	Estimate at Completion	최종 소요비용 추정액 (BAC/CPI)
	VAC	Variance at Completion	최종 비용편차 추정액 (BAC/EAC)

EVMS 개념도

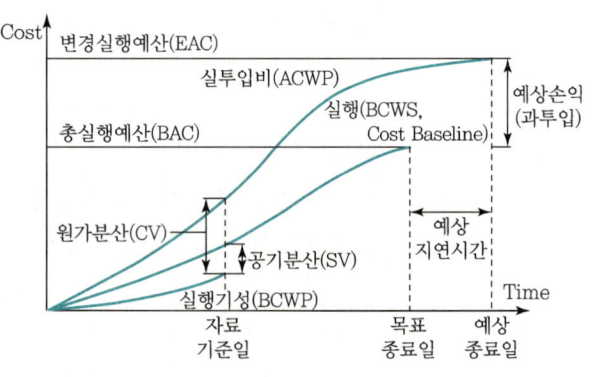

공기분산(SV), 원가분산(CV)

분석값 해석	−	○	+
SV	계획보다 뒤짐	계획과 일치	계획보다 앞섬
CV	원가 초과	원가와 일치	원가 미달

SPI, CPI

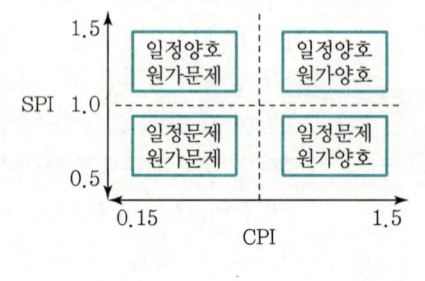

건축시공기술사 AI로 합격하기

발행일 | 2025. 11. 20 초판 발행

저 자 | 전병수
발행인 | 정용수
발행처 | 예문사

주 소 | 경기도 파주시 직시길 460(출판도시) 도서출판 예문사
T E L | 031) 955-0550
F A X | 031) 955-0660
등록번호 | 11-76호

- 이 책의 어느 부분도 저작권자나 발행인의 승인 없이 무단 복제하여 이용할 수 없습니다.
- 파본 및 낙장은 구입하신 서점에서 교환하여 드립니다.
- 예문사 홈페이지 http : //www.yeamoonsa.com

정가 : 33,000원

ISBN 978-89-274-6029-9 13540